PHP
網頁程式設計「超」入門

確かな力が身につく
PHP「超」入門

感謝您購買旗標書,
記得到旗標網站
www.flag.com.tw
更多的加值內容等著您…

國家圖書館出版品預行編目資料

PHP 網頁程式設計「超」入門 / 松浦健一郎、司 ゆき 著. 林蕙如 譯 -- 臺北市:旗標, 2018 . 12
面; 公分

ISBN 978-986-312-573-0 (平裝)

1. PHP(電腦程式語言) 2. 網路資料庫 3. 資料庫管理系統

312.754　　　107021125

作　　者/松浦健一郎、司 ゆき

翻譯著作人/旗標科技股份有限公司

發 行 所/旗標科技股份有限公司

台北市杭州南路一段15-1號19樓

電　　話/(02)2396-3257(代表號)

傳　　真/(02)2321-2545

劃撥帳號/1332727-9

帳　　戶/旗標科技股份有限公司

監　　督/陳彥發

執行企劃/張根誠

執行編輯/張根誠

美術編輯/林美麗

封面設計/古鴻杰

校　　對/張根誠

新台幣售價:490 元

西元 2022 年 9 月 初版 4 刷

行政院新聞局核准登記-局版台業字第 4512 號

ISBN 978-986-312-573-0

作者序

PHP 是撰寫網頁應用程式最熱門的程式語言，本書針對從零開始的初學者所撰寫，希望可以帶您輕鬆上手、排除學習過程中遇到的各種障礙。

本書內容分為以下 8 章。

♦ 起步篇（Chapter 1～3）

利用幾行簡單的程式帶您了解 PHP 的撰寫規則，範例會從基本的顯示訊息開始，然後晉升到將使用者在網頁上所輸入的資料顯示出來這樣的動態網頁。

♦ 進階篇（Chapter 4～5）

學習如何使用核取方塊及單選鈕等常見的輸入元件，並介紹檔案讀取、上傳等網站常見的功能。

♦ 實務篇（Chapter 6～8）

學習將網頁系統串連資料庫的方法，會以製作一個購物網站為例，了解如何開發正式的網頁應用程式，並介紹上線相關的知識。

每一個主題會將達到目標所需的流程切割成多個步驟，讓你馬上看到開發中的程式執行結果，一點一滴地完成程式撰寫。

由衷期盼能透過本書，讓您輕鬆愉快地學會 PHP 程式撰寫的方法。

松浦健一郎／司ゆき

本書範例下載

本書所使用的 PHP 程式範例檔可以在旗標網站下載取得：

http://www.flag.com. tw/DL.asp?FT475

請將下載到的檔案 **FT475.zip** 解壓縮，其中包含了 PHP 程式檔、PHP 程式所使用到的圖檔、建置資料庫所需的 SQL Script 程式檔等。範例檔的檔案結構如下，供您學習各章節時參考。

範例檔案結構

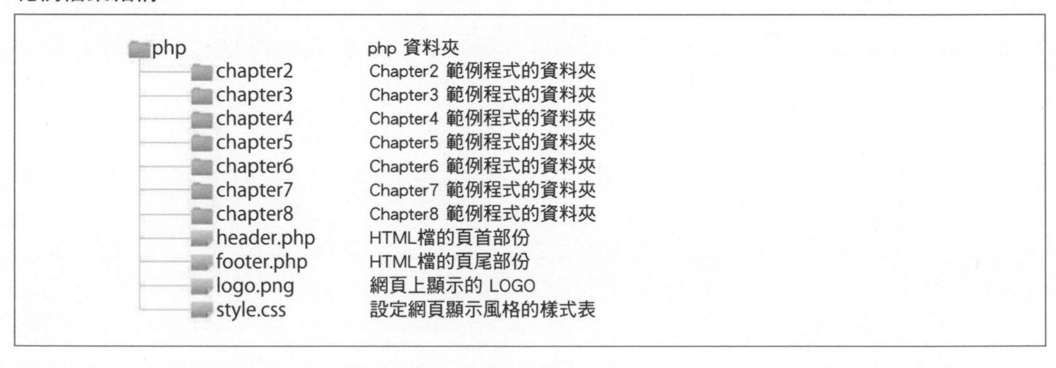

使用這些範例檔前，請依照 2-2 節的說明安裝好 XAMPP，再依 2-3 節的說明將 php 資料夾複製到 XAMPP 安裝路徑的 htdocs 資料夾內即可。

Chapter 1 PHP 簡介

Chapter 2 建立開發環境

PHP 基本語法

Chapter 4

流程控制

Chapter 6 與資料庫的結合運用

Chapter 7 實用的 PHP 程式 - 以購物網站為例

網站上線的實務知識

Chapter 1

PHP 簡介

本章將說明 PHP 的用途、程式執行方式以及與其它程式語言的差異 .. 等內容，也會說明如何利用本書搭配書附範例來學習 PHP。

PHP 的用途概要

PHP 誕生於 1995 年，是程式語言的一種，用程式語言可以撰寫電腦程式（Program），只要是想對電腦下的命令，都可以撰寫在程式中讓電腦執行。

▼ 程式語言與程式

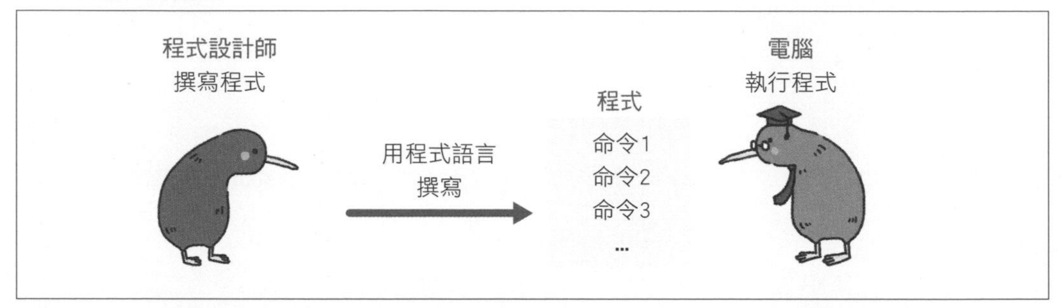

 PHP 主要用於製作網頁應用程式

程式語言的種類非常多，每種語言各有其擅長的領域，而 PHP 擅長的是開發網頁應用程式（Web Application）。所謂網頁應用程式是透過網際網路所使用的程式系統，例如線上購物系統、網路銀行系統等。

▼ 網頁應用程式示意圖

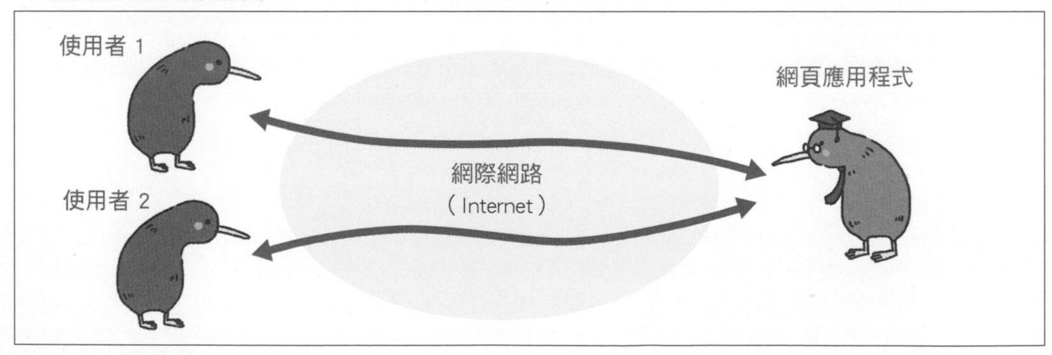

其實我們日常生活中無時無刻都在使用著網頁應用程式，像是底下這些：

- **線上購物**

  在網路上搜尋商品資料或下單購物。

- **網路銀行**

  在網路上查詢帳戶餘額或轉帳。

- **部落格**

  在網路上貼出新聞或日記等文章。

- **社群網站**

  發表文章或分享、按讚，與其它使用者進行交流。

其它像是鐵路、捷運的路線查詢、飯店訂房或餐廳訂位網站等，也都屬於網頁應用程式。對於想要學習建置網頁系統的人來說，PHP 是一定要學習的語言。

瀏覽器與網站伺服器的關係

網頁應用程式必須透過**網頁瀏覽器**與**網站伺服器**才能執行。使用者操作網頁瀏覽器，經由網路傳送需求 (Request) 到網站伺服器，伺服器上頭的網頁應用程式就會處理需求，回傳 (Response) 結果。

▼ 透過瀏覽器與網站伺服器使用網頁應用程式

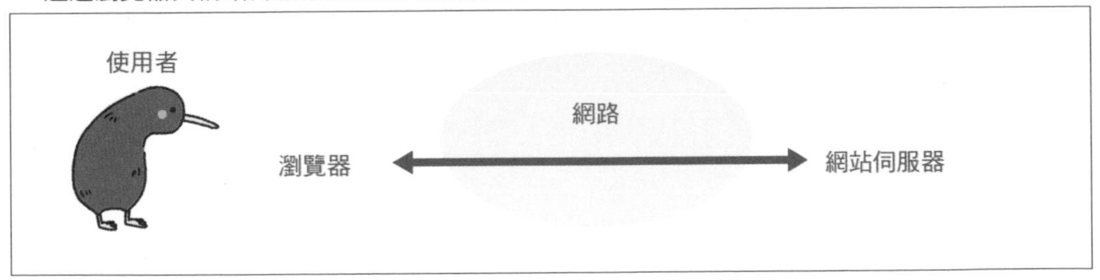

常見的**網頁瀏覽器**（本書後續簡稱為「瀏覽器」）有 Chrome、Firefox、IE、Safari、Edge 等，本書中使用的是 Chrome，這些您一定再熟悉不過了。

網站伺服器則是透過網路處理並傳回瀏覽器所要求的資料，安裝了網站伺服器軟體的電腦硬體設備就稱為網站伺服器，常見的網站伺服器有 Apache、IIS（Internet Information Services）等，本書中使用的是 Apache。

 Request 與 Response

使用者操作瀏覽器，藉由網路將要求傳送給網站伺服器，這個動作就稱為「**Request**」。

網站伺服器在接收到 Request 之後，執行提供對應功能的網頁應用程式，並將結果透過網路再回傳給瀏覽器，這個回傳動作就稱為「**Response**」。

上述流程中，使用者和瀏覽器這一端稱為「**用戶（Client）端**」，而網站伺服器那一端則稱為「**伺服器（Server）端**」。本書中介紹的 PHP 程式都是在伺服器端執行。

▼ Request 與 Response

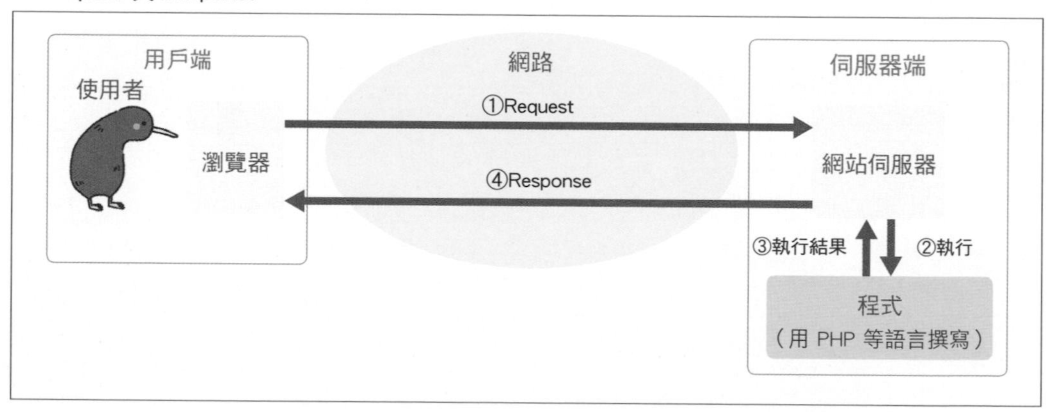

Request 與 Response 的機制，是遵循 HTTP 通訊協定（Hypertext Transfer Protocol）來進行，所謂的通訊協定是指在網路上進行通訊必須遵照的規定。

要點！

瀏覽器將 Request 傳送給網站伺服器，再接收 Response 傳回的結果。

PHP 的功用

PHP 可用非常簡潔的程式製作網頁應用程式的各種功能，例如**使用者登入登出的認證機制**是大多數的網頁應用程式必備的功能。前面所提到的線上購物、網路銀行、社群網站都會用到此認證機制。

還有像是購物網站中的**購物車功能**也可用 PHP 製作。購物車是在使用者結帳前暫時記錄欲購買商品的功能，購物網站都一定會提供這樣的功能。

從 Request / Reponse 的角度來看，不管是登入登出認證機制或是購物車功能都必須進行下列步驟：

- **分析 Request**
- **存取資料庫**
- **產生 Response**

因此左頁示意圖在**伺服器端**的運作細節就如同下圖這樣：

▼ 網頁應用程式需進行的處理

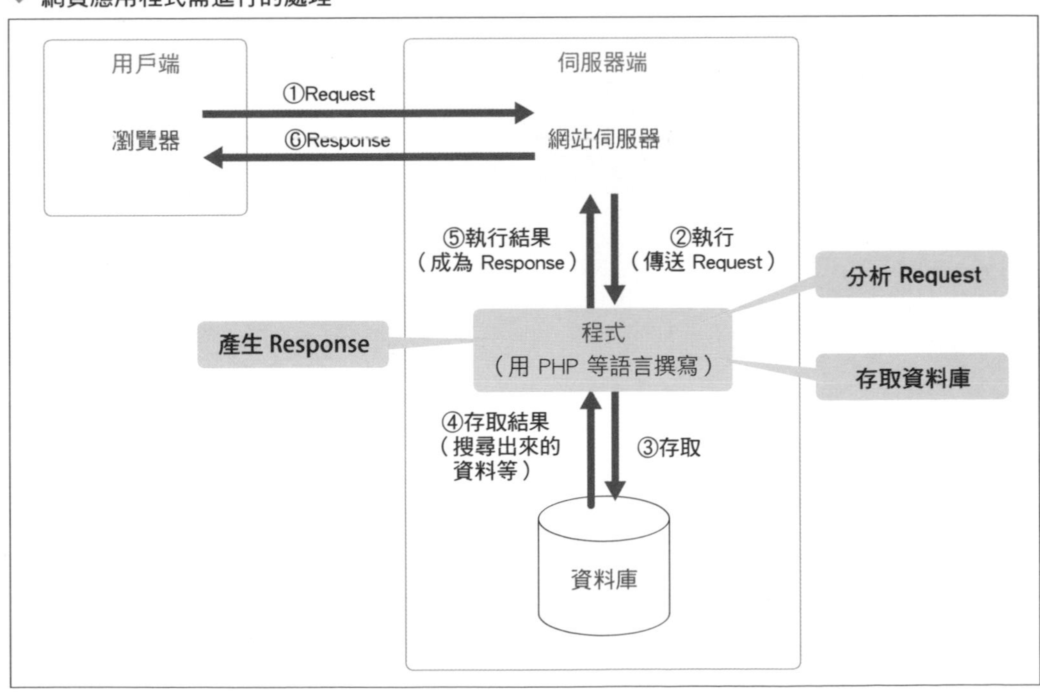

首先分析瀏覽器傳來的 Request，依 Request 執行對應的處理動作（最典型的處理就是存取資料庫）後，將 Response 回傳給瀏覽器。

PHP 可用簡潔的程式碼就建置這些功能，因此被視為最適合開發網頁應用程式的語言。

應用於智慧型手機 APP 的開發

學習製作網頁應用程式對智慧型手機或平板電腦上的 APP 開發也有幫助，因為在智慧型手機中，有些 APP 本身只具有像瀏覽器般的功能，其它主要的功能都在伺服器端。若學會了製作網頁應用程式，就能很容易地開發出這類 APP。

PHP 程式是副檔名為「**.php**」的純文字檔，將這個檔案放到伺服器端的指定位置，就能執行各項處理動作。

▼ PHP 程式與網站伺服器的關係

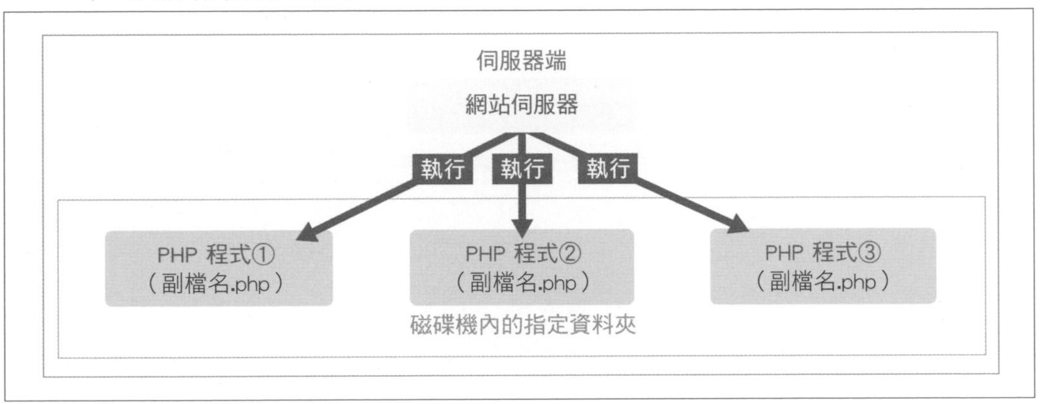

「**.php**」純文字檔可用任一個文字編輯器（Text Editor）瀏覽或編輯，像是 Windows 系統中的記事本，或是 Linux 系統中的 vi 或 Emacs 都可以，實務上會選用功能較齊全的編輯器 (如 UltraEdit、Atom) 來撰寫程式，不過本書您使用記事本等工具就足夠了。

 PHP 標籤

PHP 程式是在「.php」的檔案中，以 **<?php** 與 **?>** 框住指令。其中「<?php」為開始標籤，「?>」為結束標籤，併稱為「PHP 標籤」(PHP Tag)。要撰寫的指令內容則包在開始標籤與結束標籤之間。

如底下這樣的寫法就可以寫出簡短的單行程式：

▼ PHP 程式的寫法①

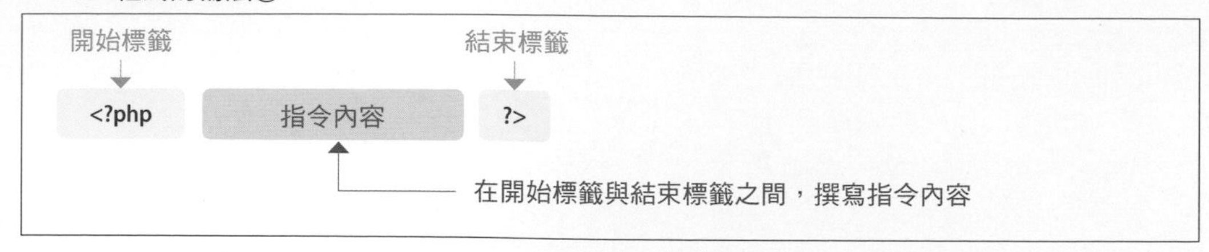

但一般大多用以下語法，撰寫有多行指令的程式：

▼ PHP 程式的寫法②

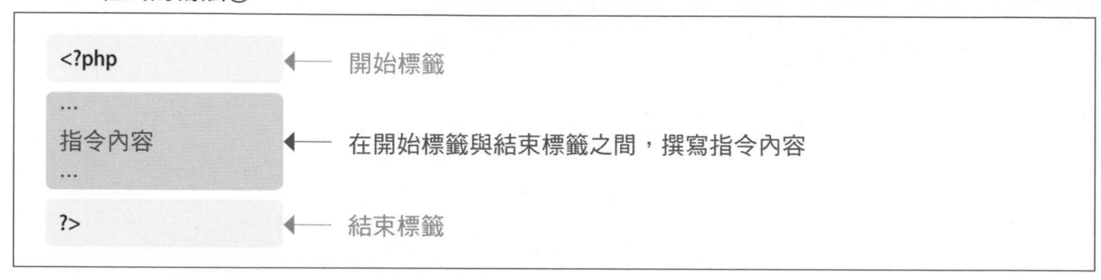

例如下面的例子是在瀏覽器畫面上顯示「Welcome」字樣。第二行「echo 'Welcome';」的部份即為指令內容（關於這行程式的語法意義，將在 Chapter3 詳細說明）。

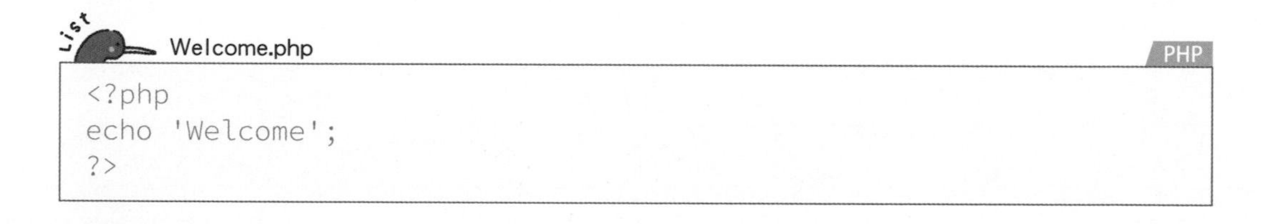


```php
<?php
echo 'Welcome';
?>
```

要點！

PHP 程式的指令內容，必須放在開始標籤與結束標籤之間。

PHP 程式的執行方法

副檔名「.php」的 PHP 程式檔需放在伺服器端的指定位置，一般來說會跟網站的「.html」（HTML 檔）放在同一個目錄。例如：

C:\xampp\htdocs\php\chapter2\welcome.php

以此例來說，代表的是「**C 磁碟機裡，xampp\htdocs\php\chapter2 資料夾內的 welcome.php 程式**」。

要執行 PHP 程式，並不是直接雙按檔案開啟，必須用瀏覽器開啟「.php」檔案的 URL。因此如果想執行上述程式，必須先架好執行環境（第 2 章會介紹），然後以瀏覽器開啟下列 URL：

執行 **http://localhost/php/chapter2/welcome.php**

「http:」是指 HTTP 協定；localhost 則是指正在使用瀏覽器的本機電腦；「/」是資料夾的分隔線。本例代表的是「**利用 HTTP 協定，開啟 localhost 電腦裡，php\chapter2 資料夾內的 welcome.php 程式**」。

在這裡請注意「.php」檔案的實際儲存位置，與利用瀏覽器開啟的 URL 之間的對應關係。開頭的部份分別寫做「C:\xampp\htdocs」與「http://localhost」；資料夾的分隔符號則分別為「\」與「/」。之後的「php」、「chapter2」、「welcome.php」則都一樣。

關於 PHP 程式的執行方式，上面出現了 xampp、htdocs、localhost 等架設伺服器後您才會理解的名詞，請放心我們在 Chapter2 會再做說明。這裡您先了解「想執行 .php 檔案必須用瀏覽器開啟 URL」這一點就可以了。

用瀏覽器開啟上述 URL 時，網站伺服器會開啟並執行此 URL 所對應的「.php」程式檔，然後將程式執行結果當做 Response，傳回瀏覽器。

▼ 執行 PHP 程式

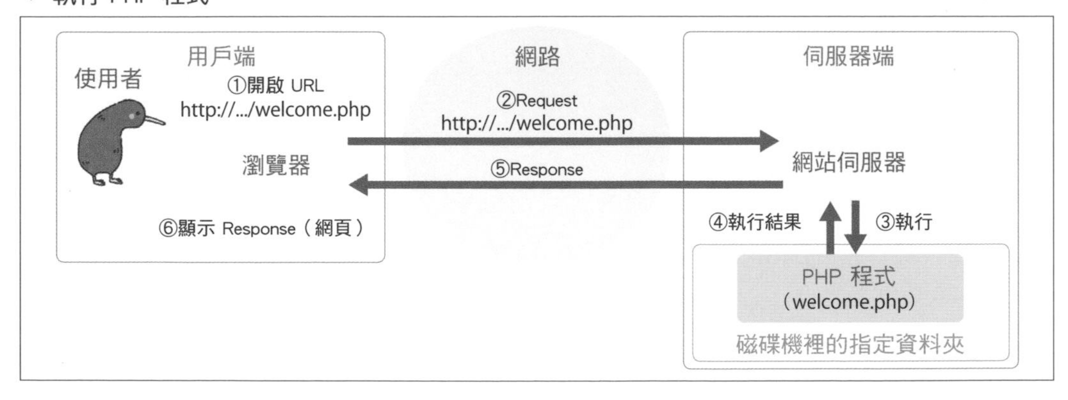

瀏覽器會將 Response 的內容顯示在畫面上，最常見的 Response 內容就是利用 HTML 所編寫的網頁。因此，操作瀏覽器的使用者就能看到網頁的內容。

1-3 PHP 與其它語言的差異

除了 PHP 之外還有非常多種程式語言，其中較有名的有 Java、Python、JavaScript、Ruby、C# 等。在學習 PHP 之前，先來了解一些它與其它語言的差異，經由比較更加了解 PHP 的特徵，可讓學習事半功倍。

PHP 程式的運作機制

再複習一次 PHP 程式的運作機制：PHP 程式是屬於伺服器端的程式，當網站伺服器收到從瀏覽器傳來的 Request 時，網站伺服器會執行 PHP 程式，並以 Response 將執行結果傳回瀏覽器。

PHP 程式中可以建置各種您想要的功能，依接收到的 Request 傳回不同的 Response。透過存取伺服器端的檔案或資料庫，還能作出更多複雜的功能。

▼ PHP 的運作機制

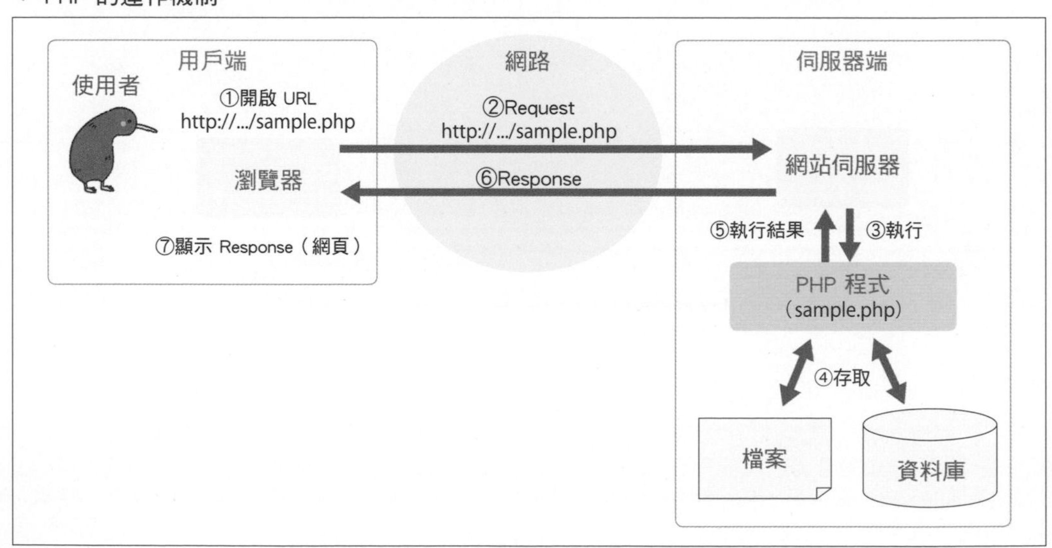

 與 HTML 的差異

HTML 是用來撰寫網頁的語言，雖然算是電腦所使用的一種語言，但因為它不是用來撰寫程式，因此嚴格來説不算是程式語言。

HTML 檔也是必須放在伺服器端，當瀏覽器對網站伺服器送出 Request，要求開啟 HTML 檔，此時網站伺服器會將整個 HTML 檔的內容當做 Response，回傳給瀏覽器。

與能依照 Request 產生不同執行結果的程式不同，HTML 檔的內容不會因 Request 而改變。因此，HTML 檔只適合用來撰寫內容不會變動的網頁。

▼ HTML 的運作機制

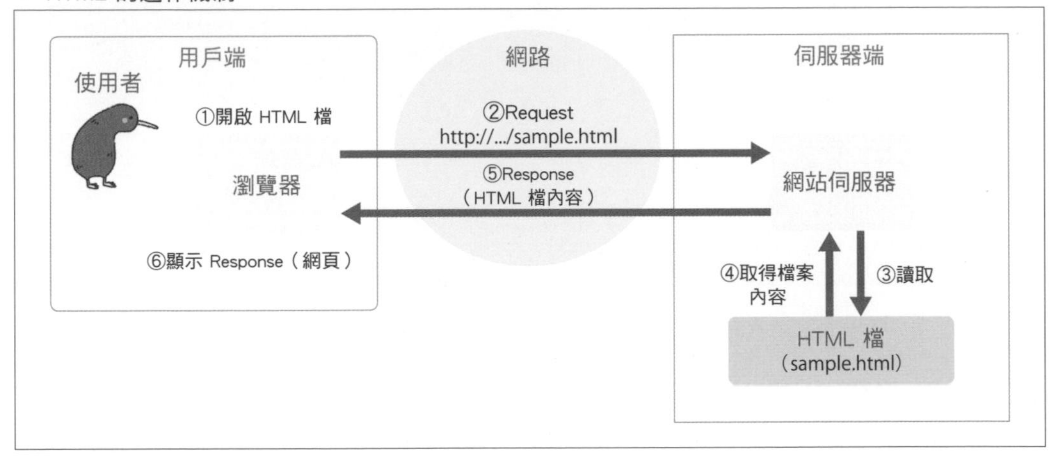

簡言之，用來顯示固定內容的網頁，可用 HTML 製作。至於 HTML 無法做到的依 Request 內容變化處理，則可利用 PHP 程式來製作。

 與 JavaScript 的比較

JavaScript 是在瀏覽器上執行的程式語言，通常配合 HTML 檔用來製作網頁。

JavaScript 的程式，可直接寫在 HTML 檔中的 **<script> 標籤**之間。如前所述，HTML 檔是放置在伺服器端，當瀏覽器對網站伺服器送出要求開啟 HTML 檔的 Request 時，網站伺服器會直接將 HTML 檔的內容當做 Response 回傳給瀏覽器。

而寫在 <script> 標籤之間的 JavaScript 程式，會在使用者端的瀏覽器上才執行。與在伺服器端執行的 PHP 程式不同，比起要存取伺服器端的檔案或資料庫，JavaScript 程式更擅長在瀏覽器上就能解決的處理。比方說，要製作動態選單或按鈕等動態操作介面，就常會使用 JavaScript。

▼ JavaScript 的運作機制

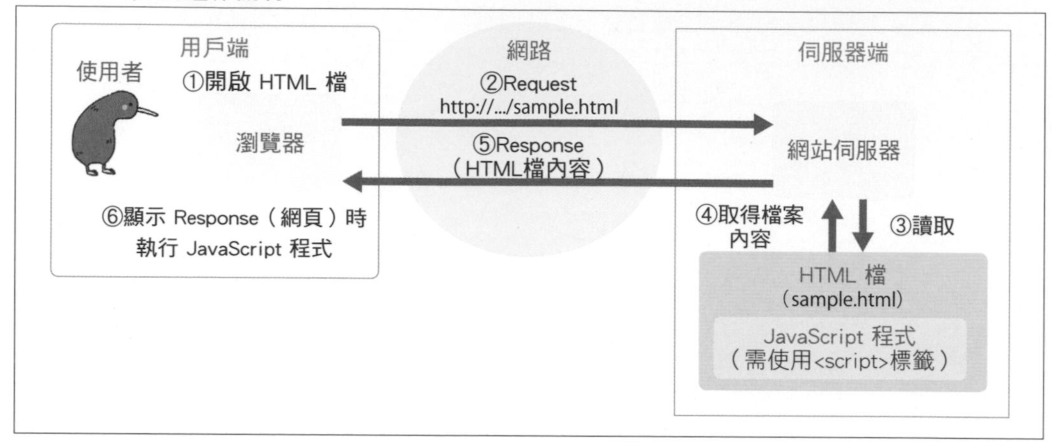

要製作動態操作介面時，使用 JavaScript；要存取資料庫或檔案時，使用 PHP。因為適合製作的功能不同，有時也可能將兩者併用。

 與 Java（Servlet / JSP）的差異

Java 是用戶端與伺服器端兩端皆可使用的程式語言，與 PHP 一樣，都可用來開發網頁應用程式。要用 Java 製作網頁應用程式，可利用 Servlet 或 JSP 等機制來建置。

用 Java 撰寫的 Servlet 或 JSP，需放置於伺服器端。當瀏覽器將 Servlet 或 JSP 的 URL 做為 Request，送到網站伺服器，網站伺服器會執行對應的 Servlet 或 JSP，並將執行結果當做 Response 傳回瀏覽器。

Servlet 和 JSP 是在伺服器端執行的程式，因此和 PHP 一樣，可以用來存取伺服器端的檔案或資料庫。PHP 比 Java 更有利的地方在於，要製作同樣的功能，PHP 程式可以比 Java 程式更加簡潔。PHP 可用比 Java 更短的時間，就能學會撰寫具實用性功能的程式。

下圖是以 JSP 為例的示意圖，至於 Servlet 只有 URL 的表述方式與它不同，運作機制二者相同。

▼ Java（JSP）的運作機制

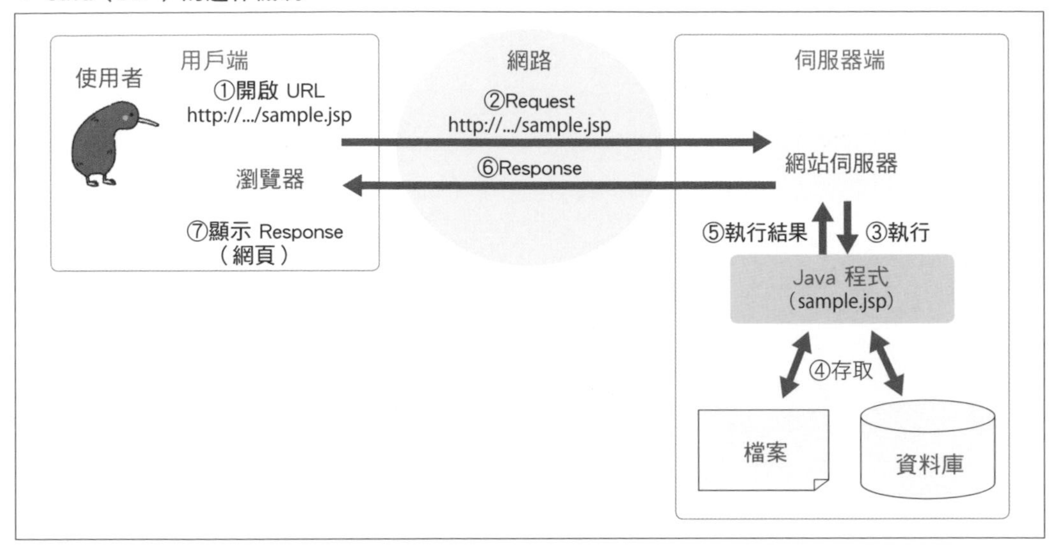

 本書內容概要

本書設定的讀者是接觸過 HTML 但還沒寫過程式的人，期望帶您晉升到會用 PHP 製作出實用的網頁應用程式，各章概要如下：

◆ PHP 程式的執行方法（第 2 章）

建置執行 PHP 程式的環境，並撰寫簡單的 PHP 程式，知道如何讓程式執行。

◆ PHP 基本語法（第 3 章）

學習 PHP 的語法並練習撰寫簡單的 PHP 程式，同時學習使用 PHP 所提供的各種功能。

◆ 與網頁控制元件的連動（第 4、5 章）

製作網頁上的文字欄位、選單等控制元件，並學習處理使用者利用控制元件所輸入的資料。

♦ 存取資料庫（第 6 章）

學習開發網頁應用程式時不可或缺的資料庫基本知識，以及 PHP 存取資料庫的方式。

♦ 網頁應用程式的製作方式（第 7 章）

以具有使用者認證及購物車功能的購物網站為例，學習如何開發網頁應用程式。

♦ 網頁應用程式上線的相關知識（第 8 章）

學習建構 Linux 伺服器與配置程式的方法，將介紹網站上線相關的實務知識。

本書預設的讀者

本書適合下列讀者。

- **想學習 PHP 的讀者**
- **想製作購物網站等商業用網站的讀者**
- **想學習在網站中使用資料庫的讀者**

為了讓第一次學習撰寫程式的讀者也能沒有負擔的往下學習，本書儘可能地以清晰易懂的內容進行解說。同時都已先附上可執行的範例程式，請先試著執行範例程式，先對執行的結果有個簡單認識後，再閱讀內文説明。

1-4 關於範例程式

本書所使用的 PHP 程式範例檔都可在旗標網站下載取得 **(http://www.flag.com.tw/DL.asp?FT475)**。其中包含了 PHP 程式檔、PHP 程式所使用到的圖檔、建置資料庫所需的 SQL Script 程式檔等。

範例檔的檔案結構如下。

▼ 範例檔案結構

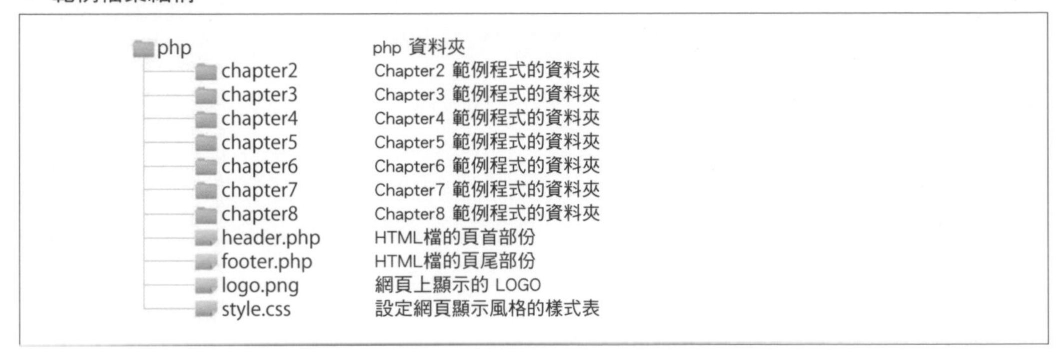

要使用這些範例檔之前，請依照 Chapter2 的說明安裝好 **XAMPP**，再將 php 資料夾複製到 XAMPP 的 **htdocs** 資料夾中即可。

Chapter 1　小結

PHP 是可快速製作網頁應用程式的程式語言，主要在伺服器端執行，可存取伺服器端的檔案與資料庫。學會 PHP 就能建立購物網站、社群網站等目前被廣泛使用的網頁應用程式。

程式設計的學習方式

所謂的程式設計其實就像玩積木一樣，先確定有哪些可用的元件，再思考如何組合，將它們堆疊成想要的作品。

要學習程式設計，不要只是將現有的程式記下來，再透過剪貼編排的方式組成想要的程式。對於常用的基本元件，最好能確實了解它的寫法與用途，再練習使用這些元件建構作品，才是較好的學習方式。

要利用本書有效率地學習程式設計，建議您採用下列方式。

- **執行範例程式，先確認書中所寫的執行結果**

首先執行範例程式，確實掌握範例所用到的元件能做到什麼樣的功能。並在修改範例檔時，確認程式執行時所出現的變化。

- **熟記各元件的語法與用途**

對於範例中所用到的元件，請詳閱它的相關說明，並熟記語法。同時，回想它在範例執行時達到的功能，確實理解它的用途。

- **練習使用元件**

試著使用這些元件自行練習撰寫程式。一開始只需要用到一個元件，然後再慢慢將多個元件放入程式中，實際看看能做出什麼樣的功能。可以比照範例製作相似的功能，或是在閱讀完解說之後試做您自己想到的功能，都能得到很好的學習效果。

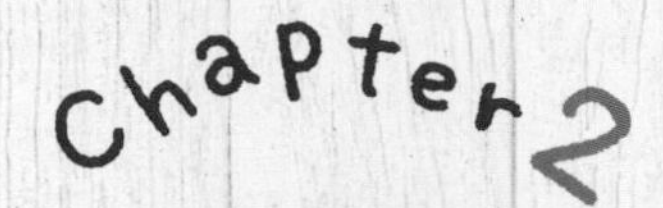

建立開發環境

本章將安裝開發環境，為學習 PHP 做好準備。PHP 開發環境有許多種建立方式，本書使用的是 XAMPP 這個工具。XAMPP 包含了 PHP 與網站伺服器 Apache、資料庫管理系統 MariaDB（MySQL），可一次建置好開發、執行環境。安裝好後，我們會先建立一個簡單的 PHP 程式並執行看看。此外，本章還將說明 PHP 的檔案配置位置、程式編修方法與執行方法等。

開發工具介紹

要建置 PHP 開發環境，本書所使用的是可免費下載的 **XAMPP**。它的優點在於可將開發 PHP 所需用到的軟體一次安裝到位。

 在用戶端執行 PHP

在 Chapter1 中曾經提過，要執行 PHP，需要用戶端的電腦和伺服器端的電腦。但若利用 XAMPP，就可以建置一個本地端伺服器，不需透過網路、也不必將檔案傳送到伺服器上，也就是說，安裝之後您的電腦就是伺服器，具備了開發網頁應用程式時必備的網站伺服器和資料庫管理系統等軟體。

如下圖所示，可將執行 PHP 時必須用到的網站伺服器、資料庫、檔案全部存放在您的電腦。先在本地端練習如何建構程式，想公開上線時花錢找主機租賃或雲端服務那都是之後的事了。

▼ 利用 XAMPP 可一次建構好網站伺服器與資料庫

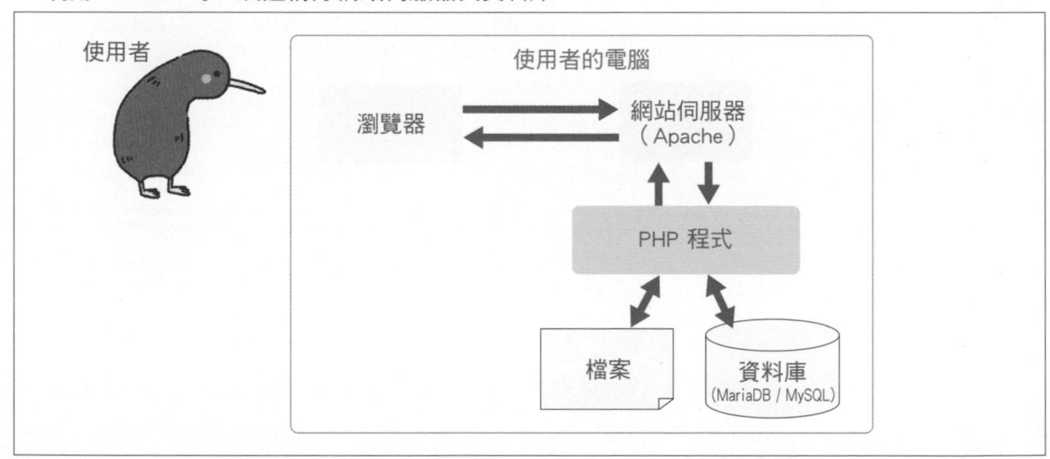

XAMPP 所包含的軟體

XAMPP 中包含了下列軟體：

◆ Apache

廣泛使用的網站伺服器軟體。

◆ MariaDB（MySQL）

由常用的 MySQL 衍生出來的資料庫管理系統。關於資料庫的詳細說明請參見 Chapter6。

◆ PHP 套件

開發 PHP 程式時所需的環境。

◆ Perl 套件

開發 Perl 程式時所需的環境。Perl 語言也能用來開發網頁應用程式，不過本書不會介紹到。

XAMPP

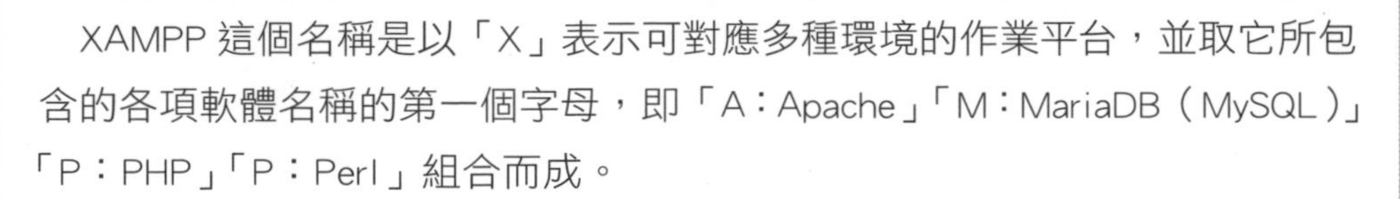

XAMPP 這個名稱是以「X」表示可對應多種環境的作業平台，並取它所包含的各項軟體名稱的第一個字母，即「A：Apache」「M：MariaDB（MySQL）」「P：PHP」「P：Perl」組合而成。

XAMPP 可支援 Windows、Linux、Mac OS X 等作業系統。本書中的範例畫面為 Windows 版的執行畫面。

LAMP

除了 XAMPP 外，LAMP 一詞也常意指開發環境。LAMP 原是常用來建置網站伺服器的軟體合稱，即由「L：Linux」「A：Apache」「M：MySQL」「P：PHP / Perl / Python」組成。XAMPP 也曾被稱為 LAMPP，但因它也能支援 Linux 以外的環境，因此改名為 XAMPP。

2-2 安裝開發環境

本節就帶您取得 XAMPP，並安裝在電腦上。本節的目標是執行用來控制 XAMPP 功能的 **XAMPP 控制面板**，並啟動網站伺服器 Apache。

 下載 XAMPP

XAMPP 是由 Apache Friends 所提供的免費軟體。請在網頁瀏覽器上開啟下列網址。本書所用的瀏覽器是 Chrome。

▶ **XAMPP 官方網站**

URL **https://www.apachefriends.org/zh_tw/index.html**

▼ XAMPP 官方網站

本書撰寫時是使用 XAMPP for Windows 7.1.4。此版本所內含的軟體如下：

- **Apache 2.4.25**
- **MariaDB 10.1.22**
- **PHP 7.1.4**

您下載時若已有更新的版本，可下載最新版，版本差異並不影響本書的學習。在上圖的網頁中點按**按一下這裡獲得其他版本**的連結，或直接開啟下列 URL 就可以連到下載網頁。

▶ **XAMPP 下載網頁**

URL **https://www.apachefriends.org/zh_tw/download.html**

▼ XAMPP 下載網頁

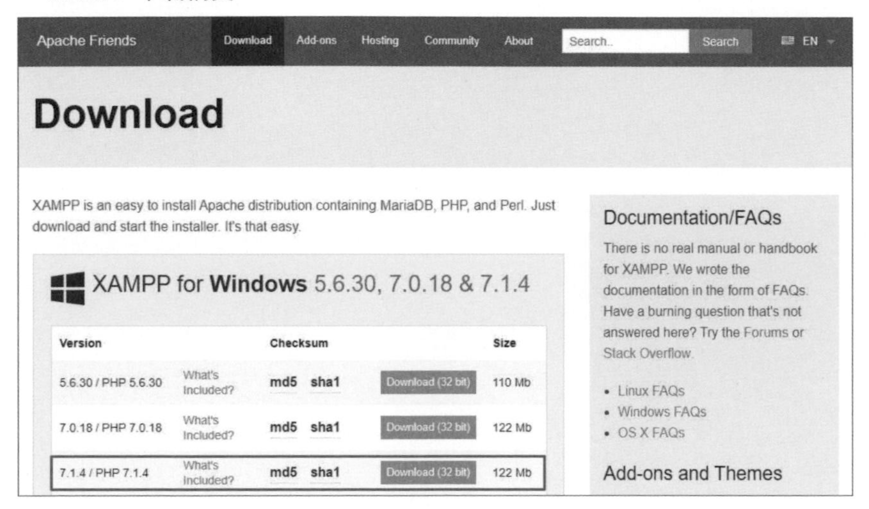

在本書編撰時，依照 PHP 的版本分為「5.6.30」「7.0.18」「7.1.4」三種版本，本書中選擇「7.1.4」。

安裝 XAMPP

下載完成後，若您使用的是 Windows，請在瀏覽器開啟並執行下載到的檔案。此時若跳出要求確認檔案執行的對話框，請按下**確定**。若使用的是 Mac OS X，也可用同樣方式執行，安裝過程若有要要注意的地方，底下會適時為您説明。

執行安裝檔

執行檔案後，可能會跳出 Question 和 Warning 對話框。這些對話框是電腦有防毒軟體保護、以及 Windows 的使用者帳戶權限管控機制（UAC）功能開啟時的警告訊息。

▼ 關於防毒軟體的確認訊息

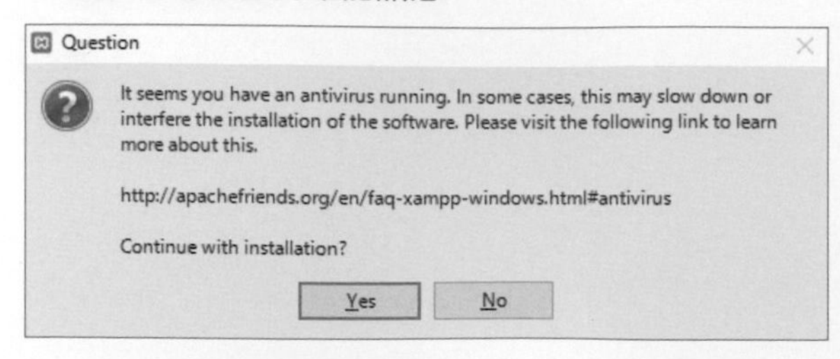

關於防毒軟體的確認訊息，在安裝時速度過慢，或安裝發生問題時，可能會跳出這個詢問的對話框。若按下〔Yes〕，即會繼續執行安裝。此時若發生問題，則可先暫時關閉防毒軟體再開始安裝。

▼ 關於 UAC 的警告訊息

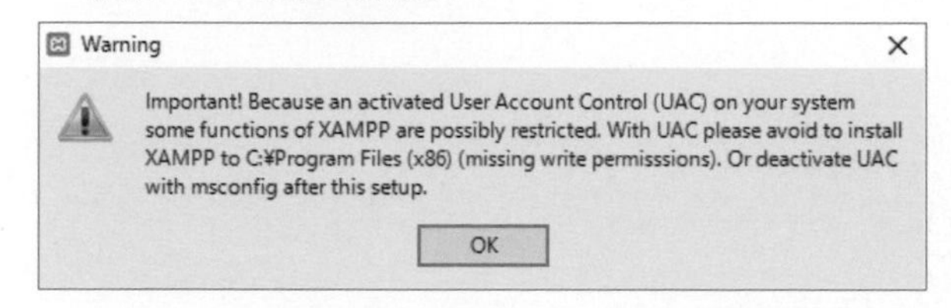

關於 UAC 的警告訊息，建議不要將 xampp 安裝於「C:\Program Files(x86)」目錄下，本書是將 xampp 安裝在「C:\xampp」路徑，即可以解決這個問題。在此請按〔OK〕繼續下一步。

選擇要安裝的軟體

在「Setup-XAMPP」對話框出現後，按下〔Next〕❶ 按鈕，進行下一步。

▼「Setup-XAMPP」對話框

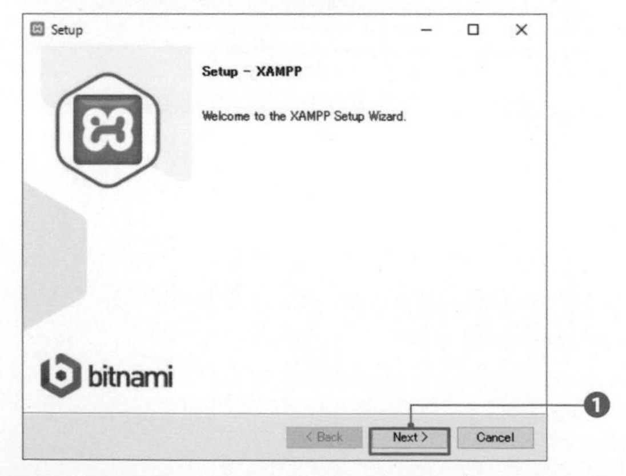

在「Select Components」對話框中，勾選想要安裝的軟體。預設值是勾選了所有軟體，請直接按下〔Next〕❷ 按鈕往下一步。

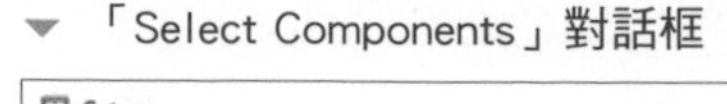

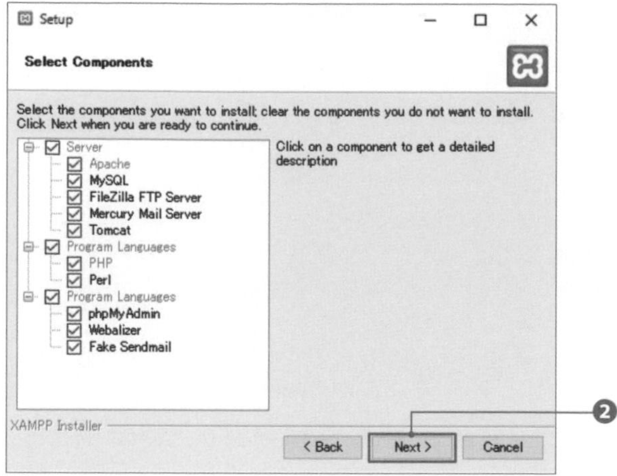

選擇安裝路徑

在「Installation folder」對話框可設定安裝路徑。本書是安裝於「C:\xampp」路徑下，在〔Select a folder〕右邊的欄位 ❶ 輸入「C:\xampp」後，按下〔Next〕❷。建議您也安裝到此路徑，否則之後書中提到「C:\xampp」您都必須修改成您的安裝路經。

「Installation folder」對話框

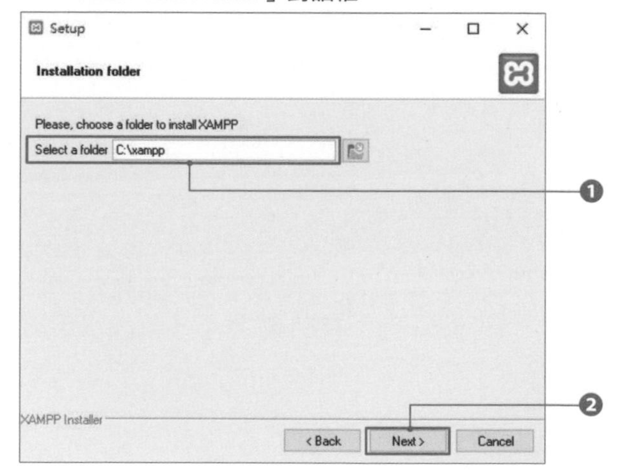

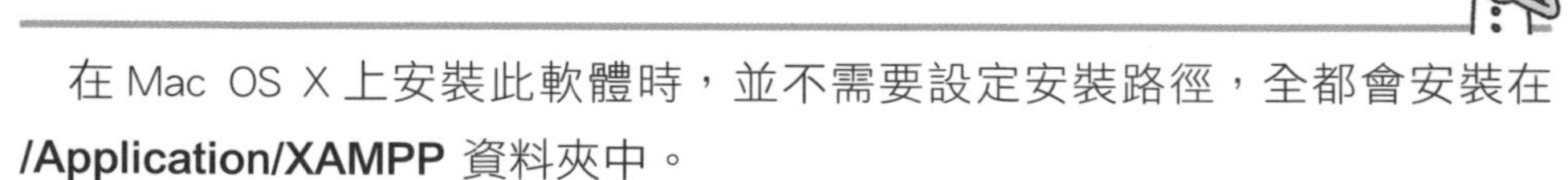

如果是使用 Mac OS X

在 Mac OS X 上安裝此軟體時，並不需要設定安裝路徑，全都會安裝在 **/Application/XAMPP** 資料夾中。

開始安裝

接著是「Bitnami for XAMPP」對話框，為了簡化流程，請取消選取〔Learn more about Bitnami for XAMPP〕❶之後，按下〔Next〕按鈕 ❷。

▼「Bitnami for XAMPP」對話框

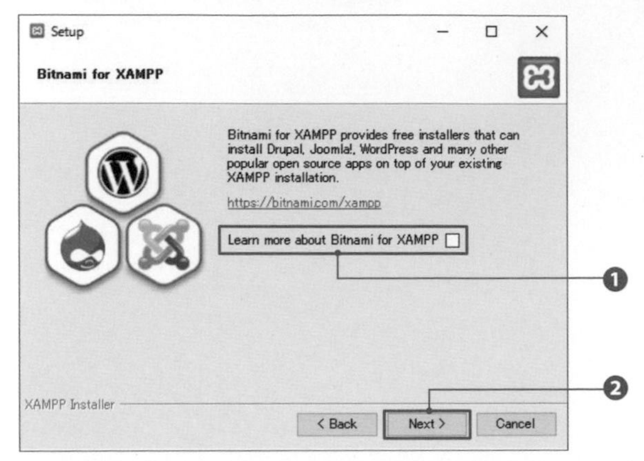

顯示「Ready to Install」對話框時，表示安裝前的準備都已完成，按下〔Next〕按鈕 ❸ 就可開始安裝。

▼「Ready to Install」對話框

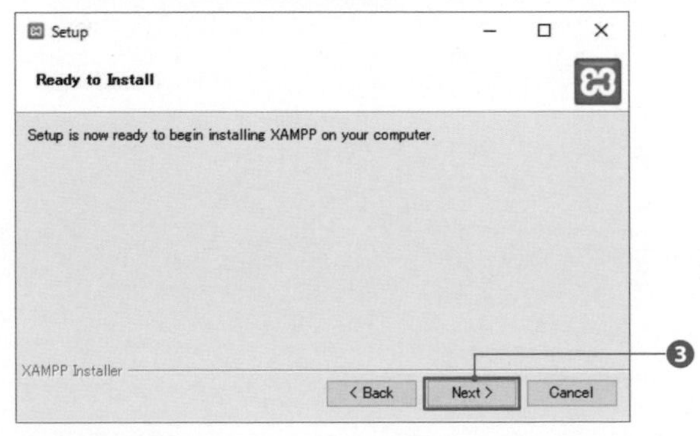

接著就會開始安裝檔案。安裝需花費一些時間，請耐心等候。安裝過程中，可能會跳出命令提示字元的畫面（黑底白字的視窗），不需特別理會它。

安裝完成後，會顯示「Completing the XAMPP Setup Wizard」對話框。「Do you want to start the Control Panel now?」的核取方塊 ❹，是用來選擇是否要立即開啟 XAMPP 的控制面板。這裡請勾選後按下〔Finish〕按鈕 ❺。

▼「Welcome to XAMPP!」對話框

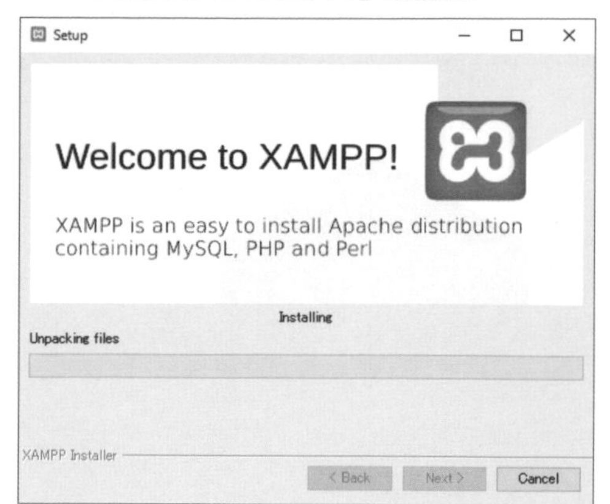

▼「Completing the XAMPP Setup Wizard」對話框

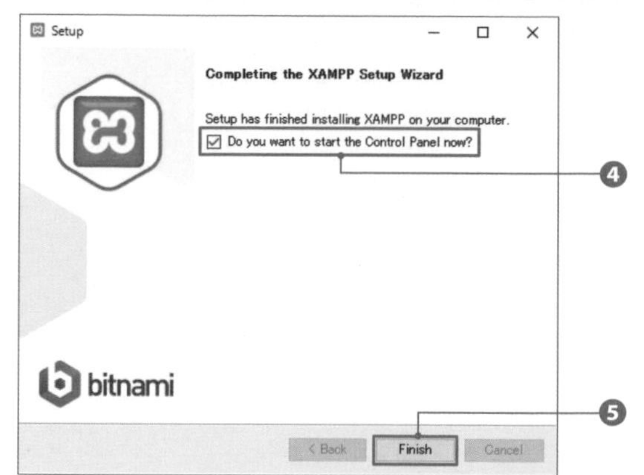

啟動 XAMPP 控制面板

XAMPP 安裝完成後，即會啟動 XAMPP 控制面板。如果沒有請改以手動方式啟動。以 Windows 10 為例，在開始功能表輸入「xampp」❶，就可搜尋到「XAMPP Control Panel」❷。點選「XAMPP Control Panel」即可啟動 XAMPP 控制面板。

▼ 搜尋「XAMPP Control Panel」

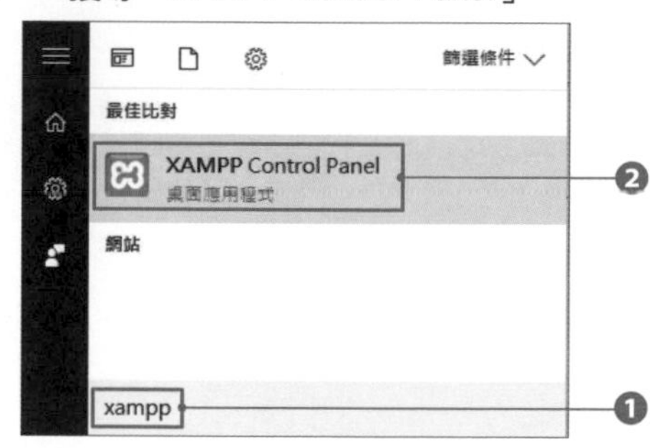

第一次啟動控制面板時，會先跳出語系選擇對話框。點選英語或德語後 ❸，按下〔Save〕按鈕 ❹ 即可。本書以英語為例。

▼ 語系選擇對話框

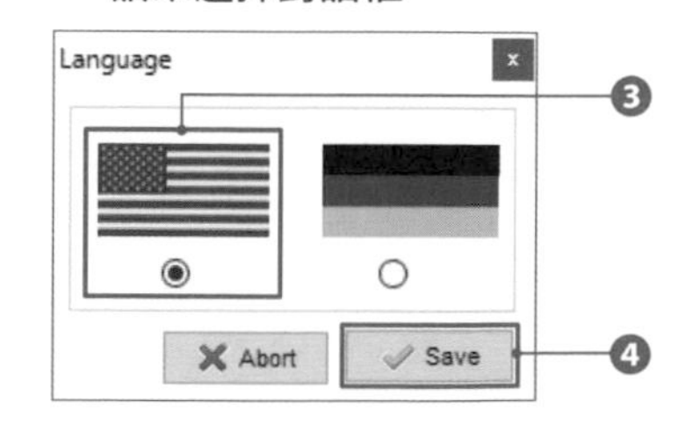

XAMPP 控制面板啟動後，在〔Module〕欄中可看到 Apache、MySQL 等軟體名稱，按下名稱右側的〔Start〕按鈕，即可啟動對應軟體。

▼ XAMPP控制面板

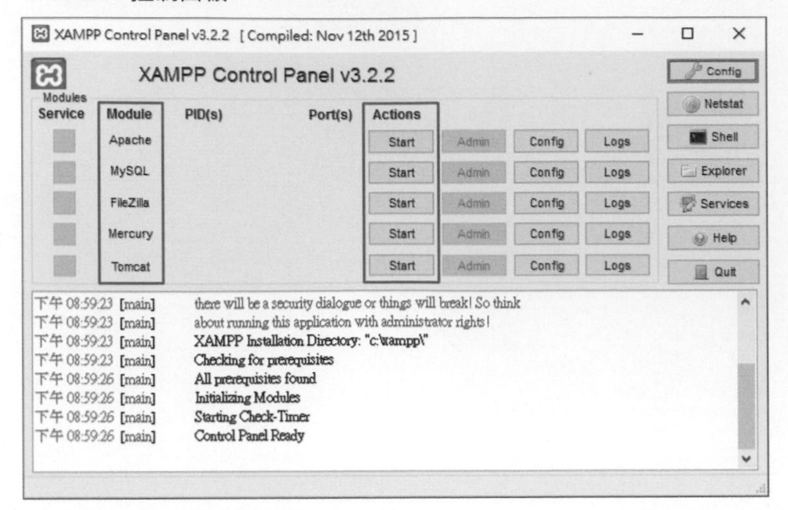

Note

如果是使用 Mac OS X

在 Mac OS X 中安裝 XAMPP 後，Application 資料夾中即會建立 XAMPP 的資料夾。點選 XAMPP 資料夾中的 **manager-osx.app**，就可啟動 XAMPP 控制面板。

啟動 Apache

要利用 XAMPP 執行 PHP 程式，可利用 Apache 做為網站伺服器。當瀏覽器將 Request 送往 Apache，就可讓 Apache 執行對應的 PHP 程式，並將執行結果送回瀏覽器。

在 XAMPP 控制面板上，按下「Apache」右方的〔Start〕按鈕 ❶，就可以啟動 Apache 網站伺服器。

啟動 Apache 時，Windows 或一些關於系統安全的軟體可能會跳出要求確認使用權限的警告訊息，此時請選按〔允許存取〕或〔解除鎖定〕等按鈕，允許 Apache 存取網路。

▼ Apache的〔Start〕按鈕

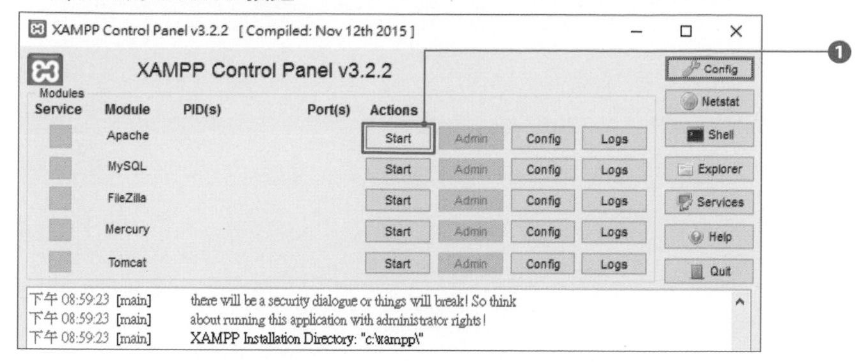

當控制面板上「Apache」的名稱變成綠色底色，且「PID(s)」及「Port(s)」等欄位顯示出數字時，表示已成功啟動 Apache。

「PID(s)」是目前啟動的 Apache 系統在 Windows 上的識別 ID；「Port(s)」則是 Apache 在連線時所使用的 Port ID。所謂「Port」是通訊時的資料出入口，利用 ID 來區別多個不同的 Port。

▼ Apache 啟動中

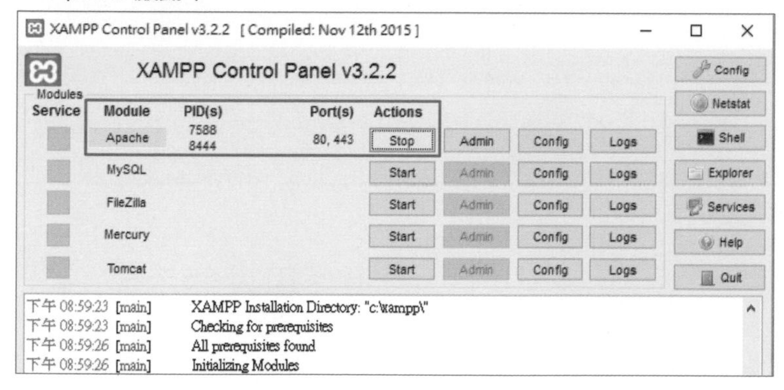

 確認 Apache 是否啟動

利用瀏覽器開啟下列 URL，確認 Apache 是否正常啟動。

執行 **http://localhost/**

localhost 是指瀏覽器所在的本地端電腦，由於現在 Apache 與瀏覽器都在同一部電腦上，所以只要將路徑指向 localhost，就可以將 XAMPP 上的 Apache 當做網站伺服器使用。

開啟上述 URL 時，會自動導向下列網址，顯示 XAMPP 介紹頁面。

http://localhost/dashboard/

如果網頁沒有正常開啟，請回到 XAMPP 控制面板，重新確認 Apache 是否已啟動。若控制面板上看起來是已啟動卻無法開啟網頁的話，先按下〔Stop〕按鈕停掉 Apache，再按下〔Start〕按鈕將它重新啟動試試。

▼ XAMPP 介紹頁面

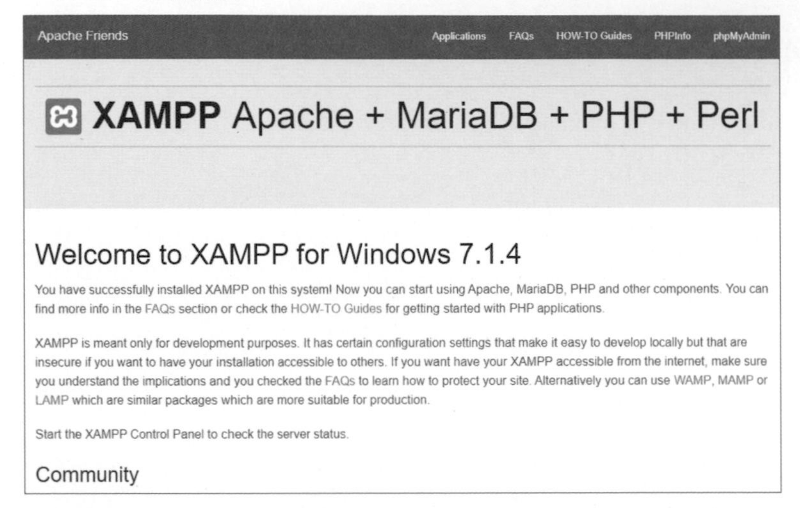

本書接下來的內容會一直用到 Apache，因此請將 Apache 維持在啟動狀態。若想停止 Apache 的執行，可按下〔Stop〕按鈕。要重新啟動 Apache，只需再次按下〔Start〕按鈕即可。

要點！

請將 Apache 維持在啟動狀態。

Note

如果是使用 Mac OS X

要在 Mac OS X 上啟動 Apache，需在 XAMPP 控制面板上選擇〔Manage Servers〕頁籤，再從伺服器清單中選擇〔Apache Web Server〕並按下〔Start〕按鈕。在利用〔Stop〕按鈕將它停止時，只需按下〔Restart〕按鈕就可重新啟動。

2-3 執行 PHP 程式

利用安裝好的 XAMPP，執行本書所附範例檔案中的 PHP 程式，在瀏覽器上顯示「Welcome」訊息。同時練習利用文字編輯軟體修改程式。

 準備要執行的 PHP 範例程式

本書範例檔案的結構請參照 chapter01 的說明。PHP 程式皆放置於 php 資料夾內。

請點選 php 資料夾後，按下鍵盤的 Ctrl + C 按鍵，或在右鍵選單點選〔複製〕，複製整個 php 資料夾。

▼ php 資料夾

在檔案總管中開啟 C 磁碟機中 xampp 資料夾下的 htdocs 資料夾，即路徑 **C:\xampp\htdocs**。這個 htdocs 資料夾內就是用來放置 PHP 程式和 HTML 等檔案。

開啟 C:\xampp\htdocs 之後，按下鍵盤的 Ctrl + V 按鍵，或在右鍵選單點選〔貼上〕，將 php 資料夾放進這裡。

▼ C:\xampp\htdocs 資料夾原先的內容

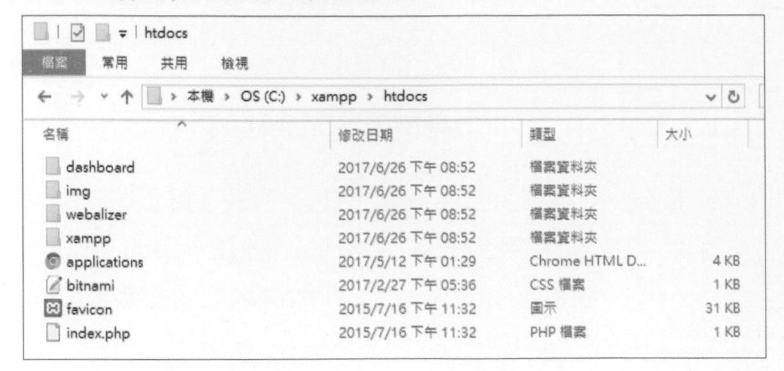

▼ 將 php 資料夾複製到這裡

將本書範例 php
資料夾複製到這裡

如果是使用 Mac OS X

若使用的是 Mac OS X 系統，則應將程式放置於 Application 資料夾下的 XAMPP/htdocs 資料夾中。

範例程式的檔案結構

php 資料夾中放置了本書各章所使用的 PHP 程式，以及 PHP 程式所使用到的圖檔、用來設定網頁樣式的樣式表、用來存取資料庫的 SQL 程式等。

將 php 資料夾展開後，可看到其中的各資料夾及檔案如下。

▼ php 資料夾的檔案結構

資料夾、檔案名	內容
chapter2	Chapter2 範例程式的資料夾
chapter3	Chapter3 範例程式的資料夾
chapter4	Chapter4 範例程式的資料夾
chapter5	Chapter5 範例程式的資料夾
chapter6	Chapter6 範例程式的資料夾
chapter7	Chapter7 範例程式的資料夾
chapter8	Chapter8 範例程式的資料夾
header.php	HTML 檔的頁首部份
footer.php	HTML 檔的頁尾部份
style.css	設定網頁顯示風格的樣式表
logo.png	網頁上顯示的 LOGO

如上所示，每一章有一對應資料夾，其中就放置了該章節內文中所提到的範例程式。例如 chapter2 資料夾中，放置了本節將要使用的範例程式「welcome.php」。要查看範例程式內容時，只需打開對應章節資料夾，就能找到。

▼ chapter2 資料夾

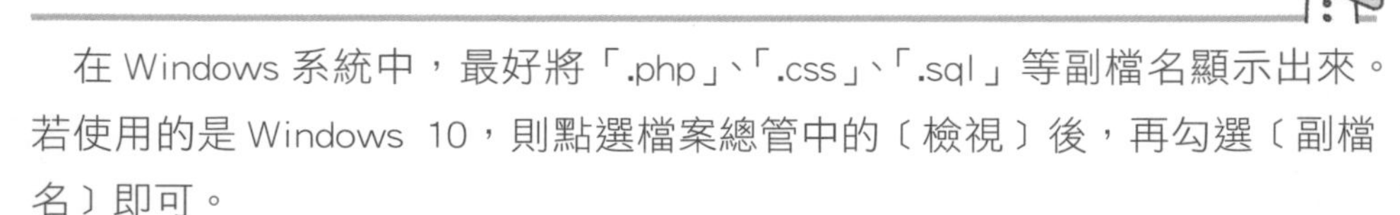

顯示副檔名

在 Windows 系統中，最好將「.php」、「.css」、「.sql」等副檔名顯示出來。若使用的是 Windows 10，則點選檔案總管中的〔檢視〕後，再勾選〔副檔名〕即可。

執行第一支 PHP 程式

接下來就可以試著執行 PHP 程式。第一支要執行的程式是 chapter2 資料夾內的 welcome.php，請啟動 Apache 後，以瀏覽器開啟下列 URL。

執行 **http://localhost/php/chapter2/welcome.php**

上面的 URL 經過 Apache（網站伺服器）處理後，會執行下面這個路徑的 PHP 程式，並將執行結果傳回到瀏覽器。

C:\xampp\htdocs\php\chapter2\welcome.php

在 XAMPP 啟動的狀態下，輸入 URL「**http://localhost/** 資料夾名 / 檔案名」，就會指向「**C:\xampp\htdocs** 資料夾名 \ 檔案名」。之後要執行的範例程式，也都是用這樣的方式輸入 URL，請務必記住「http://localhost」與「C:\xampp\htdocs\」的對應關係。

要點！

要執行 PHP 程式時，必須輸入程式的對應 URL。

如果是使用 Mac OS X

在 Mac OS X 系統輸入的 URL 與在 Windows 系統上相同，但「http://localhost/ 資料夾名 / 檔案名」對應的檔案路徑是「Application/XAMPP/htdocs/ 資料夾名 / 檔案名」。

顯示執行結果

執行範例程式後，會將執行結果「Welcome」文字顯示在瀏覽器上。

▼ welcome.php 的執行結果

沒有正常顯示？

當執行結果沒有出現時，應先在 XAMPP 控制面板檢查 Apache 是否正常啟動。若 Apache 沒有正常啟動，則瀏覽器會顯示如下圖的訊息。下圖是在 Chrome 上所顯示的訊息，若使用的是其它瀏覽器，則顯示出來的訊息頁會有些許不同。

▼ Apache 沒有啟動

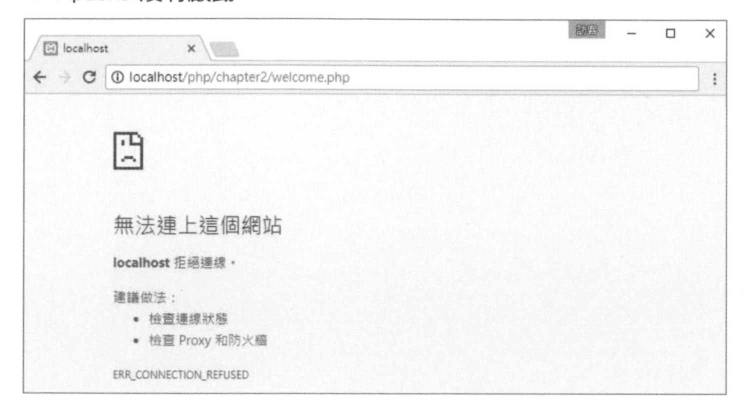

若 Apache 已正常啟動，但因為檔案配置位置有誤，造成無法找到範例程式時，瀏覽器會顯示如下圖的訊息。此時請依 P.2-13~14 頁的說明，確認檔案是否放置於正確的資料夾下。

▼ 檔案存放的位置不正確

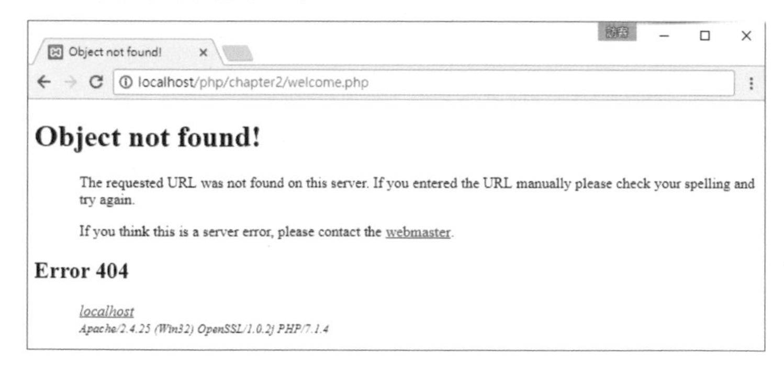

編寫 PHP 程式

接著來說明 PHP 程式的編寫方式。

以修改剛才執行的 welcome.php 為例，我們來說明如何使用文字編輯器修改程式內容，以及如何執行修改後的程式。

選擇文字編輯器

首先需選擇要使用的文字編輯器。若使用的是 Windows 系統，則可直接利用標準內建的「記事本」。其它還有許多好用的文字編輯器可自行下載來用，例如「Atom」或「UltraEdit」。

本書範例都採用 **UTF-8 編碼方式**。在 Linux 系統上可用「vi（vim）」或「Emacs」；Mac OS X 上則除了內建的「TextEdit」之外，「mi」等軟體也很常用。選擇文字編輯器時，請選用可將編碼指定為「UTF-8」的文字編輯器。

關於編碼的詳細說明，請參閱 Chapter3 的說明。

修改程式

請利用文字編輯器，依下列路徑開啟檔案，就可以看到 welcome.php 的內容。

C:\xampp\htdocs\php\chapter2\welcome.php

▼ 用「記事本」開啟 welcome.php

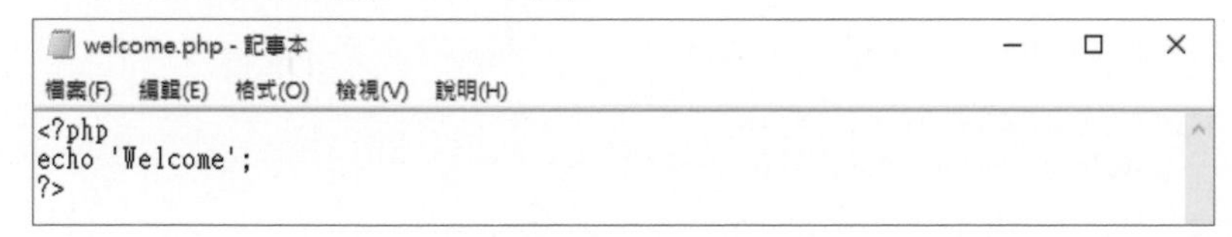

在 Windows 系統中，只需在檔案總管中以滑鼠雙擊上述檔案就可開啟。第一次開啟副檔名為「.php」的檔案時，Windows 10 會跳出詢問「您要如何開啟此檔案？」的對話框。此時點按〔更多應用程式〕後，選擇「記事本」等文字編輯器。以後要從檔案總管開啟「.php」的檔案時，就會自動以現在選擇的文字編輯器開啟。

修改前的 PHP 程式 welcome.php 的內容如下。

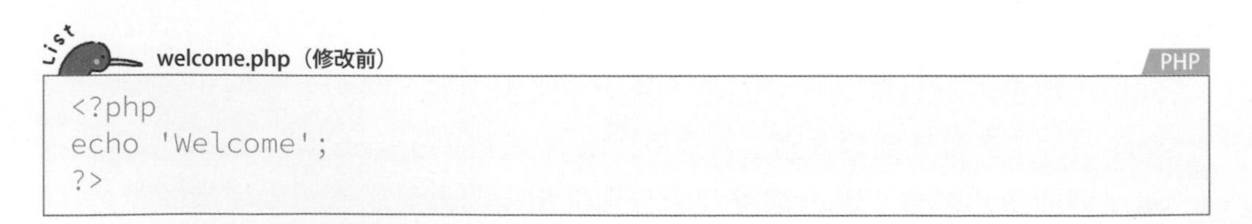
List welcome.php（修改前） PHP

```
<?php
echo 'Welcome';
?>
```

用一般編輯文字檔的方式，將 welcome.php 的內容修改如下。修改的部份以紅字標示。

welcome.php（修改後） PHP

```php
<?php
echo 'Welcome to PHP';
?>
```

要點！

撰寫程式碼所用的英數字及符號，都必須是「半形」。

儲存 PHP 程式

程式修改完成後要記得儲存檔案。若是使用的文字編輯器是**記事本**，可以點選〔檔案〕選單中的〔儲存檔案〕，或按下鍵盤上的 Ctrl ＋ S 鍵儲存檔案。

如果是要另存一個新檔案，記得要將編碼方式改為 UTF-8。若是在記事本上，可在〔另存新檔〕對話框中，將〔編碼〕選單設定為 UTF-8 即可。

▼ 在記事本中儲存 welcome.php

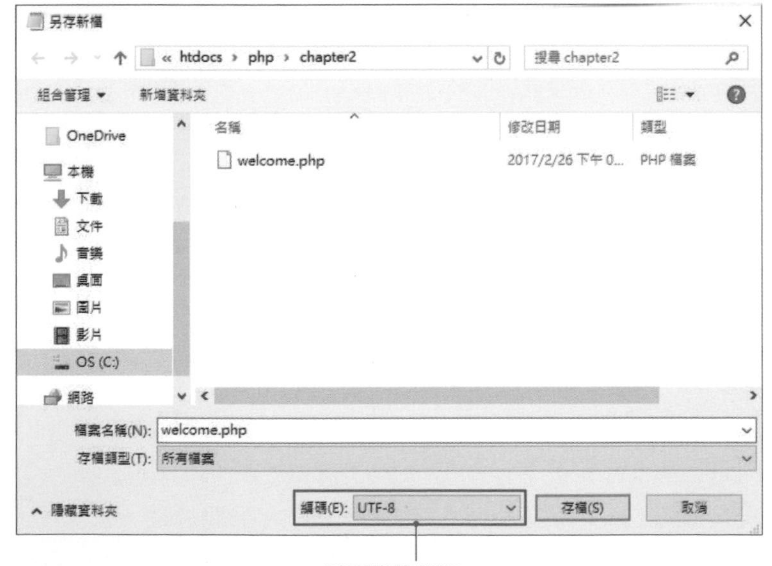

編碼選單選擇 UTF-8

要點！

儲存 PHP 程式時，要將編碼方式設定為 UTF-8。

 執行儲存好的 PHP 程式

參照 P.2-16 頁，以瀏覽器開啟下列 URL，執行看看剛才修改過的程式。若是瀏覽器已經開啟這個網頁，則請按 F5 將網頁重新整理。

執行 **http://localhost/php/chapter2/welcome.php**

▼ 執行修改後的程式.

Chapter 2 小結

本章帶您安裝好 XAMPP，建置了 PHP 的開發、執行環境。也示範了如何執行本書第一隻範例。下一章我們將開始學習 PHP 的基本語法，並暖暖身撰寫一些簡單的程式。

PHP 基本語法

本章將利用範例程式說明 PHP 的基本語法，先製作顯示中、英文字的簡單程式，再製作取得使用者輸入的值後，顯示在畫面或進行計算處理的程式。這 2 支程式都很簡短，不過可是包含了製作複雜功能時必備的基礎知識。

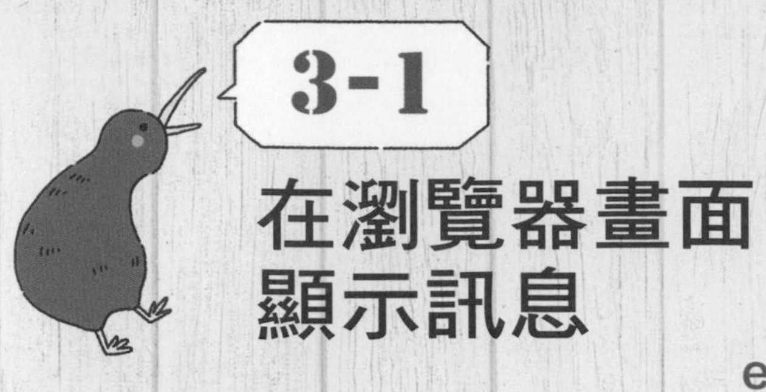

3-1 在瀏覽器畫面顯示訊息

本節的範例是在瀏覽器上顯示出英文「Welcome」。這個範例即是 Chapter2 中用來確認環境建置是否完成時的程式。本章將針對程式內容逐一說明。

▼ 本節目標

製作可在瀏覽器畫面上顯示文字訊息的 PHP 程式，並了解它的運作機制

在瀏覽器上顯示文字訊息

在 Chapter2 中執行了一支在瀏覽器顯示「Welcome」字串的程式，用來確認 PHP 是否正確執行。這裡來說明這隻程式的內容。

提醒讀者：在 Chapter3 中所用到的所有範例程式，皆應放置在 C:\xampp\htdocs\php 中的 chapter3 資料夾中。

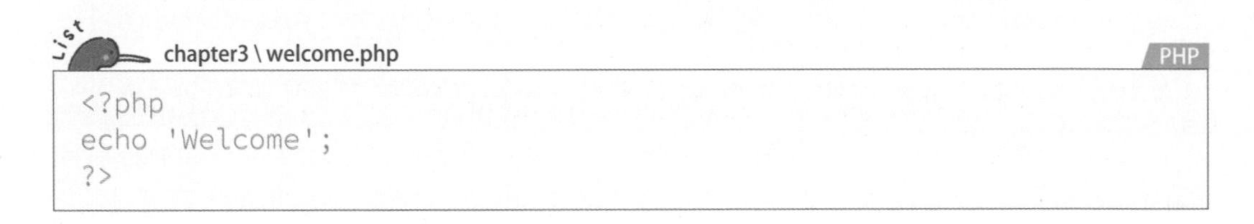

List chapter3 \ welcome.php　PHP

```php
<?php
echo 'Welcome';
?>
```

請利用 XAMPP 控制面板啟動 Apache，並與 Chapter2 的說明一樣，在瀏覽器開啟下列 URL。

執行 **http://localhost/php/chapter3/welcome.php**

若程式正確執行，則瀏覽器將顯示「Welcome」。

▼ 瀏覽器上顯示的訊息

 「<?php」與「?>」

PHP 程式必須以「**<?php**」開始，以「**?>**」結束，它們被稱為 **PHP 標籤**，「<?php」稱為開始標籤，「?>」稱為結束標籤，要執行的程式碼就撰寫在這二者之間。

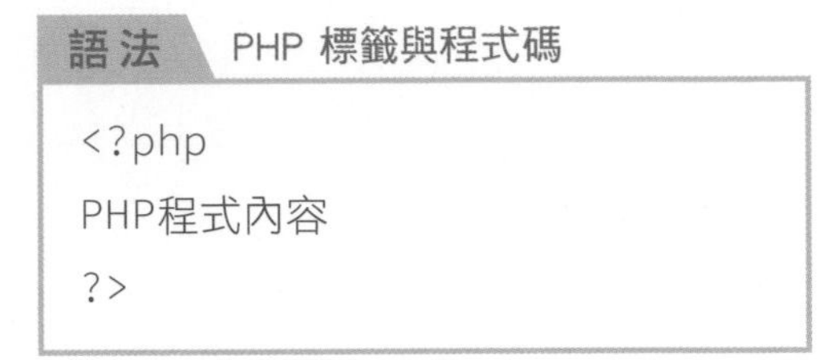

語法 PHP 標籤與程式碼

```
<?php
PHP程式內容
?>
```

在左頁的範例程式中，第一行即為「<?php」，最後一行為「?>」。這個檔案就只是一支 PHP 程式，因此可能會有人以為，就算沒有特別標明程式碼的起迄行，應該也無妨吧。

但實際的實務範例不會如此陽春，當檔案內容同時包含了 HTML 程式與 PHP 程式碼時，以「<?php」與「?>」將程式碼特別標示出來的方式，就能起很大的作用。

下列是 HTML 與 PHP 混合在同一檔案時的例子。

▼ HTML 與 PHP 混合

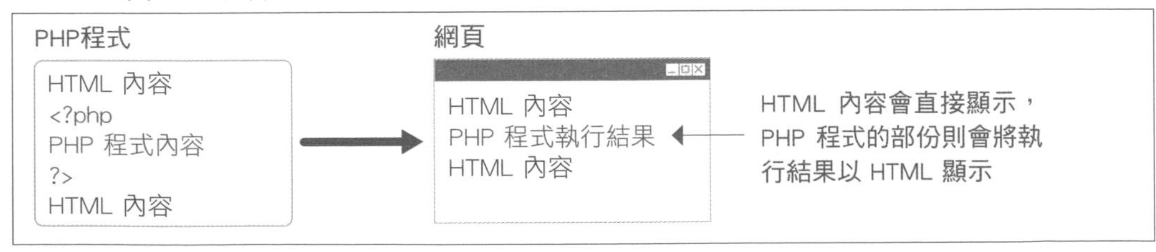

要讓 PHP 程式正確執行，必須在程式中明確標示出 HTML 和 PHP 的區隔。利用「<?php」與「?>」將 PHP 程式碼的部份框起來，就能將程式碼明確區隔出來。也就是說，程式中所有被「<?php」和「?>」框住的內容，就是 PHP 所執行的指令。

要點！

PHP 只會執行「<?php」與「?>」所框住的內容。

 echo

echo 是 PHP 中用來顯示文字訊息的指令。前面的範例就是使用 echo 指令顯示「Welcome」字串。

```
echo 'Welcome';
```

echo 的使用方法如下。

語法 echo

```
echo '文字訊息';
```

echo 是迴響、回音的意思，而將文字訊息像是回音般依照原樣顯示出來的功能，在 PHP 中也稱為 echo。在範例中顯示的是英文訊息，但實際上也可顯示中文和數字。

 字串與單引號（'）

排列在一起的文字稱為**字串 (String)**。一般的字串大多是由多個文字組成，但也有 0 個文字或 1 個文字的字串。

在 PHP 中，會將「'」所框住的詞句視為字串。「'」稱為單引號（single quote 或 single quotation），用於顯示文字訊息的程式中。例如要顯示訊息「Welcome」時，程式中就必須寫為 'Welcome'。

另外，也可用「"」雙引號代替「'」，以 "Welcome" 的形式表示字串。

以下是將單引號改成雙引號後的程式，存放在 chapter3\welcome2.php 中，與原本的程式之間的差異以紅字標示。

```
<?php
echo "Welcome";
?>
```

在瀏覽器開啟下列 URL，即可執行這支程式。

執行 **http://localhost/php/chapter3/welcome2.php**

執行結果會與使用單引號的程式完全相同。但實際上，單引號與雙引號在功能上有些微差異，本書範例都採用單引號，只有在特殊需要的時候使用雙引號。

要點！

以「'」或「"」框住的內部會被當做是字串。

雙引號的功能

使用雙引號的字串會先經過展開處理，因此可用於包含了標籤或表示換行符號等特殊字元符號的字串，或是包含了變數的字串（3-4 節就會提到）。

敘述與分號「;」

接著請留意在每行程式的最後，都會有一個分號「;」。

```
echo 'Welcome';
```

分號是用來表示一個敘述結束的符號，以本例來説，echo 'Welcome'; 就算是一個**敘述 (Statement)**。

在程式中，敘述是用來表示一個處理的單位。若在一個程式中要進行多個處理，則依處理分割成多個敘述。而有多個敘述並列時，將由上到下依序執行。

▼ 將處理寫成「敘述」

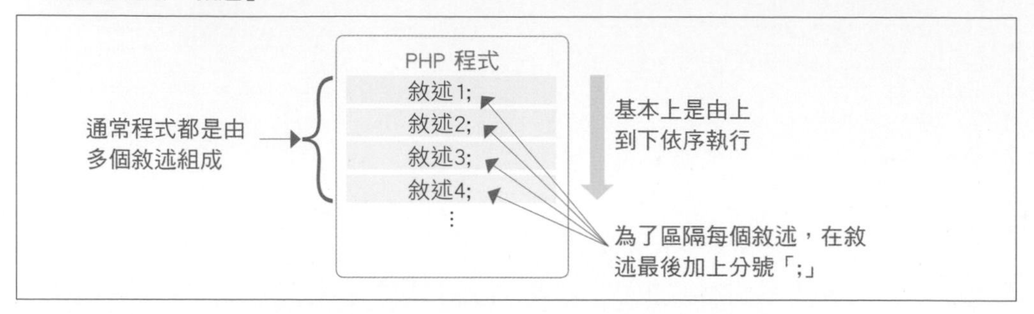

本範例只有一個敘述。若是有多個敘述，例如下列的程式內容：

```
echo 'Welcome';
echo 'to';
echo 'PHP';
```

若以中文説明這幾行程式，就分別代表著下列處理。

顯示 Welcome。

顯示 to。

顯示 PHP。

如同中文句子最後會加上句號「。」一般，在程式中每個敘述最後會加上「;」，這樣應該很好理解吧。

要點！

PHP 程式的每個敘述最後必須加上「;」。

出現錯誤時

錯誤（Error）是指程式的語法有誤，或任何讓程式無法順利執行的問題。**錯誤訊息**（Error Message）則是在錯誤發生時，系統為了告知有錯誤發生而顯示的訊息。

撰寫程式常會有錯誤發生，即使是像先前範例那樣單純到只有顯示文字訊息的程式，也有可能會發生錯誤。

接下來刻意使用會發生錯誤的程式，說明錯誤訊息的解讀與解決方式。這裡使用的檔案位置為 **chapter3\welcome-error.php**，程式內容如下，與 Step1 的範例程式不同的部份以紅字標示。

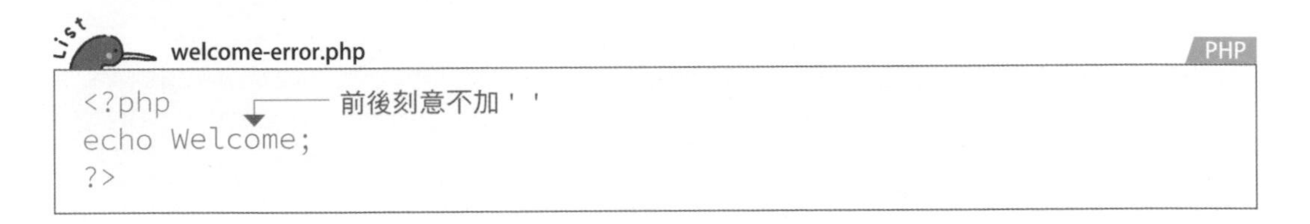


```
<?php
echo Welcome;
?>
```

這支程式與 Step1 的範例程式非常相似，但在執行時會顯示出錯誤訊息。請在瀏覽器上開啟下列 URL，執行這支程式。

執行 **http://localhost/php/chapter3/welcome-error.php**

程式執行後，瀏覽器會顯示錯誤訊息如下。

▼ 錯誤訊息

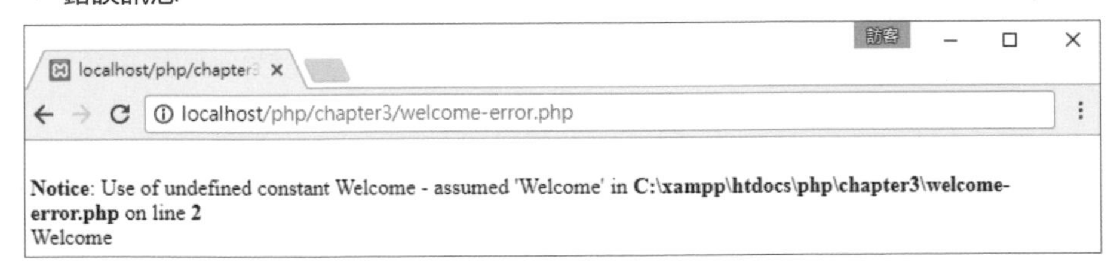

解讀錯誤訊息

當程式執行出現問題時，PHP 會提示問題出在哪裡。此時顯示出來的提示就稱為錯誤訊息（Error Message）。本例的錯誤訊息如下。

Notice: Use of undefined constant Welcome - assumed 'Welcome' in C:\xampp\htdocs\php\chapter3\welcome-error.php on line 2

Welcome

這段訊息的意思如下。

提示：使用未定義常數 Welcome － 推測應為字串 'Welcome'

錯誤發生於 C:\xampp\htdocs\php\chapter3\welcome-error.php 第 2 行

Welcome

要修正程式的錯誤時，一定要先看清楚錯誤訊息，就能知道要如何修改。以本例來說，訊息上說明了錯誤發生在 C:\xampp\htdocs\php\chapter3\welcome-error.php 的第 2 行，因此將焦點放在程式第 2 行。

```
echo Welcome;
```

原本應寫做「'Welcome'」的部份，遺漏了單引號，寫成了「Welcome」。因此程式無法將「Welcome」當做是字串來處理。若依 PHP 的語法解析這行程式，意思會變成「顯示常數 Welcome 的內容」。

常數 (Constant) 後面會介紹到，是程式中來方便處理字串或數值的機制。要在程式中使用常數之前，必須先宣告該常數的內容，但在本範例中並沒有宣告常數值。不過，我們一開始撰寫這支程式時，也確實不是要使用常數。

當 PHP 要依程式顯示常數內容時，這個常數卻因沒有宣告內容而無法顯示，錯誤訊息就是要告訴我們這一點。

關於常數，3-4 節將有詳細說明。

▼ 字串與常數在處理時的差異

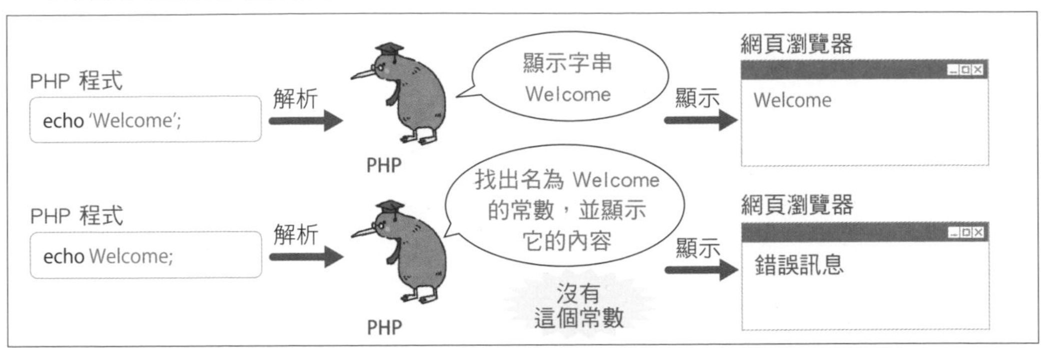

依提示修正程式

錯誤訊息中包含了許多有用的提示，不只會指出可能造成錯誤的地方，甚至會有像「推測應為字串」這樣的建議。在錯誤訊息出現時，應好好利用其中所提到的下列三點資訊。

- **錯誤發生位置（在檔案中的哪一行）**
- **錯誤發生原因**
- **錯誤的解決方法**

與其自己猜測不如依訊息的提示修改程式，可讓問題的解決更事半功倍。

在前面那段錯誤訊息的最後所列出的「Welcome」，是 PHP 依推測的錯誤原因進行修改並試著執行之後的結果。從它與程式設計師想要的結果一致這段看來，只要依錯誤訊息的提示修改程式，應該就能完成原本想要的程式。以本例來說，依錯誤訊息修改程式後，程式內容應為

```
echo 'Welcome';
```

顯然是與 Step1 範例相同的正確程式。

要點！

錯誤訊息包含了問題發生位置與修正方法的提示。

錯誤訊息的使用

您或許會想「既然 PHP 能夠自動修正程式，何必還要人類下手修改程式呢？」。如果由 PHP 自動修正，或許可以避掉一些語法錯誤，讓程式順利執行，不過如何能保證修正的程式內容和程式設計師原本想寫的一致？

▼ 錯誤發生

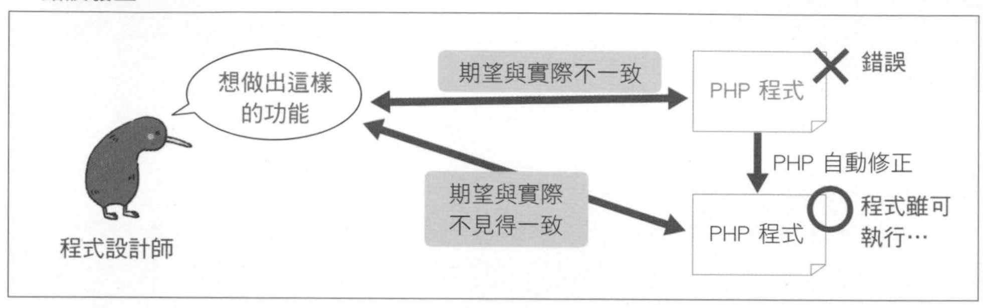

最理想的狀況是程式設計師在了解錯誤發生的原因，並明確知道如何解決錯誤後再修改程式，才能確實掌握程式的每個處理。只有在能了解程式應在什麼樣的狀況下可以正確執行，才能安心使用這個程式，也才能對客戶有明確的說明。

省略檔案最後的結束標籤

如果程式的結束標籤「**?>**」正好落在檔案最後面時，可省略這個結束標籤，因為在結束標籤後面若有多餘的空白、換行等，有可能會發生執行結果的顯示位置有誤差或出現意料外的錯誤。因此，若是沒有含 HTML 的純 PHP 程式，建議將檔案最後的結束標籤省略。

在本書中，為了明確標示出哪裡到哪裡是 PHP 的程式碼，因此刻意保留所有結束標籤不省略。在對 PHP 有一定的熟悉之後，請務必試著省略檔案最後的結束標籤。

改用 print 顯示文字訊息

要顯示文字訊息，除了 echo 之外，還可使用 **print**。若在網路上搜尋 PHP 程式，一定也能找到使用 print 顯示訊息的例子。

以下為使用 print 的範例。這裡使用的檔案為 chapter3\welcome3.php，程式內容如下，其中與 Step1 的範例程式不同的部份以紅字標示。

welcome3.php　PHP

```php
<?php
print 'Welcome';
?>
```

在瀏覽器開啟下列 URL 執行程式。

執行 **http://localhost/php/chapter3/welcome3.php**

程式的正確執行結果與 Step1 的範例相同，會在瀏覽器上顯示出「Welcome」字樣。

解說

print

print 的使用方法如右。

語法　print

```
print '文字訊息';
```

echo 與 print 都可用來顯示文字訊息，但本書主要使用 echo。原因如下：

- **以本書執筆時的 PHP 版本來看，通常認為 echo 的處理速度較快（執行到顯示出訊息所需的時間較短）。**
- **echo 具有可將多個字串、數值連接起來顯示的功能。讓本書的範例程式可以更靈活使用在不同的場景。**

顯示中文訊息

HTML、文字編碼

在前一節已說明顯示英文訊息「Welcome」的方法，接下來將改為顯示中文訊息「歡迎光臨」。要讓中文訊息正確顯示，必須先了解文字編碼的概念，以及用 PHP 產生 HTML 程式的方法。

▼ 本節目標

歡迎光臨

在網頁上顯示中文訊息

撰寫顯示中文訊息的程式

首先，參照底下撰寫顯示中文訊息的程式，並將檔案儲存為 chapter3\welcome-utf8.php。在儲存檔案時，必須將文字編碼設定為 UTF-8。

List welcome-utf8.php PHP

```php
<?php
echo '歡迎光臨';
?>
```

在瀏覽器開啟下列 URL 執行程式。

執行 **http://localhost/php/chapter3/welcome-utf8.php**

程式若正確執行，則會顯示出「歡迎光臨」字樣。

▼ **顯示中文訊息**

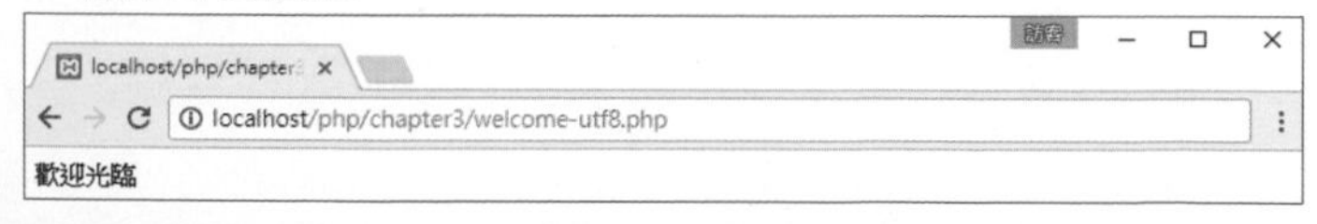

解決顯示亂碼的問題

依照 Step1 的步驟，撰寫顯示中文訊息「歡迎光臨」的程式。程式內容如下所示，與 Step1 的範例完全相同。

將檔案儲存為 chapter3\welcome-sjis.php，存檔時將文字編碼刻意設定 UTF8 以外的項目，例如 Shift_JIS。

welcome-sjis.php PHP

```php
<?php
echo '歡迎光臨';
?>
```

在瀏覽器開啟下列 URL 執行程式。

執行 **http://localhost/php/chapter3/welcome-sjis.php**

實際執行結果會依瀏覽器的設定而有不同，但大多數瀏覽器應該會如下圖般，y原本應該顯示「歡迎光臨」的地方變成了亂碼。

▼ 中文訊息變成亂碼

解說

文字編碼

Step1 與 Step2 的程式內容雖然相同，但 Step2 的程式無法顯示「歡迎光臨」，反而成了亂碼。造成顯示結果有誤的原因，就在於**文字編碼**。文字編碼其實就是電腦內部用來決定處理文字的方式。

電腦中所有用到的文字都會依照**編碼字元集**編上編號。例如「A」的編號是 65，「b」的編號是 98。電腦就是利用這個編號，進行文字的儲存、傳送、接收等。

而文字與編號的對應，就取決於文字編碼的體系。Step1 的「welcome-utf8.php」是以 UTF-8 的編碼方式儲存；Step2 的「welcome-sjis.php」則是以 Shift_JIS 的編碼方式儲存。

因為筆者的瀏覽器正好是將編碼設定為 UTF-8，因此可以正確顯示以 UTF-8 編碼的結果。而以 Shift_JIS 編碼的 Step2 範例程式，就會因為用了錯誤的編碼去解析文字，使得文字變成亂碼。相反地，在編碼設定為 Shift_JIS 的瀏覽器上，就無法正確顯示 Step1 範例中 UTF-8 編碼的文字訊息。

▼ 未指定正確編碼方式造成文字變成亂碼

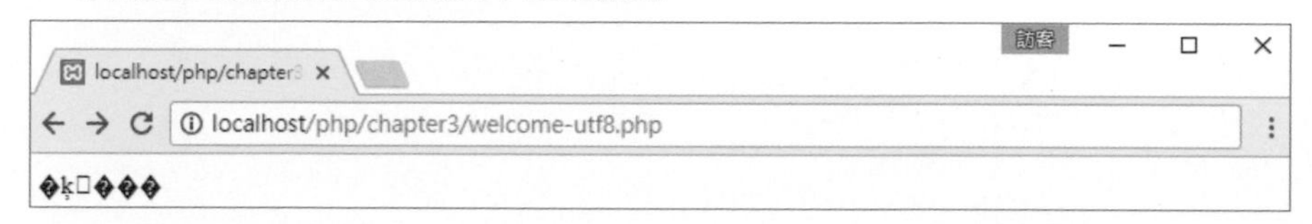

無論是 Step1 還是 Step2，都有可能因為瀏覽器的設定導致文字無法正確顯示。想解決這個問題，就必須在 HTML 可指明所使用的文字編碼，進而避免文字變成亂碼。因此，在 PHP 中要顯示訊息時，最好使用 HTML 的形式。怎麼做呢？接下來告訴您。

要點！

由於文字編碼的設定差異，可能會造成顯示出來的文字變亂碼。

以 HTML 顯示訊息

為了讓中文訊息顯示時不受瀏覽器的設定影響，必須將 PHP 程式的執行結果，以 HTML 的形式顯示。目前大多數的網頁都是以 HTML 製作，而 HTML 可將所使用的文字編碼傳達給瀏覽器，讓瀏覽器能以正確的文字編碼顯示內容。

參照下列程式，撰寫以 HTML 形式顯示訊息的 PHP 程式，並將檔案儲存為 chapter3\welcome-html.php。程式中與 Step1、Step2 的範例程式不同的部份以紅字標示。

在儲存檔案時，將文字編碼設定為 UTF-8。在本書中，除非有特別指定其它編碼，否則所有範例程式都以 UTF-8 的編碼方式儲存。

List welcome-html.php PHP

```
<!DOCTYPE html>
<html>
<head>
<meta charset="UTF-8">
<title>PHP Sample Programs</title>
<link rel="stylesheet" href="../style.css">
<link rel="stylesheet" href="style.css">
</head>
<body>
<?php
echo '歡迎光臨';
?>
</body>
</html>
```

在瀏覽器開啟下列 URL 執行程式。

執行 **http://localhost/php/chapter3/welcome-html.php**

無論瀏覽器所設定的編碼方式是哪一種，都能正確顯示出「歡迎光臨」。此範例在 HTML 的 <body> 標籤之間加入 PHP 程式的執行結果，讓訊息以 HTML 的形式顯示。此外，為了讓版面更好看，在這裡一併加入了 LOGO 圖檔來裝飾。

▼ 在 HTML 指定文字編碼後顯示的訊息

HTML 部份的涵義

以下說明程式中 HTML 部份的各行意義，如下所示。

▼ 程式中 HTML 的部份（前半）

敘述	意義
<!DOCTYPE html>	表示檔案類型為 HTML5
<html>	HTML 程式開始
<head>	定義網頁的標題或其它連結資訊的區塊，從這裡開始
<meta charset="UTF-8">	指定文字編碼為 UTF-8
<title>PHP Sample Programs</title>	指定網頁標題
<link rel="stylesheet" href="../style.css">	載入樣式表，讓網頁更美觀
<link rel="stylesheet" href="style.css">	各 Chapter 若要加載額外的樣式表，則利用這行載入
</head>	定義網頁的標題或其它連結資訊的區塊，在這裡結束
<body>	瀏覽器要顯示的內容區塊從這裡開始

在 PHP 程式之後的部份，如下所示。

▼ 程式中 HTML 的部份（後半）

敘述	意義
</body>	瀏覽器要顯示的內容區塊在這裡結束
</html>	HTML程式結束

上列敘述中，最重要的就是下面這行，將文字編碼指定為 UTF-8。

```
<meta charset="UTF-8">
```

本書範例所使用的文字編碼雖都是 UTF-8，但若要改用其它文字編碼，在 PHP 程式的寫法維持不變，只要修改上述 <meta> 標籤的 charset 屬性值，並在檔案儲存時變更文字編碼即可。

另外，為了讓網頁更美觀，在本例中使用了簡單的**樣式表**。關於樣式表 css 檔案（style.css）的內容因與 PHP 程式無關，因此不另做說明，還請參閱相關 CSS 入門書籍。

關於顯示出來的 HTML 程式

在 Step3 的程式中，只有「歡迎光臨」字樣是 PHP 程式處理顯示的結果。其它的 HTML 程式內容，都在 PHP 標籤之外。

執行這支程式後，會分別進行以下輸出處理。

▶ **HTML 區塊 → 直接顯示**

▶ **PHP 區塊　→ 顯示 PHP 執行結果**

從瀏覽器上**檢視網頁原始碼**，就能看到實際的顯示結果。以 Step3 的範例為例，作法如下。

若使用的瀏覽器是 Chrome，則在網頁的顯示區域內按下右鍵後 ❶，點選右鍵選單中的〔檢視網頁原始碼〕❷。

▼ 檢視網頁原始碼

在筆者使用的環境下，可開啟原始碼內容如下。

```
<!DOCTYPE html>
<html>
<head>
<meta charset="UTF-8">
<title>PHP Sample Programs</title>
<link rel="stylesheet" href="../style.css">
<link rel="stylesheet" href="style.css">
</head>
<body>
歡迎光臨</body>
</html>
```

比較 Step3 範例程式與上述的網頁原始碼，可看到程式的 PHP 區塊變成了文字「歡迎光臨」。

HTML 區塊則只有 <body> 標籤之前的換行位置可能有不同之外，其它內容完全相同。瀏覽器在解析 HTML 程式時，會略過檔案中的換行，因此換行位置的差異並不會對結果造成影響。

在撰寫程式時，請務必活用檢視網頁原始碼的功能。當執行結果顯示的內容與預期不符時，通常只要檢視網頁原始碼，就能找出問題。

HTML 與 PHP 的用途區分

如前所述，PHP 程式可由多個 HTML 與 PHP 內容區塊組成。二者可依以下規則區分用途。

- **HTML 區塊 → 用於顯示固定不變的內容**
- **PHP 區塊 → 用於顯示會因情況而變動的內容**

以 Step3 的程式來說，開頭的 HTML 標籤群與末尾的 HTML 標籤群，都屬於固定不變的內容，所以劃入 HTML 區塊。開頭與末尾的這些區塊，在本書之後的範例程式中，也和 Step3 的程式一樣屬於 HTML 區塊。

而 <body> 標籤與 </body> 標籤之間的區塊，也就是網頁實際顯示出來的內容則列為 PHP 區塊。在 Step3 的程式中所顯示的訊息內容雖是固定不變，但在之後可將此處改為可依狀況顯示不同結果。

echo 標籤

在程式中，像「<?php echo '歡迎光臨'; ?>」這樣只有 1 個 echo 指令的 PHP 區塊，可將 echo 拿掉，簡化為

```
<?= '歡迎光臨'; ?>
```

要在 HTML 中插了一小段用來顯示訊息的 PHP 程式時，使用這種簡化的寫法會更為方便。在 PHP 5.4.0 之後的版本，不需特別設定就能使用這個寫法。

3-3 在畫面上顯示使用者輸入的資料

require 敘述、Request 參數

本節要慢慢進入程式設計的最重要的功能設計，將使用者輸入的資料適當處理後，於瀏覽器上顯示執行結果。本範例要做到讓使用者輸入姓名後，將姓名與招呼語一同顯示在瀏覽器上。

▼ 本節目標

PHP PHP
請輸入姓名：
確定

↓

PHP PHP
請輸入姓名：
王小明 確定

↓

PHP PHP
午安，王小明您好。

將輸入的資料顯示在瀏覽器上

step 1 製作輸入用的文字欄位

在購物網站之類的網站登入後，常可看到畫面顯示「○○○，您好」。此時顯示出來的使用者名稱，通常是從使用者之前登錄的客戶資料庫取得。為了先將程式單純化，這裡改由使用者自行輸入姓名。

首先，參照下列程式，製作讓使用者輸入姓名的網頁，並將檔案儲存為 chapter3\user-input.php。

user-input.php

```php
<?php require '../header.php'; ?>
<p>請輸入姓名：</p>
<form action="user-output.php" method="post">
<input type="text" name="user">
<input type="submit" value="確定">
</form>
<?php require '../footer.php'; ?>
```


在瀏覽器開啟下列 URL 執行程式。

執行 **http://localhost/php/chapter3/user-input.php**

程式若正確執行，則會顯示**利用 <p> 標籤顯示的文字**、**用來輸入姓名的文字欄位**以及**用來將輸入的資料送出的〔確定〕按鈕**。另外，本書範例中所使用的 HTML <p> 標籤，除了有特殊用途需說明的地方之外，一律略過不說明。

▼ 使用者輸入資料的頁面

解說

將重複使用的部份統整在單獨的檔案（require 敘述）

有時在不同的程式中，可能會重複使用到相同的內容。此時可抽出重複的部份，獨立儲存於另一個檔案，再讓程式將它載入並執行。這麼做的優點如下：

- **節省反複輸入重複內容的時間，讓程式看起來更簡潔。**
- **要修改共通使用的部份時，不需在多支程式裡分別修改，只要修改單一檔案的內容即可。**

在 PHP 中，要載入並執行放在其它檔案中的程式，必須使用 require 敘述。利用 require 敘述，就能將程式分割、整理成多個檔案。

require 敘述的語法如下，指定要載入並執行的程式檔案。

語法 require

```
require '檔案名稱';
```

在 Step1 的程式中，利用下列 require 敘述，載入並執行 header.php。

```
<?php require '../header.php'; ?>
```

同樣利用 require 敘述，載入並執行 footer.php。

```
<?php require '../footer.php'; ?>
```

「**../**」表示目前所在的 PHP 程式的**上一層**目錄。本書範例的目錄結構如下。

▼ 檔案的目錄結構

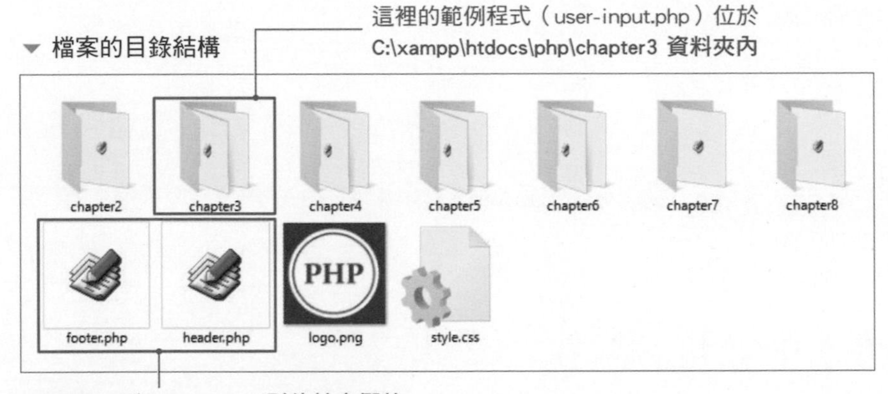

因此用「**../**」指定讀取位於範例上一層的檔案。

來看 header.php，它儲存了 HTML 程式的開頭部份，檔案內容如下所示。

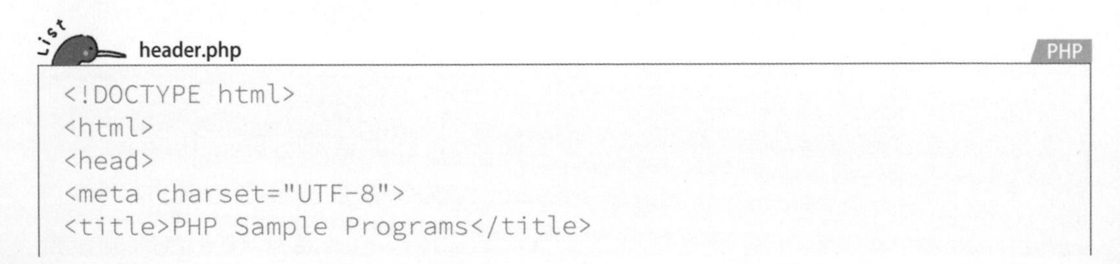

List header.php PHP

```
<!DOCTYPE html>
<html>
<head>
<meta charset="UTF-8">
<title>PHP Sample Programs</title>
```

```
<link rel="stylesheet" href="../style.css">
<link rel="stylesheet" href="style.css">
</head>
<body>
```


footer.php 則為 HTML 的結尾部份，檔案內容如下所示。

List footer.php PHP

```
</body>
</html>
```

header.php 與 footer.php 的檔案內容，分別與 3-2 介紹過的 PHP 程式開頭及結尾部份相同。由於本書後續的範例程式，都將以 HTML 程式的形式顯示，為了避免撰寫每支程式時都要重複一次這些內容，將它們分別存於到 header.php 和 footer.php 中，之後再利用 **require 敘述**載入並執行。

手邊有電腦的讀者，可以在瀏覽器執行看看 Step1 的範例程式，確認顯示出來的執行結果是否正確。若顯示出來的頁面有誤，請檢查 header.php 和 footer.php 是否存放在正確的資料夾中。

另外，header.php 和 footer.php、logo.png、style.css 都已附在本書所附的下載檔案內。

要點！

可將程式中重複使用的內容存為獨立檔案，再用 require 載入它。

顯示輸入用表單

從使用者輸入資料，到將資料處理並顯示的流程如下。先將輸入用表單中所填入的資料，傳送到負責顯示畫面的程式，再將執行結果顯示於結果頁。

▼ 輸入資料到顯示結果的流程

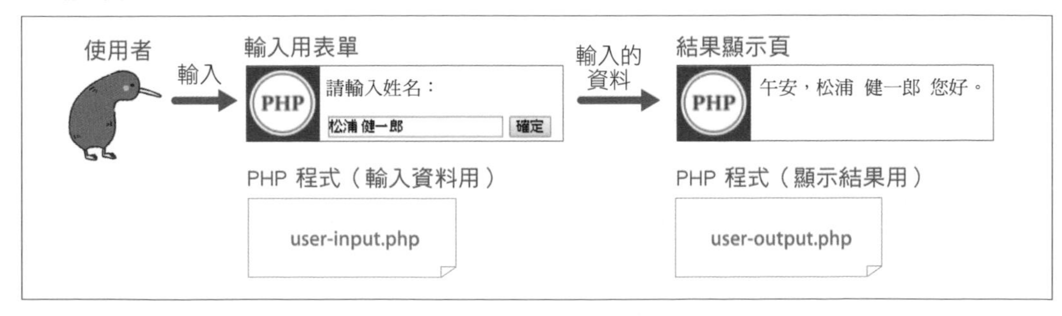

來看如何製作輸入表單、顯示結果的程式。在 Step1 中，是利用 HTML 製作讓使用者填寫的表單畫面。

在 Step1 的程式中，下列區塊的內容即是用來製作表單。

```
<form action="user-output.php" method="post">
...
</form>
```

<form> 標籤用來表示輸入用表單由此開始，</form> 則為表單結束。在 <form> 與 </form> 之間撰寫這個表單的**控制元件**。控制元件即為讓使用者輸入資料、或進行操作的元件。

▼ 利用 <form> 標籤製作輸入用表單

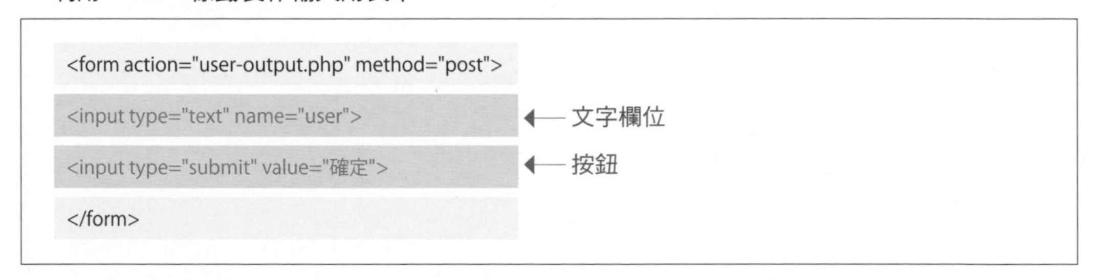

文字欄位

利用 <input> 標籤，可建立輸入文字用的控制元件「**文字欄位（Text Box）**」。將 **type 屬性**指定為 text，就可產生文字欄位。屬性值應以雙引號「**"**」框住，寫為「"text"」。

```
<input type="text" name="user">
```

至於這個的意義，後面 3-26 頁會有說明

按鈕

同樣使用 <input> 標籤就可建立將資料送出的按鈕。**type 屬性**需指定為 submit，就可產生將表單內容傳送給網站伺服器的確定（或送出）鈕。在 **value 屬性**所設定的值，會顯示在按鈕上。這裡為了讓使用者知道此按鈕的作用，將名稱設為「確定」。

```
<input type="submit" value="確定">
```

這裡只是小試身手，介紹了文字欄位與按鈕這兩個常用的控制元件，關於其他元件將在 Chapter4 繼續說明。

從文字欄位取得資料

接著是重頭戲，要製作可從文字欄位取得字串後，將字串內容顯示在瀏覽器的程式。這裡的完成範例為 chapter3\user-output.php，在第一行和最後一行，同樣利用 require 敘述載入程式重複的部份。

user-output.php PHP

```php
<?php require '../header.php'; ?>
<?php
echo '午安，', $_REQUEST['user'], '您好。';
?>
<?php require '../footer.php'; ?>
```

要執行這支程式，必須從 Step1 的輸入表單畫面開始。因此以瀏覽器開啟下列 URL。

執行 **http://localhost/php/chapter3/user-input.php**

在文字欄位 ❶ 輸入任意姓名，例如「王小明」，並按下〔確定〕按鈕 ❷ 後，畫面上會顯示「午安，王小明你好」。可以試著用不同名字多執行幾次看看。只要換下瀏覽器的〔回前一頁〕按鈕，就可回到輸入畫面。

▼ 將輸入的名字與文字訊息一起顯示

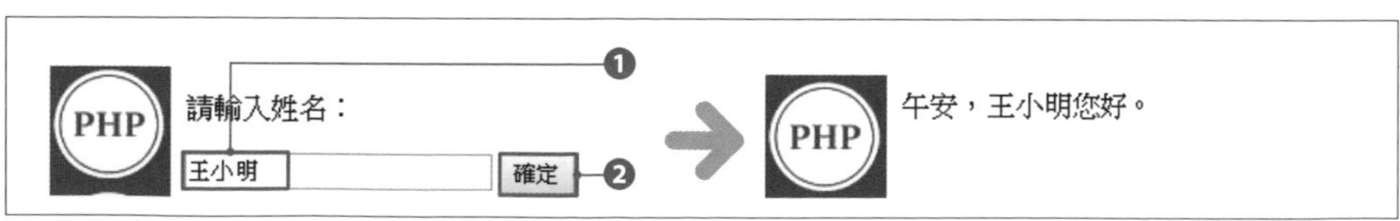

解說

送出表單時進行的處理

在表單上按下按鈕，就可將控制元件的值傳送到處理輸出的程式。表單 <from> 標籤的 **action 屬性**，即是用來指定處理輸出的程式路徑。以 Step1 程式中的 <from> 標籤為例說明如下。

```
<form action="user-output.php" method="post">
```

action 屬性值指定為 user-output.php，在按下〔確定〕按鈕將表單送出後，就會執行 Step2 的程式「user-output.php」。

method 屬性值「post」，是指在 HTTP 中將表單內容傳送給伺服器的方式。也可以寫成大寫的「POST」。method 的屬性值還可設定為「get（GET）」，get 原本是要從伺服器取得檔案等資料時所用的方法，也可用於指定表單內容送往伺服器時的方式。

要將表單內容送往伺服器，一般建議使用 post 方式。與 get 相比，post 方式具有可傳送資料量較大、使用者無法看到傳送的資料內容等優點。

要點！

將負責處理輸出的程式路徑，指定為 <from> 標籤的 action 屬性值。

REQUEST 參數

以下是 Step1 的程式中，關於文字欄位的 <input> 標籤。

```
<input type="text" name="user">
```

它的 **name 屬性**指定為「user」。而在 Step2 的程式中，同樣有用到「user」的地方。

```
echo '午安、', $_REQUEST['user'], '您好。';
```

在表單中輸入的資料，會被當做是 **REQUEST 參數**傳送到網站伺服器。這裡説的 REQUEST 參數，即是指在對網站伺服器提出 Request 時，同時傳送過去的附加資料。

網站伺服器在執行程式時，會傳送 REQUEST 參數。而程式則依所接收的 REQUEST 參數值進行處理。

一個 Request 有可能伴隨著多個 REQUEST 參數。為了區別每個 REQUEST 參數，必須為各個參數命名，在本書中將它們稱為 **REQUEST 參數名**。

在文字欄位的 name 屬性中所指定的「user」，即是它的 REQUEST 參數名。在處理輸出的程式中，也可透過「user」這個 REQUEST 參數名，取得在此欄位中輸入的資料。

▼ REQUEST 參數名的運作

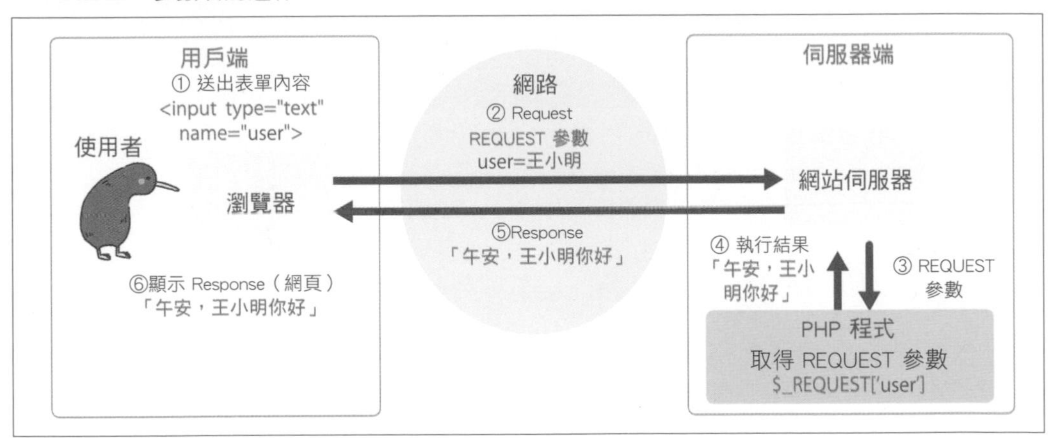

要點！

控制元件的 name 屬性值，即為 REQUEST 參數名。

取得及顯示 REQUEST 參數值

要在程式中取得 REQUEST 參數，語法如下。

語法 取得 REQUEST 參數

```
$_REQUEST['REQUEST參數名']
```

如此即可取得指定名稱的 REQUEST 參數值。例如當 REQUEST 參數名為「user」，程式寫法如下。

```
$_REQUEST['user']
```

在文字欄位輸入「王小明」時，依前面所述，程式可取得內容為「王小明」的字串。

接著，再加上 echo 指令撰寫成如下的程式，就可將取得的字串內容「王小明」顯示出來。

```
echo $_REQUEST['user'];
```

在 echo 之後，可利用「,」(逗號) 將多個值串連起來顯示。這裡說的「值」，是指數值、字串等資料。例如用下列程式，就能顯示出「午安，王小明您好」這樣的訊息。

```
echo '午安，', $_REQUEST['user'], '您好。';
```

這行程式以兩個逗號串連顯示了 3 個值。

▼ 串連顯示值

值	類型
'午安，'	字串
$_REQUEST('user')	REQUEST 參數（字串）
'您好。'	字串

$_REQUEST

$_REQUEST 是用來取得 REQUEST 參數的工具，在 PHP 的語法結構上算是一種變數。變數是用來暫存資料值的機制，$_REQUEST 內即是暫存 REQUEST 參數值。

▼ 變數與 $_REQUEST

要點！

REQUEST 參數值會暫存於 $_REQUEST 內。

Note

優化程式：直接開啟輸出處理程式所發生的錯誤

未經 Step1 輸入畫面就直接在瀏覽開啟 Step2 的程式時，會出現錯誤訊息。請在瀏覽器開啟下列 URL，實際執行看看。

執行 **http://localhost/php/chapter3/user-output.php**

此時畫面上會出現下列錯誤訊息。

午安，
Notice: Undefined index: user in C:\xampp\htdocs\php\chapter3\user-output.php on line 3 您好。

「Notice:」開頭這行就是錯誤訊息，意思如下。

提示：未定義索引：user
錯誤發生於C:\xampp\htdocs\php\chapter3\user-output.php第3行

錯誤發生的位置如下。

```
$_REQUEST['user']
```

如前所述，$_REQUEST 是用來暫存 REQUEST 參數。但因為 REQUEST 參數必須由輸入畫面傳到網站伺服器，因此若不經輸入畫面，直接開啟輸出程式的話，REQUEST 參數就會變成**未定義 (Undefined)**。本例就是因為 $_REQUEST['user'] 未定義導致錯誤發生。要避免這個問題可以優化一下程式，必須加入下列紅字的部份，此程式儲存為 chapter3\user-output2.php。

List user-output2.php PHP

```
<?php require '../header.php'; ?>
<?php
if (isset($_REQUEST['user'])) {
    echo '午安，', $_REQUEST['user'], '您好。';
}
?>
<?php require '../footer.php'; ?>
```

在瀏覽器開啟下列 URL 執行程式。

執行 **http://localhost/php/chapter3/user-output2.php**

與 Step2 的程式不同，經過這樣修改的程式不會再出現上述的錯誤訊息，但當然也沒有顯示出「午安，〇〇〇您好」的文字。

之所以會出現錯誤，原因在於沒有定義 $_REQUEST['user'] 所指定的 REQUEST 參數 user。所以只要先檢查變數是否已定義，只在變數已定義時顯示執行結果，就不會出現錯誤訊息。因此，在這裡利用 **if 判斷式**限制程式只在 REQUEST 參數已定義時才往下執行。

if 是一種控制流程分歧的條件式，當條件成立時才會執行 {} 中所程式，在 Chapter4 將有詳細說明。

isset 是函式的一種，用來檢查變數是否已定義。關於函式，將在 Chapter5 詳細介紹。

加入上述程式碼後，就能避免未經輸入畫面就直接執行程式時所出現的錯誤。不過，與 Step2 的程式比較後也可發現，程式會變得有些複雜。本書後續的範例中，為求程式碼儘量簡潔，因此省略防止未經輸入畫面時出現錯誤的程式碼。

優化程式：使用者輸入 HTML 標籤時的對應方式

Step2 的程式還有一個問題，必須考慮當使用者輸入 HTML 標籤時該如何處理。

在瀏覽器開啟下列 URL 執行程式。

執行 **http://localhost/php/chapter3/user-input.php**

▼ 輸入 HTML 標籤時的顯示結果

請在姓名欄輸入「<h1> 王小明 </h1>」後，按下確認按鈕。可以看到顯示出來的執行結果，姓名被自動換到下一行並以放大字體顯示。

字體會被放大，是因為輸入了 HTML 中用來表示大標題的 <h1> 標籤。程式處理時會將使用者輸入的 HTML 標籤直接丟到輸出頁面，瀏覽器在看到這些標籤時就會將它當做標題，使得顯示出來的字體變大。

要讓使用者所輸入的 HTML 標籤失效，需將程式修改如下。這裡使用的檔案為 chapter3\ user-output3.php，其中與 Step2 的範例程式不同的部份以紅字標示。

List user-output3.php PHP

```php
<?php require '../header.php'; ?>
<?php
    echo '午安，', htmlspecialchars($_REQUEST['user']), '您好。';
?>
<?php require '../footer.php'; ?>
```

要讓 HTML 標籤失效，在做顯示處理時就不能直接使用 $_REQUEST ['user']，要將程式改為 htmlspecialchars($_REQUEST['user'])。

htmlspecialchars 也是函式中的一種（關於函式將在 Chapter5 說明），當傳入的字串在 HTML 中具有特殊功用時，會讓字串所具有的作用失效。在對使用者輸入的資料進行顯示、儲存等處理時，可用此函式來提高安全性。

不過，使用 htmlspecialchars 函式雖可提高安全性，卻會讓程式變得較為複雜。為保持範例程式的簡潔易讀，本書之後的範例若沒有特別需要注意的狀況，都忽略不用 htmlspecialchars 函式。htmlspecialchars 的使用方法，將在 Chapter6 中詳細說明。

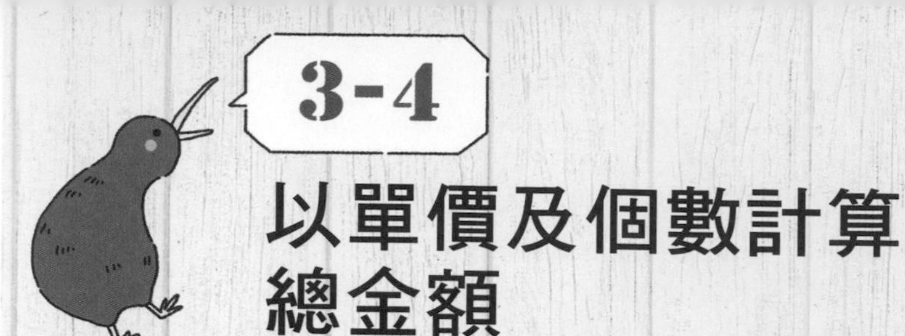

3-4 以單價及個數計算總金額

算符、變數

本節要來製作一支計算程式，依照使用者輸入的單價及個數，計算出總金額。透過這支程式會學習到算符與變數。算符（Operator）是表示計算處理的符號，例如「+」為加法算符、「*」為乘法算符。另外本節還將介紹變數的宣告，以及顯示、計算等處理的活用方式。

▼ 本節目標

PHP 單價 [　] 元 X 個數 [　] 個 [計算]

↓

PHP 單價 [120] 元 X 個數 [5] 個 [計算]

↓

PHP 120元X5個=600元

利用輸入的值計算出結果後，將結果顯示在瀏覽器上

製作輸入單價與個數的畫面

首先，參照下列程式，製作輸入單價及個數的表單畫面，並將檔案儲存為chapter3\price-input.php。

List price-input.php PHP

```
<?php require '../header.php';?>
<form action="price-output.php" method="post">
單價 <input type="text" name="price"> 元
×
個數 <input type="text" name="count"> 個
<input type="submit" value="計算">
</form>
<?php require '../footer.php';?>
```

在瀏覽器開啟下列 URL 執行程式。

執行 **http://localhost/php/chapter3/price-input.php**

程式正常執行時，將會顯示出單價、個數的文字欄位以及「計算」按鈕。

▼ **單價與個數輸入畫面**

程式中利用 <input> 標籤，製作 2 個文字欄位。程式碼如下。

```
<input type="text" name="price">
<input type="text" name="count">
```

單價與個數的 name 屬性值分別指定為 price 和 count。因此，REQUEST 參數名（不清楚請見 p.3-28 頁的說明）即分別為「price」和「count」。

運用算符計算合計金額

參照下列程式，製作從 Step1 的輸入畫面取得單價與個數並計算合計金額的程式，並將檔案儲存為 chapter3\price-output.php。

price-output.php PHP

```
<?php require '../header.php';?>
<?php
echo $_REQUEST['price'], '元X';
echo $_REQUEST['count'], '個=';
echo $_REQUEST['price'] * $_REQUEST['count'], '元';
?>
<?php require '../footer.php';?>
```

這支程式必須透過 Step1 輸入畫面才能執行。例如，輸入單價 120 元 ❶、個數 5 個 ❷，並按下〔計算〕按鈕 ❸ 後，畫面即會顯示「120 元 X5 個＝ 600 元」。

▼ 計算合計金額

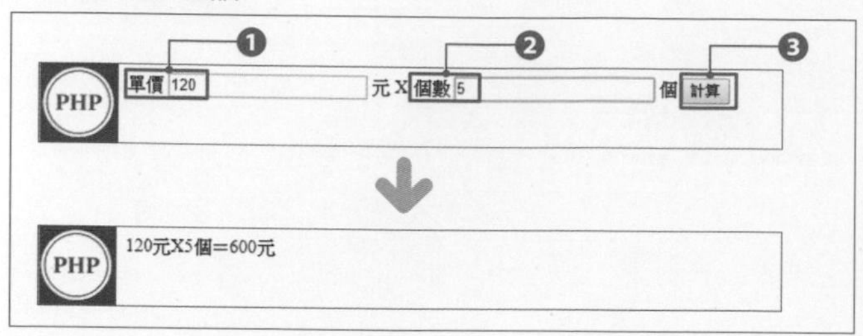

 取得 REQUEST 參數值與計算

輸入單價與個數的文字欄位，REQUEST 參數名分別為 price 與 count。利用 $_REQUEST 就能取得輸入值，程式寫法如下。

```
$_REQUEST['price']
$_REQUEST['count']
```

參照上列程式碼，就可藉由 $_REQUEST 在程式中使用 REQUEST 參數值（即文字欄位的輸入值）。

 算符（或稱運算子）

範例將單價與個數相乘計算出合計金額。要在程式中進行乘除等運算時必須利用**算符 (Operator)**。進行計算的處理即稱為「運算」。算符即代表各種運算符號。

乘法的算符為「*」，在本例中即利用「*」撰寫「單價 * 個數」的程式。實際程式碼如下。

```
$_REQUEST['price'] * $_REQUEST['count']
```

為了便於閱讀，上列程式在 * 算符的前後加入了空格。若如下所示將空格去除，也不會影響執行。

```
$_REQUEST['price']*$_REQUEST['count']
```

在 Step2 程式中，利用 echo 在計算出來的合計金額後面加上「元」字後，顯示在畫面上。

```
echo $_REQUEST['price']*$_REQUEST['count'], '元';
```

要留意的是，乘法算符不是日常使用的「X」而是「*」，但使用方法與一般計算相同。PHP 還有各種其它的算符，這裡列出用於計算的主要算符。算符除了用於四則運算之外，還有用於**指派**與**比較**的算符。之後將詳細說明。

▼ 常用的算符

算符	作用
**	平方
++ --	加1、減1
!	邏輯（反值）
* / %	乘法、除法、餘數
+ - .	加法、減法、字串相連
< <= > >=	比較（小於、小於等於、大於、大於等於）
== !=	比較（等於、不等於）
&&	邏輯（AND）
||	邏輯（OR）
=	指派

算符有優先順序之分，先計算順序高的算符，順序低的算符則後處理。例如執行「2+3*4」時，由於「*」的優先順序高於「+」，因此會先計算「3*4」。上表所列的算符，放在愈上面的優先順序愈高。

要點！

要在程式中進行計算時，必須使用算符。

浮點數

在 PHP 中進行除法運算無法除盡時，計算結果將為帶有小數的數值。而沒有小數位的數值稱為**整數**；有小數的數值則稱為**實數**或**浮點數**。

利用變數計算

變數是用來存放資料的機制，適當地使用變數，可讓程式變得更簡潔易懂，並可簡化複雜的運算。

以下將 Step2 的程式導入變數的概念後改寫如下。程式儲存為 chapter3\price-output2.php。

price-output2.php PHP

```
<?php require '../header.php';?>
<?php
$price=$_REQUEST['price'];
$count=$_REQUEST['count'];
echo $price, '元X';
echo $count, '個=';
echo $price*$count, '元';
?>
<?php require '../footer.php';?>
```

接著修改輸入畫面的程式，將表單送出後執行的程式改為 price-output2.php。修改 Step1 程式中如下列紅字所示的部份後，將檔案儲存為 chapter3\price-input2.php。

price-input2.php PHP

```
<?php require '../header.php';?>
<form action="price-output2.php" method="post">
單價 <input type="text" name="price"> 元
X
個數 <input type="text" name="count"> 個
<input type="submit" value="計算">
</form>
<?php require '../footer.php';?>
```

在瀏覽器開啟下列 URL 執行程式。price-input2.php 除了在表單送出後執行的是 price-output2.php 這一點之外，內容其它部份與 Step1 的 price-input.php 都相同。

執行 **http://localhost/php/chapter3/price-input2.php**

輸入單價與個數並按下〔計算〕按鈕後，顯示的執行結果與 Step2 相同。

解說

變數

使用變數前，必須先為變數命名，需依下列規則命名。

- **① 變數名稱的前面必須加上錢字號（$）。**
- **② 開頭第 1 個字必須為英文字母或底線（_）。**
- **③ 除了第 1 個字之外，其它可用英文字母、數字、底線隨意組成。**
- **④ 英文字母的大小寫視為不同文字。**

舉例來說下列都可做為變數名稱。

```
$price
$price2
$price_tag
```

「$123price」的第 1 個字為數字，不符合規則 2，因此不可做為變數名稱。而「$price」與「$Price」則因為規則 4，會被當做是不同的變數。

一般建議使用英文單字或多個英文單字的組合做為變數名稱，但也常有人使用像「$i」或「$j」這類只用 1 個英文字母做為名稱的變數名稱。

要點！

使用變數前，必須先依規則為變數命名。

PHP 預先定義好的變數

除了程式設計師自行定義的變數之外，PHP 中還有像 $_REQUEST 這種是由 PHP 預先定義好的變數。自行定義的變數名稱不可與這些 PHP 預先定義的變數名稱相同。

PHP 已預先定義的預定義變數中，摘錄與本書內容相關的變數如下。

▼ 預定義變數（摘錄）

變數名稱	功能
$_REQUEST	HTTP 的所有 REQUEST 參數（無論是以 GET 或 POST 方式傳送）
$_GET	HTTP 以 GET 方式傳送的 REQUEST 參數
$_POST	HTTP 以 POST 方式傳送的 REQUEST 參數
$_FILES	上傳檔案的資料
$_SESSION	Session
$_COOKIE	Cookie

指派

指派是將值放入變數之中。寫法如下。

語法 指派

```
變數=值
```

「=」被稱為指派算符，可將它右邊的值寫入左邊的變數。

▼ 將值指派給變數

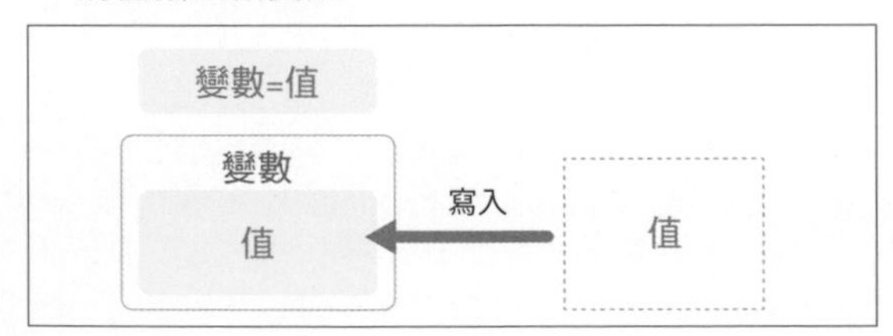

數字和字串等值都可指派給變數。變數內為數值時，程式會將此變數當做數值使用；變數內為字串時，程式就會將此變數視為字串。而這類在程式中寫明的數值和字串資料，稱為字面常數（literal）。

▼ **將值指派給變數後，使用此變數**

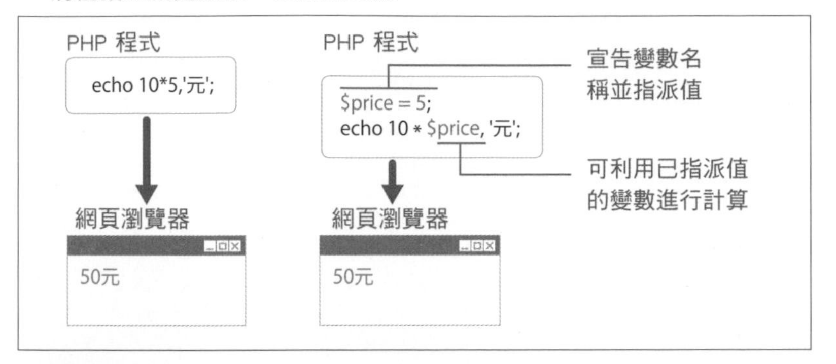

要點！

可將數值或字串指派給變數。

此外，變數也可指派給另一變數。

語法 變數之間的指派

```
變數A=變數B
```

此時右邊變數（變數B）的值會被放入左邊變數（變數A）。

▼ **將變數指派給變數**

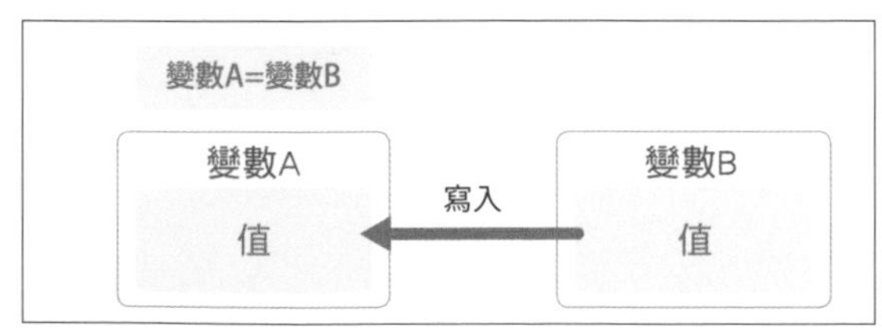

Step3 的下列這行程式，就屬於變數之間的指派。

```
$price=$_REQUEST['price'];
```

代表將 $_REQUEST['price'] 的值（REQUEST 參數 price 的值）指派給變數 $price。

同理，下列這行程式即是將 $_REQUEST['count'] 的值指派給變數 $count。

```
$count=$_REQUEST['count'];
```

變數與常數的差別

常數是為某一固定資料命名的機制，在使用上與變數有些類似。但與變數最大的差異在於，一開始指派了常數的值之後，就不能再對值做變更。宣告常數時需使用 **const 關鍵字**，語法如下。

語法 宣告常數

```
const 常數名=值
```

```
const TAX=0.08;
const MESSAGE='感謝您的購買';
```

與變數不同，常數名不需有錢字號（$）開頭。常數命名規則與變數名稱的規則相同，但為了便於與變數區隔，通常使用**大寫字母**做為常數名。

陣列 (Array)

還有一種和變數相近的機制稱為**陣列**。一般變數只能儲存一個值，但陣列則可儲存多個值。用來存取 REQUEST 參數的 $_REQUEST，實際上就是一個內含多個值的陣列。

▼ 陣列

陣列		
元素	索引	值
元素	索引	值
元素	索引	值
⋮		

$_REQUEST		
元素	'user'	'王小明'
元素	'age'	21
元素	'password'	'hellophp'
⋮		

陣列和變數一樣必須先命名，命名規則同一般變數。

- ▶ ① **變數名稱的前面必須加上錢字號（$）。**
- ▶ ② **開頭第 1 個字必須為英文字母或底線（_）。**
- ▶ ③ **除了第 1 個字之外，其它可用英文字母、數字、底線隨意組成。**
- ▶ ④ **英文字母的大小寫視為不同文字。**

陣列內區分為多個區塊，用來存放多個資料值，這些區塊稱為陣列的**元素**。

為了區隔個別元素，必須使用**索引 (Index)** 來存取。例如要取得 REQUEST 參數值時，會使用 $_REQUEST['user'] 等敘述，其中的 'user' 就是索引。一般通常會使用數字或字串做為索引。

將值指派給陣列的元素的方式與一般變數相同，例如要將 30 指派給陣列 $stock 中索引為 'apple' 的元素時，程式寫法如下。

```
$stock['apple']=30;
```

若要一次指派多個元素的值，設定方式將在 Chapter4 說明。

要點！

陣列是用來存放多個資料值的機制。

變數的使用

將單價代入變數 $price，個數代入變數 $count 後，就可利用這些變數進行顯示與計算等處理。下列程式即是將單價及個數顯示在畫面上（與字串連結後顯示）。

```
echo $price, '元X';
echo $count, '個=';
```

要利用變數將單價與個數相乘，計算合計金額時，程式如下。

```
$price*$count;
```

在計算出來的合計金額後面加上「元」後顯示。程式如下。

```
echo $price*$count, '元';
```

檢查是否輸入數值

在 Step3 的程式中，使用者在輸入單價和個數時，若輸入的值不是數值，就無法進行計算。例如在單價欄輸入 123，卻在個數欄輸入 abc 後就按下〔計算〕按鈕時，合計金額將會顯示為 0 元，並出現錯誤訊息。

▼ 輸入值不是數值時的結果

123元Xabc個=
Warning: A non-numeric value encountered in **C:\xampp\htdocs\php\chapter3\price-output.php** on line **5**
0元

照理當輸入值不是數值時，應要顯示出輸入值有誤的訊息，才便於使用者修正。因此，必須加上檢查輸入值是否為數值的機制。關於這類檢查機制，將在 Chapter5 詳細介紹。

Chapter 3　小結

本章介紹了 PHP 的基本程式寫法。從訊息顯示開始，到製作動態網頁應用程式時最重要的 REQUEST 參數的使用方式，以及運用變數與算符等進行計算處理。

並為了能在下一章帶出更複雜的程式，在本章也稍微帶到了 if 判斷式等程式控制機制。

MEMO

流程控制

本章將介紹 PHP 的流程控制相關語法。流程控制是指在程式執行時，用來改變執行流程的語法。利用流程控制，可依判斷式改變程式執行的動作，讓程式可進行的處理更多樣化。此外並介紹表單控制元件，也就是「單選鈕」與「下拉式選單」等配置在網頁上的零件，我們將詳細說明產生元件、接收由元件輸入的資料的程式寫法。

4-1 if、if-else 判斷式

核取方塊、判斷式

利用核取方塊可製作讓使用者選擇是否勾選的輸入項目，並可依核取方塊勾選與否分別顯示不同訊息。本節將以「**訂閱特賣情報電子報**」的程式為例，說明實作方式。

▼ 本節目標

□訂閱特賣情報電子報

利用if判斷式判斷是否勾選了核取方塊，並依判斷結果切換執行流程

在輸入畫面配置核取方塊

核取方塊 (Checkbox) 是讓使用者自由選擇勾選 / 不勾選的控制元件。依照勾選結果，可讓程式執行不同的處理流程。要做到依勾選結果執行不同的流程就必須使用 **if 判斷式**。以下利用核取方塊與 if 判斷式製作範例程式，並說明 if 判斷式的運作機制。

首先，在網頁上配置核取方塊，相關程式如下，並將檔案儲存為 **chapter4\check-input.php**。

List check-input.php PHP

```
<?php require '../header.php';?>
<form action="check-output.php" method="post">
<p><input type="checkbox" name="mail">訂閱特賣情報電子報</p>
<p><input type="submit" value="確定"></p>
</form>
<?php require '../footer.php';?>
```

請確認已利用 XAMPP 控制面板啟動 Apache，接著在瀏覽器開啟下列 URL 執行程式。

執行 **http://localhost/php/chapter4/check-input.php**

若程式正確執行，則瀏覽器將顯示出「訂閱特賣情報電子報」的核取方塊與〔確定〕按鈕。

▼ 核取方塊與確定按鈕

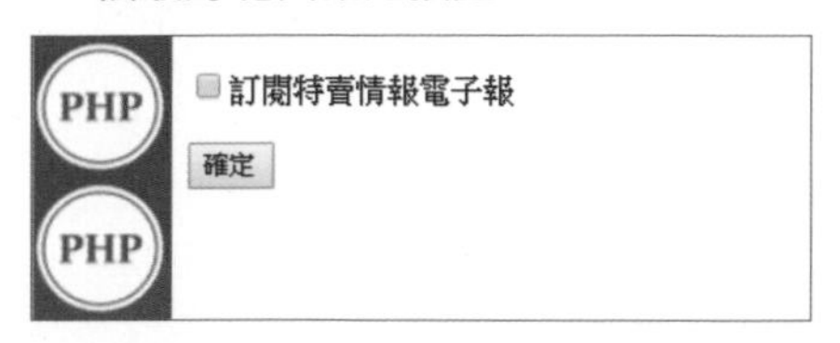

配置表單控制元件

前一章介紹過，要製作讓使用者輸入資料的表單畫面，必須利用 HTML 的 **<form> 標籤**，在 <form> 與 </form> 之間配置控制元件。其中，action 屬性是用來指定要接收表單資料並進行後續處理的程式（本例指定為 check-output.php）。

```
<form action="check-output.php" method="post">
```

▼ 利用 <form> 標籤製作表單畫面

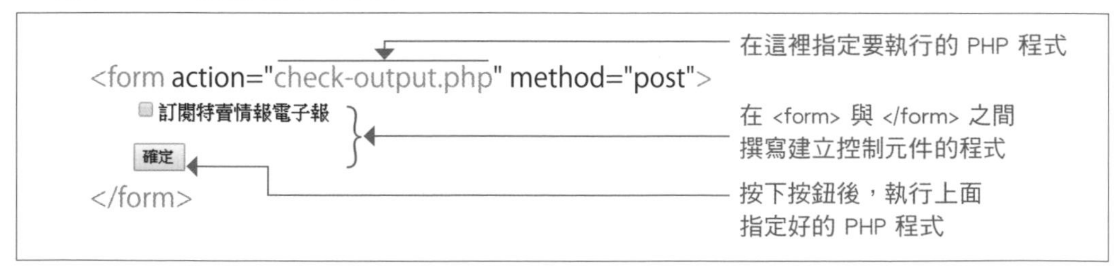

配置核取方塊

核取方塊是利用 <input> 標籤建立，如下所示，將 type 屬性指定為 **checkbox**。

```
<input type="checkbox" name="mail">
```

此外還要使用 name 屬性為核取方塊命名。因為本例是與電子報 Mail 有關的核取方塊，因此命名為 **mail**。在 Step2 將介紹的輸出用程式（check-output.php）中，將利用這裡定義的名稱，檢查核取方塊的狀態。

配置按鈕

同樣利用 <input> 標籤建立按鈕。將 type 屬性指定為 **submit**，value 屬性則用來指定要顯示在按鈕上的文字。

```
<input type="submit" value="確定">
```

按下按鈕時（滑鼠點擊或觸控點按），表單內所有控制元件的狀態都會傳送到網站伺服器，由 <form> 標籤中所指定的程式接收資料並處理。

▼ 依控制元件傳回的狀態執行程式

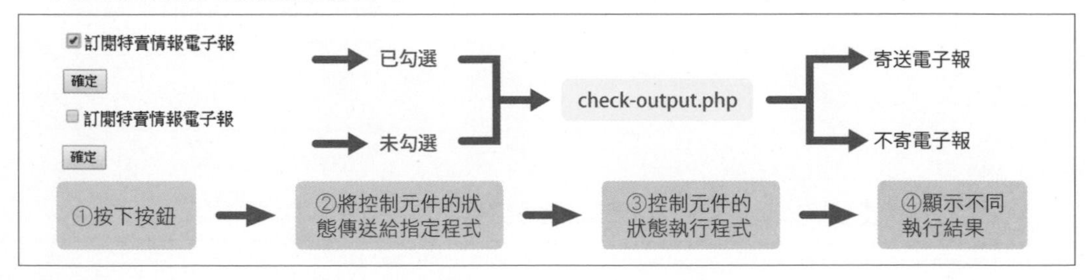

判斷核取方塊是否被勾選

參照下列程式，先判斷表單畫面的核取方塊勾選狀態，再依判斷結果顯示不同訊息。程式檔案儲存為 chapter4\check-output.php。

check-output.php

```php
<?php require '../header.php';?>
<?php
if (isset($_REQUEST['mail'])) {
    echo '已訂閱特賣情報電子報。';
} else {
    echo '未訂閱特賣情報電子報。';
}
?>
<?php require '../footer.php';?>
```


在 Step1 所製作的表單輸入畫面上，按下〔確定〕按鈕後即會執行這支程式。

請試著實際執行看看。在勾選核取方塊後，按下〔確定〕按鈕，即會顯示「已訂閱特賣情報電子報。」。

▼ 勾選核取方塊時的執行結果

未訂閱特賣情報電子報。

按下瀏覽器的「回上一頁」,回到表單輸入畫面。這次試著取消勾選核取方塊後，按下〔確定〕按鈕。此時會顯示「未訂閱特賣情報電子報。」。

▼ 未勾選核取方塊時的執行結果

未訂閱特賣情報電子報。

解說

用 if 判斷式做判斷

通常 PHP 程式執行時，是從最上面的敘述開始執行程式碼，從第一行到最後一行由上而下循序執行完之後才結束。

若只是要做「按下按鈕後顯示文字訊息」這類單純的功能，上述的程式執行機制就已綽綽有餘。但要做到「依核取方塊的勾選狀態，分別顯示不同的訊息」，由上而下依序執行的機制就無法做到。

▼ 由上而下依序執行

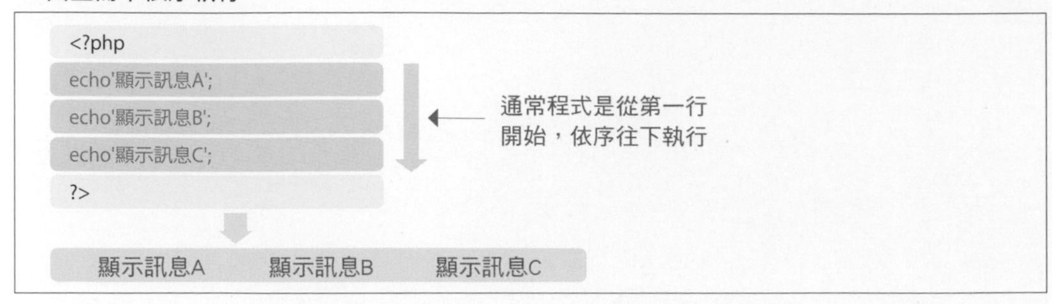

要依使用者輸入的內容變更程式的執行流程，必須使用流程控制機制。其運作概念如下圖所示。

▼ 利用流程控制改變程式流程

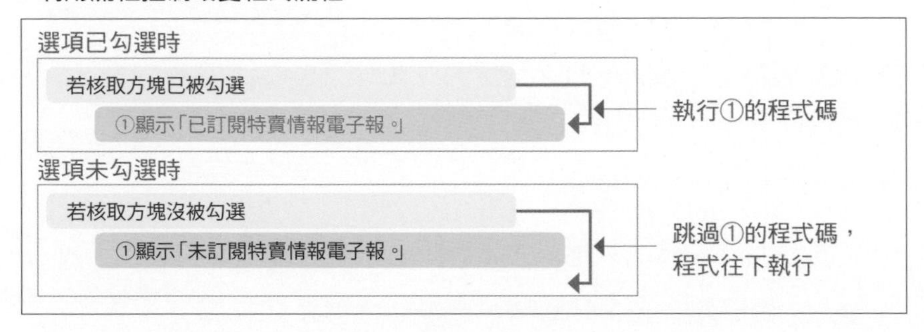

不只是 PHP，大多數的程式語言都具備條件判斷的語法，而在 PHP 中條件判斷使用的是 if 判斷式。

if 判斷式是 PHP 中用於條件分歧的語法之一，寫法如下。

語法 if

```
if (條件) {
條件成立時進行的處理;
}
```

以核取方塊的例子來說，if 判斷式將依下圖所示的方式撰寫。

▼ 利用if 判斷式切換顯示的訊息

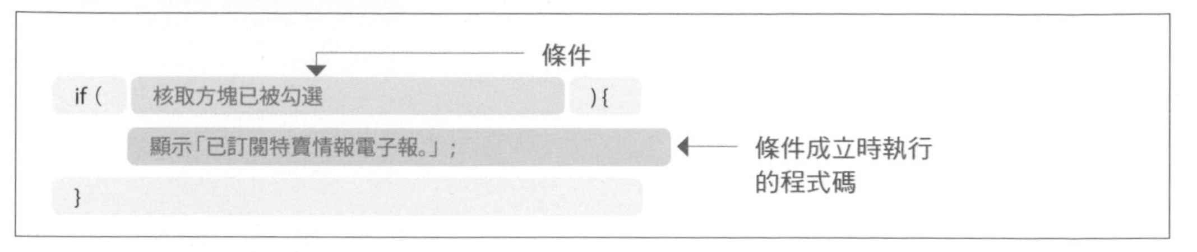

此時，當核取方塊有被勾選，則顯示訊息。若未被勾選，則不顯示訊息，程式執行的流程會跳到 if 判斷式結束之後的下一行。

▼ 流程控制的執行順序

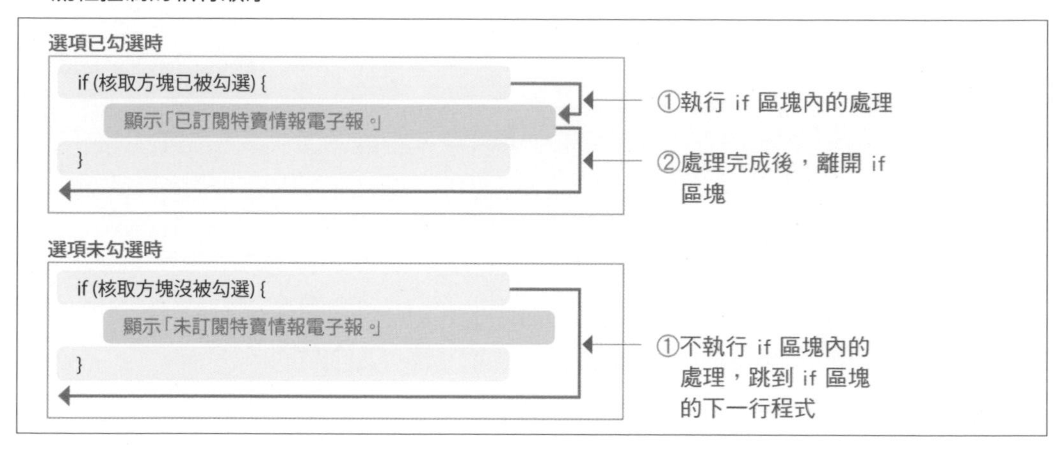

實際用來執行的程式碼如下所示。這段程式碼即摘錄自程式 check-output.php。

```
if (isset($_REQUEST['mail'])) {
    echo '已訂閱特賣情報電子報。';
}
```

要點！

使用 if 判斷式時，只需要撰寫選項已勾選時要進行的處理。

利用 if-else 判斷式製作條件判斷

使用 if 判斷式可指定條件成立時執行的處理。接下來要介紹，在條件成立時與條件不成立時，分別執行對應的處理。其運作流程如下所示。

▼ 依條件改變執行的流程

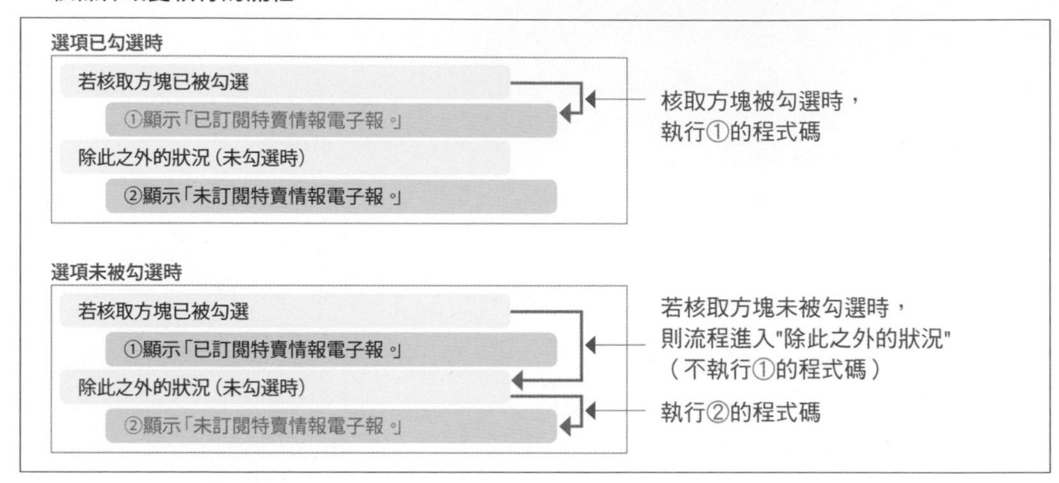

使用 **if-else 判斷式**就可做到上述處理，其語法如下。

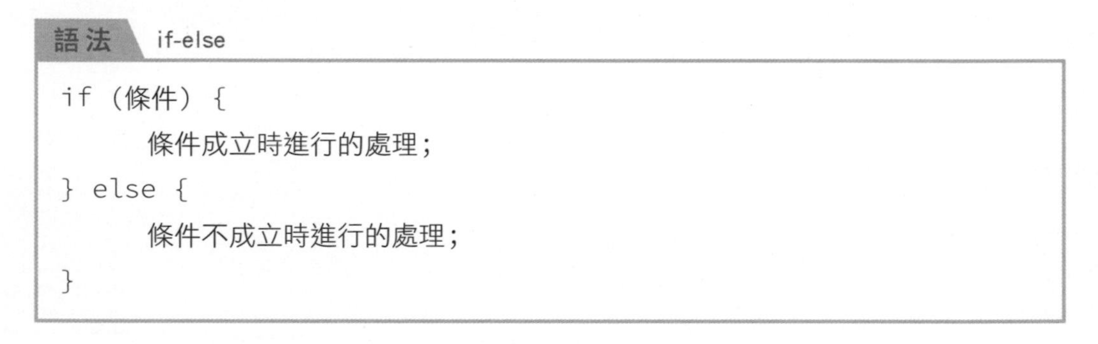


```
if (條件) {
        條件成立時進行的處理;
} else {
        條件不成立時進行的處理;
}
```

以核取方塊的例子來說，if-else 敘述將依下圖所示的方式撰寫。

▼ 利用 if-else 判斷式切換顯示的訊息

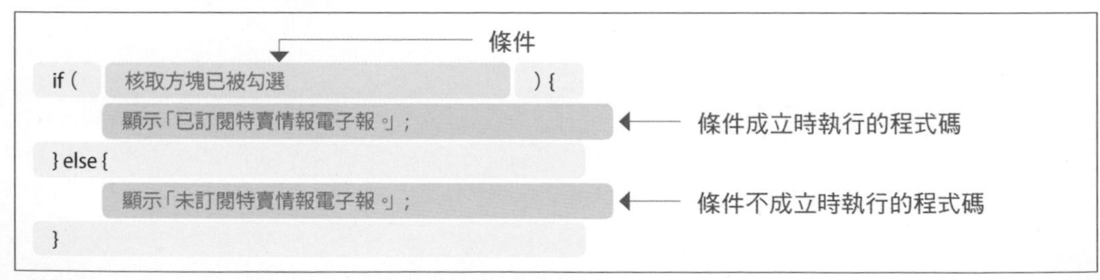

實際用來執行的程式碼如下所示。這段程式碼摘錄自程式 check-output.php。

```
if (isset($_REQUEST['mail'])) {
    echo '已訂閱特賣情報電子報。';
} else {
    echo '未訂閱特賣情報電子報。';
}
```


要點！

利用 if-else 判斷式，就能依選項的勾選與否改變處理流程。

真偽值

所謂的**真偽值**，是用來表示條件是否成立的值，其值分為 TRUE 與 FALSE。

TRUE 表示條件成立，即 " 真 " 值；FALSE 表示條件不成立，即 " 偽 " 值。

if 判斷式是以條件的真偽值為依據來控制處理流程。當條件為 TRUE 時，執行 {} 內的處理。若將真偽值代入 p.4-6 頁提到的語法，則如下所示。

語法 以真偽值代入 if 判斷式

```
if (條件) {
    條件為 TRUE 時執行的處理;
}
```

至於 if-else 判斷式同樣是依照條件的真偽值來控制處理流程。當條件為 TRUE 時，執行 if 的 {} 內的處理。當條件為 FALSE 時，執行 else 的 {} 內的處理。

語法 以真偽值代入 if-else 判斷式

```
if (條件) {
        條件為 TRUE 時執行的處理;
} else {
        條件為 FALSE 時執行的處理;
}
```

要點！

當條件成立時，其值為 TRUE；不成立時為 FALSE。

依核取方塊的狀態執行對應處理

在輸入表單畫面上按下〔確定〕按鈕後，核取方塊的勾選狀態會經由網站伺服器傳送到輸出處理的程式。為了使用從輸入畫面傳送到輸出程式的控制元件狀態，必須透過 Chapter3 中所介紹的 REQUEST 參數。

當使用者勾選核取方塊時，在 REQUEST 參數中就會宣告一個以核取方塊的 name 屬性值為名的變數。之後就能藉由 PHP 預設的 $_REQUEST 陣列變數，依下列語法取得 REQUEST 參數。

語法 取得 REQUEST 參數

```
$_REQUEST['REQUEST 參數名稱']
```

要點！

REQUEST 參數名稱即 name 屬性的值。

在 Step1 中，將核取方塊的 name 屬性設定為 mail。因此當它被勾選時，將會宣告產生 REQUEST 參數 $_REQUEST['mail']。反之，若未勾選核取方塊，就不會宣告這個 REQUEST 參數。

而變數是否已宣告，可利用 **isset 函式**檢查。**函式 (Function)** 是可在撰寫程式時直接使用的程式集。PHP 中提供了多種方便的預設函式可以使用，我們將在 chapter05 介紹。這裡用到的 isset 函式使用方法如下。

語法 isset

```
isset(變數)
```

在實際的程式中，利用 REQUEST 參數撰寫出來的程式如下。

```
isset($_REQUEST['mail'])
```

isset 函式中，若變數中已代入值且其值不為 NULL 時，則傳回 TRUE。NULL 是用來表示變數內為空值的特殊值。

將 if 判斷式、isset 函式以及 REQUEST 參數組合在一起，依以下語法撰寫程式，則當 REQUEST 參數中的變數已宣告（且其值不為 NULL）時，執行 if 判斷式 {} 內的處理。

語法 在 if 判斷式中使用 REQUEST 參數

```
if (isset(REQUEST 參數中的變數) ) {
        變數已宣告時要執行的處理;
}
```

若是使用 if-else 判斷式與 isset 函式、REQUEST 參數撰寫，則語法如下。當變數未被宣告時，isset 函式會傳回 FALSE，因而執行 else{} 內的處理。

語法 在 if-else 的條件式中使用 REQUEST 參數

```
if (isset(REQUEST 參數中的變數) ) {
        變數已宣告時要執行的處理;
} else {
        變數未宣告時要執行的處理;
}
```

在核取方塊的例子中，程式的流程如下。

▼ 依 REQUEST 參數的宣告狀態進行流程控制

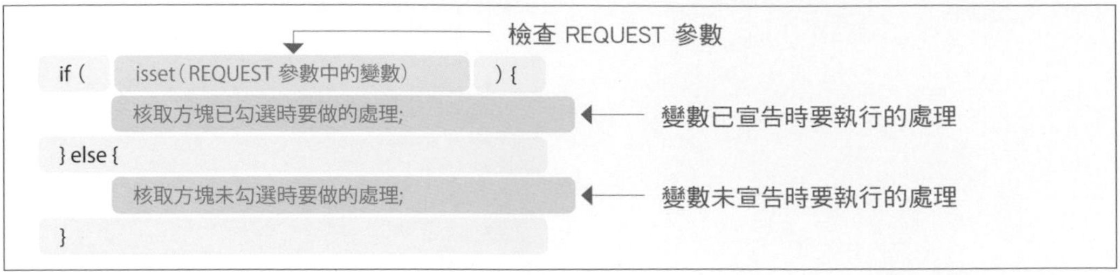

檢查 REQUEST 參數

```
if ( isset（REQUEST 參數中的變數） ) {
    核取方塊已勾選時要做的處理;      ← 變數已宣告時要執行的處理
} else {
    核取方塊未勾選時要做的處理;      ← 變數未宣告時要執行的處理
}
```

實際執行的程式碼如下。

```
if (isset($_REQUEST['mail'])) {
    echo '已訂閱特賣情報電子報。';
} else {
    echo '未訂閱特賣情報電子報。';
}
```

要點！

isset 函式會在變數已宣告時傳回 TRUE，未宣告時傳回 FALSE。

條件運算式

運算式是由常數、變數、算符、函式所組成。例如「1+2」的運算式的組成成員為

- ▶ **常數**：1
- ▶ **算符（運算子）**：+
- ▶ **常數**：2

將結果計算出來的動作稱為**運算**，上例所得出的結果為「3」，也就是「1+2」的運算結果為「3」。

在 if 判斷式和 if-else 判斷式的條件中，也可使用運算式。 if 判斷式是依運算式所得出的結果，當運算結果為 TRUE 時，執行 {} 內的處理。

語法 在 if 判斷式的條件中使用運算式

```
if (運算式) {
    當運算結果為 TRUE 時執行的處理;
}
```

if-else 判斷式也是依運算式所得出的結果，當運算結果為 TRUE 時，執行 if 的 {} 內的處理；當運算結果為 FALSE 時，執行 else 的 {} 內的處理。

語法 在 if-else 判斷式的條件中使用運算式

```
if (運算式) {
    當運算結果為 TRUE 時執行的處理;
} else {
    當運算結果為 FALSE 時執行的處理;
}
```

回頭再看一次 Step2 的程式，在 if-else 判斷式中所使用的條件式如下。這個條件式是以 isset 函式與 $_REQUEST 變數組合，也屬於運算式的一種。

```
isset($_REQUEST['mail'])
```

使用比較算符的運算式

在 if 判斷式中常會以利用比較算符的運算式做為條件式，例如要「判斷變數 $count 為 0」時，運算式寫為

```
$count==0
```

將此條件運算式整合入 if 判斷式，撰寫當 $count 為 0 即顯示訊息之類的功能時，程式如下。

```
if ($count==0) {
    echo '無庫存';
}
```

省略大括號 {}

當 if 判斷式的 {} 中只有 1 行程式時，可省略 {}。但若 {} 內有多行程式，則不可省略。

語法 省略 {} 的 if 判斷式

```
if （運算式） 當運算結果為 TRUE 時執行的處理;
```

if-else 敘述也一樣，當 {} 中只有 1 行程式時，可省略 {}。和 if 判斷式相同，若 {} 內有多行程式，則不可省略 {}。

語法 省略 {} 的 if-else 判斷式

```
if （運算式） 運算結果為 TRUE 時執行的處理; else 運算結果為 FALS E時執
行的處理;
```

省略 {} 的程式的行數減少，整體看起來較為清爽。但有寫出 {} 時，可以讓運算結果分別要執行的程式範圍有明顯的區隔。要採用哪一種方式，依程式設計師的習慣而定。建議您可以將二種撰寫方式都嘗試看看，再從中選擇最有效率的方式。本書的範例程式中，為了讓範圍更明確，即使只有 1 行程式也都會加上 {}。

變數名稱的命名方式

變數名稱取得好，可以讓程式變得更易讀易懂，提高開發效率。

變數名稱建議使用簡單的英文命名，就算英文不太好，也不用太擔心，可以翻閱英文字典，為變數取一個貼切的名稱。一開始或許會比較耗時，但程式開發過程中，時常會有功能類似的變數再三出現的狀況，次數一多，自然就會記住它的名稱。

像迴圈中使用的變數「$i」這類只在一小塊程式範圍內使用的變數，可以用簡易的名稱去命名。但在較大範圍內使用的變數，最好還是都以有意義的英文單字命名。

4-2 switch 判斷式（一）

單選鈕、判斷式

單選鈕是讓使用者在多個選項中擇一的控制元件，然後便可依選擇的項目，分別顯示不同訊息。本節將以「選擇餐點類型後，顯示餐點內容」的程式為例，說明實作方式。

▼ 本節目標

請選擇餐點：

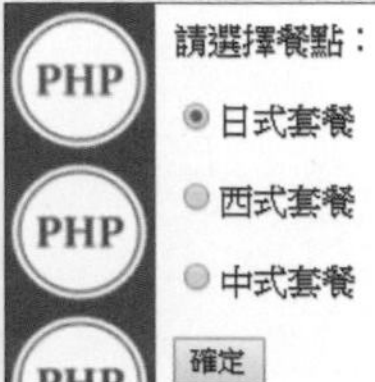

依照單選鈕選擇的項目，顯示對應的訊息

在輸入畫面上配置單選鈕

首先要在輸入表單配置單選鈕與確定鈕，控制元件必須配置在 <form> 標籤之間相信您已經很熟悉了。本例需配置 3 個單選鈕，以及用來將填選結果傳送給輸出處理程式的〔確定〕按鈕。

請參照下列程式，並將檔案儲存為 chapter4\radio-input.php

List chapter4\radio-input.php PHP

```
<?php require '../header.php';?>
請選擇餐點：
<form action="radio-output.php" method="post">
<p><input type="radio" name="meal" value="日式套餐" checked>日式套餐</p>
<p><input type="radio" name="meal" value="西式套餐">西式套餐</p>
<p><input type="radio" name="meal" value="中式套餐">中式套餐</p>
<p><input type="submit" value="確定"></p>
</form>
<?php require '../footer.php';?>
```

在瀏覽器開啟下列 URL 執行程式。

執行 **http://localhost/php/chapter4/radio-input.php**

程式若正確執行，則會顯示出〔日式套餐〕〔西式套餐〕〔中式套餐〕3 個單選鈕以及〔確定〕按鈕。

▼ 單選鈕與〔確定〕按鈕

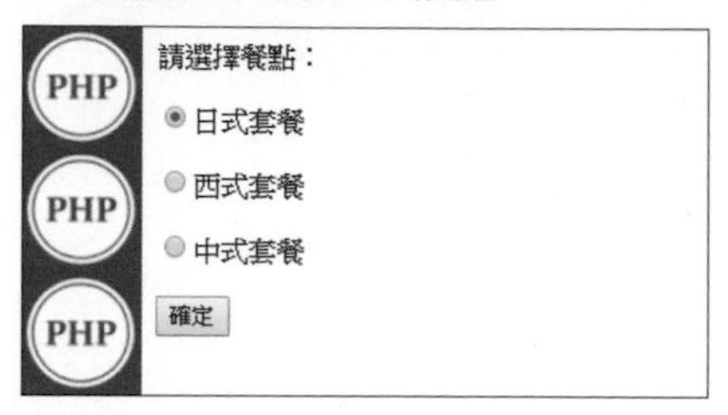

建立單選鈕

單選鈕 (Radio) 與上一節介紹的核取方塊 (Checkbox) 一樣，都是利用 <input> 標籤建立，type 屬性值應指定為「**radio**」。

```
<input type="radio" name="meal" value="日式套餐">
```

首先要利用 name 屬性為單選鈕命名。因為是用來表示餐點的核取方塊，因此將名稱定為「meal」。 單選鈕名（name 屬性值）同時也是對應的 REQUEST 參數名，名稱相同的單選鈕視為同一群組。

同一個群組內的單選鈕，一次只有 1 個能被選擇。本例是在日式套餐、西式套餐、中式套餐中選擇 1 項，因此 3 個單選鈕的名稱都定為「meal」。

```
<input type="radio" name="meal" value="西式套餐">
<input type="radio" name="meal" value="中式套餐">
```

▼ name 屬性的值會成為 REQUEST 參數名

```
<input type="radio" name="meal" value="日式套餐">
<input type="radio" name="meal" value="西式套餐">
<input type="radio" name="meal" value="中式套餐">
```

→ REQUEST 參數 meal

在 <input> 標籤中加上「checked」，就可設定該選項為預設選取的選項。在這裡，將〔日式套餐〕指定為預設選項。

```
<input type="radio" name="meal" value="日式套餐" checked>
```

value 屬性中所設定的值，可透過程式取得，並可依這個屬性值，判斷使用者選擇的是哪一項。

要點！

name 屬性相同的單選鈕，視為同一群組。

依選取項目顯示不同訊息

參照以下所示，撰寫程式判斷單選鈕的哪一個選項被選取，並依選項顯示對應訊息。這隻程式儲存為 chapter4\radio-output.php

List radio-output.php.php PHP

```php
<?php require '../header.php';?>
<?php
switch ($_REQUEST['meal']) {
case '日式套餐':
    echo '烤魚、燉菜、味噌湯、白飯、水果';
    break;
case '西式套餐':
    echo '果汁、水波蛋、薯餅、麵包、咖啡';
    break;
case '中式套餐':
    echo '春捲、煎餃、蛋花湯、炒飯、杏仁豆腐';
    break;
}
echo '將稍候送達';
?>
<?php require '../footer.php';?>
```

在 Step1 的輸入畫面中，選取〔日式套餐〕選項後按下〔確定〕，則會顯示出日式套餐的內容有「烤魚、燉菜、味噌湯、白飯、水果」。

▼ 選擇日式套餐時的執行結果

烤魚、燉菜、味噌湯、白飯、水果將稍候送達

在瀏覽器中回到輸入畫面，請改成選取〔西式套餐〕並按下〔確定〕按鈕，則會顯示出西式套餐的內容為「果汁、水波蛋、薯餅、麵包、咖啡」。

▼ 選擇西式套餐時的執行結果

果汁、水波蛋、薯餅、麵包、咖啡將稍候送達

若選擇的是〔中式套餐〕選項，則顯示出中式套餐的內容有「春捲、煎餃、蛋花湯、炒飯、杏仁豆腐」。

▼ 選擇中式套餐時的執行結果

春捲、煎餃、蛋花湯、炒飯、杏仁豆腐將稍候送達

利用 switch 判斷式控制流程

本例這樣依照單選鈕被選取的項目顯示出不同訊息的程式，是常見將程式流程分成多段，再依使用者所選內容執行對應的流程。

- **選擇〔日式套餐〕時 → 顯示「烤魚、燉菜、味噌湯、白飯、水果」**
- **選擇〔西式套餐〕時 → 顯示「果汁、水波蛋、薯餅、麵包、咖啡」**
- **選擇〔中式套餐〕時 → 顯示「春捲、煎餃、蛋花湯、炒飯、杏仁豆腐」**

雖然利用 if 判斷式或 if-else 判斷式也能做到這樣的流程控制，但這裡使用的 **switch 判斷式**可以讓程式更簡潔。switch 判斷式的語法如下。

語法 switch

```
switch (運算式) {
case值 A:
	運算結果為 A 時應執行的處理;
	break;
case值 B:
	運算結果為 B 時應執行的處理;
	break;
case值 C:
	運算結果為 C 時應執行的處理;
	break;
……
}
```

在 switch 判斷式的 {} 中，可以並列多組 case 敘述。當 switch 條件運算式的運算結果與 case 敘述中的值相同時，即執行該 case 敘述內的程式。

在 case 敘述的最後必須寫上 break 敘述，用來表示處理程序結束，跳出 switch 判斷式的區塊。雖然也有不使用 break 敘述的寫法，但一開始最好還是都加上 break 敘述。

▼ 依 switch 的運算結果執行對應的 case 區塊

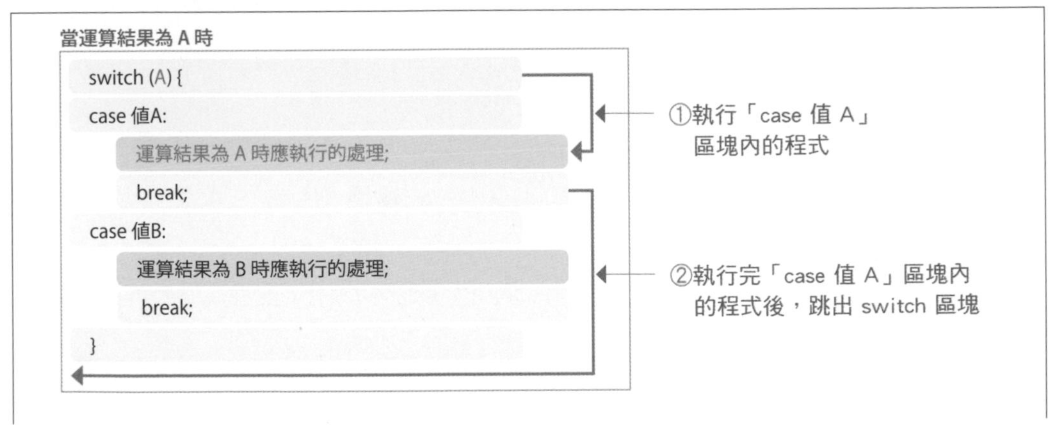

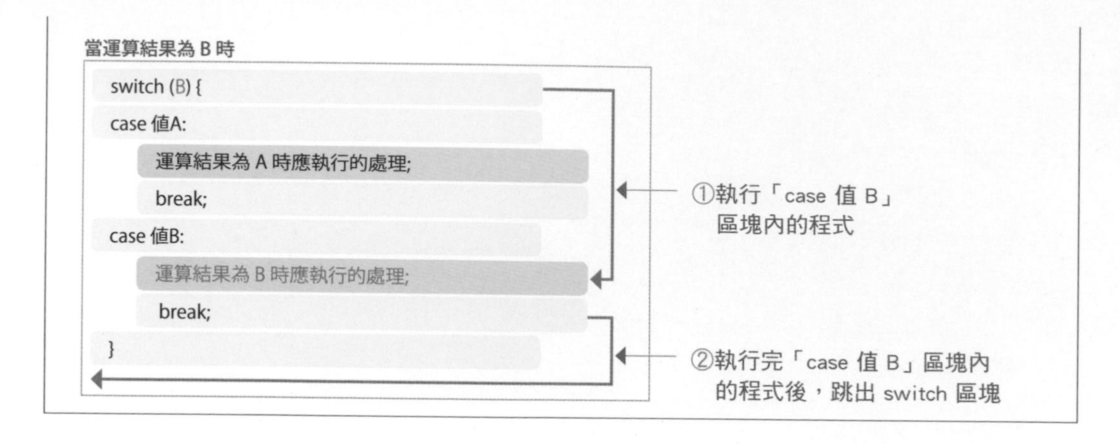

本節以單選鈕選擇餐點，使用 switch 判斷式的程式撰寫概念如下。

▼ 依單選鈕的選取項目來控制流程

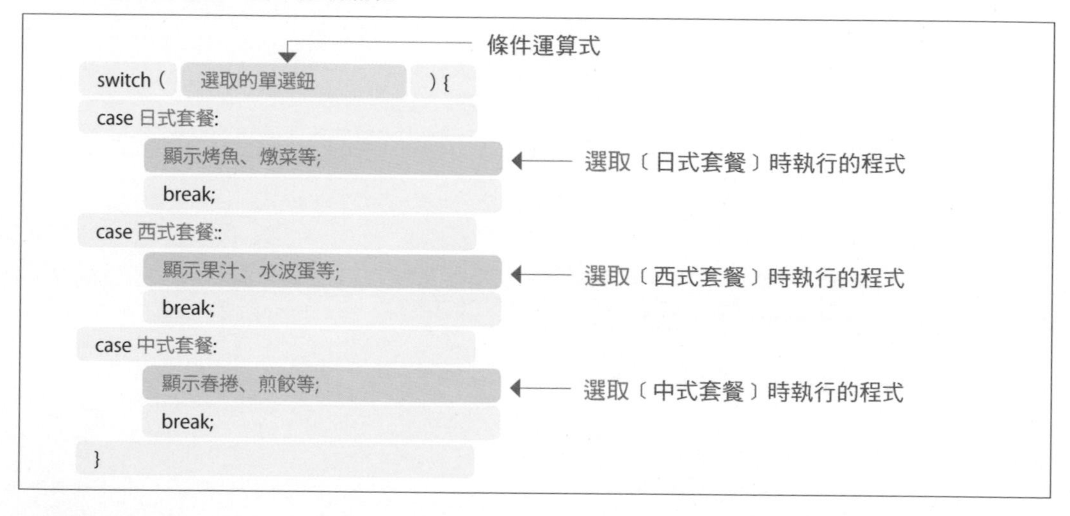

要點！

只會執行 case 敘述的值與 switch 運算結果一致的 case 區塊。

取得選取的單選鈕

要知道使用者選擇的是哪一個單選鈕，可利用 REQUEST 參數取得填選的內容。在單選鈕的 name 屬性中所設定的值，即為它的 REQUEST 參數名。而這個 REQUEST 參數裡所存放的內容，即是被選取項目的 value 屬性值。

被選取項目的 value 屬性值放入 REQUEST 參數

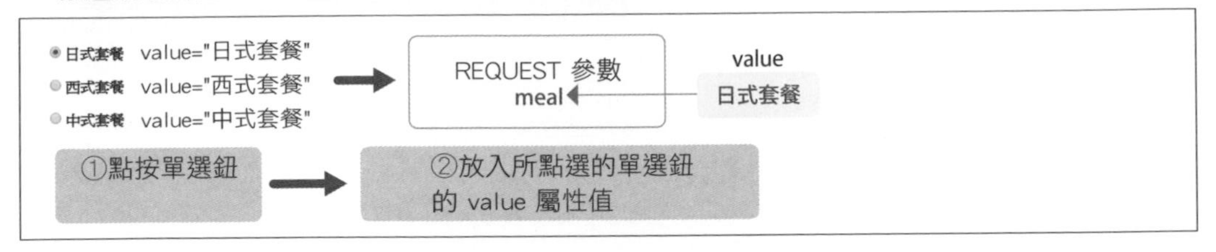

在 Step1 的程式中，將單選鈕的 name 屬性值都設為 meal，因此在輸出處理程式中，可利用 $_REQUEST['meal'] 取得被選取的單選鈕的 value 屬性值。

在條件運算式中使用 REQUEST 參數

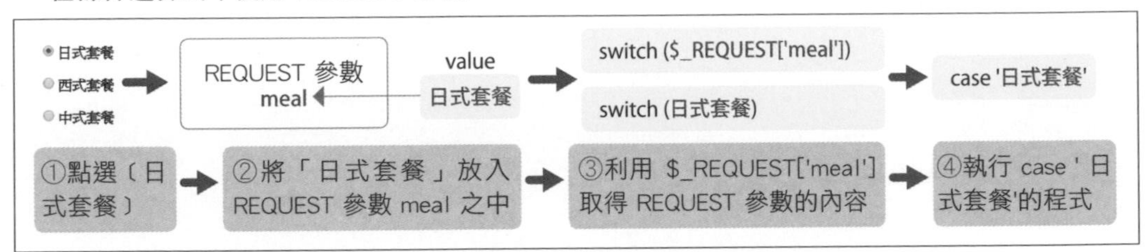

value 屬性值有日式套餐、西式套餐、中式套餐這三種。搭配 switch 判斷式，依單選鈕的被選取項目顯示不同訊息的程式如下。

```
switch ($_REQUEST['meal']) {
case '日式套餐':
    echo '烤魚、燉菜、味噌湯、白飯、水果';
    break;
case '西式套餐':
    echo '果汁、水波蛋、薯餅、麵包、咖啡';
    break;
case '中式套餐':
    echo '春捲、煎餃、蛋花湯、炒飯、杏仁豆腐';
    break;
}
```

要點！

被選取的單選鈕的 value 屬性值，會被放入 REQUEST 參數中。

switch 判斷式（二）

下拉式選單、判斷式

下拉式選單是讓使用者在多個選項中擇一的控制元件。本節將以「選擇座位類型後，顯示應付補票金額」的程式為例，說明如何依選擇的項目，分別顯示不同訊息。

▼ 本節目標

請選擇座位類型：

自由席 ▼

確定

依照選單中被選取的項目，顯示對應的訊息

在輸入畫面上配置下拉式選單

與前幾節相同，要在輸入表單畫面配置**下拉式選單**必須使用 <form> 標籤。本例配置 1 個下拉式選單與 1 個確定鈕。請參照下列程式，並將檔案儲存為 chapter4\select-input.php

List select-input.php　PHP

```
<?php require '../header.php';?>
<p>請選擇座位類型：</p>
<form action="select-output.php" method="post">
<select name="seat">
<option value="自由席">自由席</option>
<option value="指定席">指定席</option>
<option value="商務車廂">商務車廂</option>
</select>
<p><input type="submit" value="確定"></p>
</form>
<?php require '../footer.php';?>
```

先在瀏覽器開啟下列 URL 執行程式看看結果。

執行 **http://localhost/php/chapter4/select-input.php**

程式若正確執行，則會顯示包含〔自由席〕〔指定席〕〔商務車廂〕3 個選項的選單，以及〔確定〕按鈕。

▼ 下拉式選單與確定按鈕

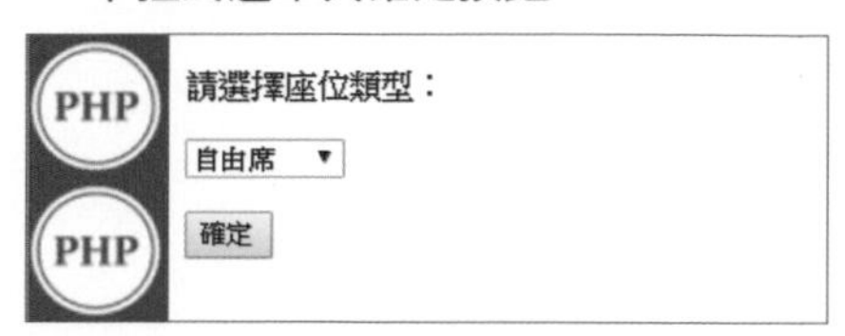

解說

建立下拉式選單

要建立下拉式選單，需利用 HTML 的 **<select> 標籤**。

```
<select name="seat">
...
</select>
```

首先利用 name 屬性為下拉式選單命名，這裡設定的屬性值，即是對應的 REQUEST 參數名。因為是選擇座位，因此將名稱指定為 "seat"。

接著在 <select> 與 </select> 之間，利用 **<option> 標籤**加上選項。

```
<option value="自由席">自由席</option>
```

value 屬性中所設定的值，在選項被選擇時，會被指定為 REQUEST 參數的值，之後可透過程式取得此值。

依所選項目顯示不同訊息

參照以下內容，撰寫「可依下拉式選單被選擇的項目顯示對應訊息」的程式。並將程式儲存為 \chapter4\select-output.php

select-output.php

PHP

```php
<?php require '../header.php';?>
<?php
switch ($_REQUEST['seat']) {
case '指定席':
    echo '需加付120元補票。';
    break;
case '商務車廂':
    echo '需加付250元補票。';
     break;
default:
    echo '不需補票。';
    break;
}
?>
<?php require '../footer.php';?>
```

在 Step1 的輸入畫面中，點按下拉式選單選擇〔自由席〕後按下〔確定〕，則會顯示訊息「不需補票。」。

▼ 選擇「自由席」時的執行結果

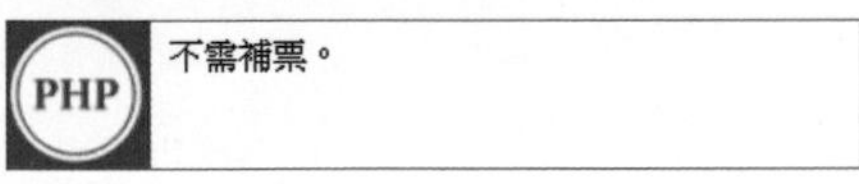

在瀏覽器中回到輸入畫面，改為選取〔指定席〕並按下〔確定〕，則會顯示訊息「需加付 120 元補票。」。

▼ 選擇「指定席」時的執行結果

以此類推，選擇〔商務車廂〕時，則顯示訊息「需加付 250 元補票。」。

▼ 選擇「商務車廂」時的執行結果

需加付250元補票。

switch 判斷式與 default

要依選單中被選取的項目分別顯示不同訊息，程式流程基本上與 4-2 使用單選鈕一樣，都可利用 switch 判斷式撰寫。本例的程式流程概念如下。

- **選擇〔自由席〕時 → 顯示不需補票的訊息。**
- **選擇〔指定席〕時 → 顯示需付 120 元補票的訊息。**
- **選擇〔商務車廂〕時 → 顯示需付 250 元補票的訊息。**

利用在單選鈕的範例所做的程式，直接就能達到本節範例的目標。不過在這裡，要介紹 **default 敘述**，因此必須稍微更改一部份程式。修改的程式流程如下。

- **選擇〔指定席〕時 → 顯示需付 120 元補票的訊息。**
- **選擇〔商務車廂〕時 → 顯示需付 250 元補票的訊息。**
- **以上皆非 → 顯示不需補票的訊息。**

上述的「以上皆非」即是使用 default 敘述撰寫。default 是一種特別的 case 敘述，只有在所有 case 敘述的值都不符合時才會執行。

default 敘述一般會寫在 switch 判斷式 {} 內的最後。與 case 敘述相同，它的最末行最好都加上 break。

語法 使用 default 的 switch 判斷式

```
switch (條件運算式) {
case 值 A:
    運算結果為 A 時應執行的處理;
    break;
case 值 B :
    運算結果為 B 時應執行的處理;
    break;
default:
    運算結果與所有 case 的值都不符合時應執行的處理;
    break;
}
```

用下拉式選單選擇座位類型的範例，可依下述方式使用 switch 判斷式撰寫。

▼ 用下拉式選單分歧程式流程

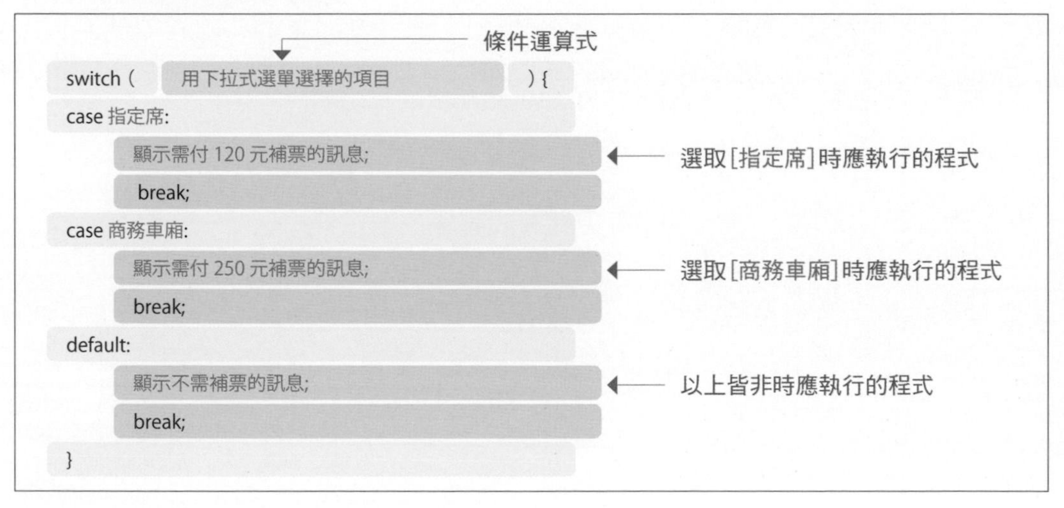

要點！

default 只會在運算結果與所有 case 的值都不符合時才會執行。

取得選單中所選的選項

在 REQUEST 參數中，以下拉式選單的 name 屬性值為名的參數裡，即存放了被選取項目的 value 屬性值。Step1 的程式中將 name 屬性值指定為 seat，因此可利用 $_REQUEST['seat'] 取得 value 屬性值。

value 屬性值有指定席、商務車廂、自由席三種。利用 switch 判斷式，依選項分別顯示不同訊息的程式如下。這裡大部份的語法都和前一節相同，如果覺得掌握度不高，請多複習前一節的範例解說。

```
switch ($_REQUEST['seat']) {
case '指定席':
    echo '需加付120元補票。';
    break;
case '商務車廂':
    echo '需加付250元補票。';
    break;
default:
    echo '不需補票。';
    break;
}
```

for 迴圈、while 迴圈

下拉式選單、迴圈

下拉式選單的選項是用 <option> 標籤產生，但當選項數量較多時，逐筆撰寫不僅麻煩且易出錯，此時可以利用程式自動產生，輕易地做出大量選項。這裡以商品訂購數量選單為例進行說明。

▼ 本節目標

請選擇訂購數量：

以程式自動產生下拉式選單的選項

Step 1 逐筆撰寫選項

首先試著以手動標記下拉式選單和選項。程式內容如下，並儲存為 **chapter4\select-for-input.php**。

其中與 Step2 程式不同的部份以紅字標示。若覺得輸入這些內容太過費時，可直接跳過這一步，從 Step2 的範例程式開始練習。

List select-for-input.php PHP

```
<?php require '../header.php';?>
<p>請選擇訂購數量：</p>
<form action="select-for-output.php" method="post">
<select name="count">
<option value="0">0</option>
<option value="1">1</option>
<option value="2">2</option>
<option value="3">3</option>
<option value="4">4</option>
<option value="5">5</option>
```

```
<option value="6">6</option>
<option value="7">7</option>
<option value="8">8</option>
<option value="9">9</option>
</select>
<p><input type="submit" value="確定"></p>
</form>
<?php require '../footer.php';?>
```


在瀏覽器開啟下列 URL 執行程式。

執行 **http://localhost/php/chapter4/select-for-input.php**

程式若正確執行，則會顯示出選項為 0 ～ 9 的下拉式選單與〔確定〕鈕。

▼ 下拉式選單與確定按鈕

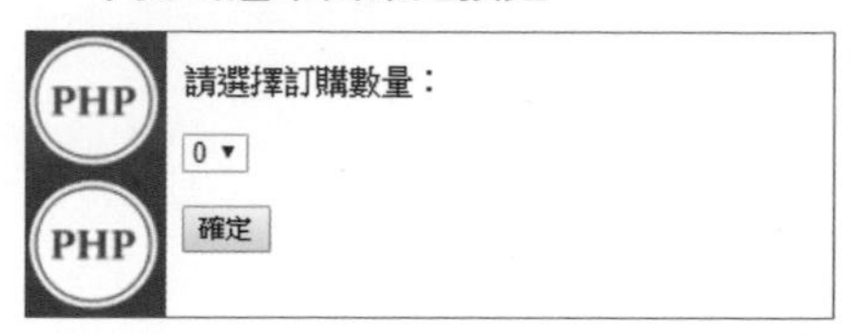

這裡為了要產生〔0〕到〔9〕的選項，共使用了 10 組 <option> 標籤。

```
<option value="0">0</option>
…
<option value="9">9</option>
```

要製作像這樣具規則性且大量的選項時，改用 Step2 的做法就能很快地產生。

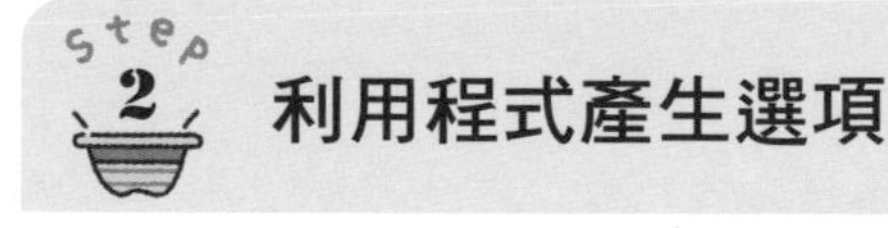

利用程式產生選項

接下來改以程式產生選項。請參照下列程式，並將檔案儲存為 chapter4\select-for-input2.php。

其中與 Step1 程式不同的部份以紅字標示。可以發現與 Step1 的程式相比，程式行數變短許多。而且，雖然這裡是以產生 10 個選項為例，但也可用來產生 20 或 30 個 .... 選項。

List select-for-input2.php PHP

```
<?php require '../header.php';?>
<p>請選擇訂購數量：</p>
<form action="select-for-output.php" method="post">
<select name="count">
<?php
for ($i=0; $i<10; $i++) {
    echo '<option value="', $i, '">', $i, '</option>';
}
?>
</select>
<p><input type="submit" value="確定"></p>
</form>
<?php require '../footer.php';?>
```

在瀏覽器開啟下列 URL 執行程式。

執行 **http://localhost/php/chapter4/select-for-input2.php**

程式若正確執行，則與 Step1 相同，會顯示出選項為 0 ～ 9 的下拉式選單與〔確定〕按鈕。

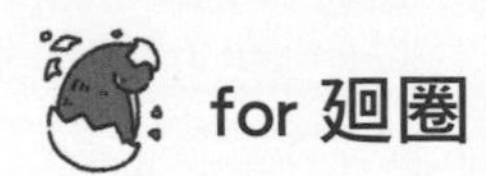

for 迴圈

在程式中，有時會需要將指定的處理重複執行指定次數，這種重複執行的機制就稱為**迴圈**。迴圈和條件式一樣，都是程式控制流程的一種。

舉例來說，若要撰寫一個能顯示 10 個選項的程式，則應做的處理如下。

▼ 顯示 10 個選項

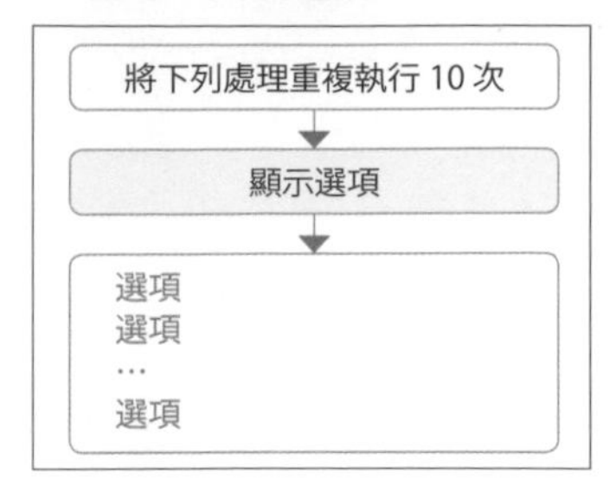

在這裡，由於選項內容必須從 0 變到 9，因此更具體的處理流程如下。

▼ 改變值的同時顯示出選項

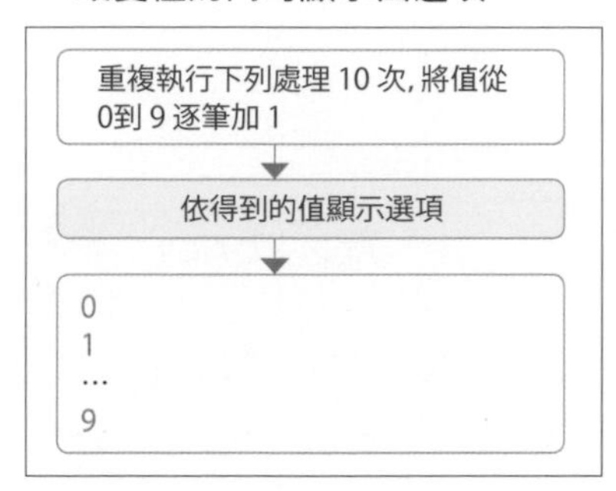

要利用程式重複執行這些處理，首先需要用到**變數**，在本例中使用的是變數 $i。變數名稱可自由命名，不過在這類要重複執行的程式中，常會以 $i 或 $j 為變數命名。

將變數代入後，處理流程如下。

▼ 利用變數顯示出選項

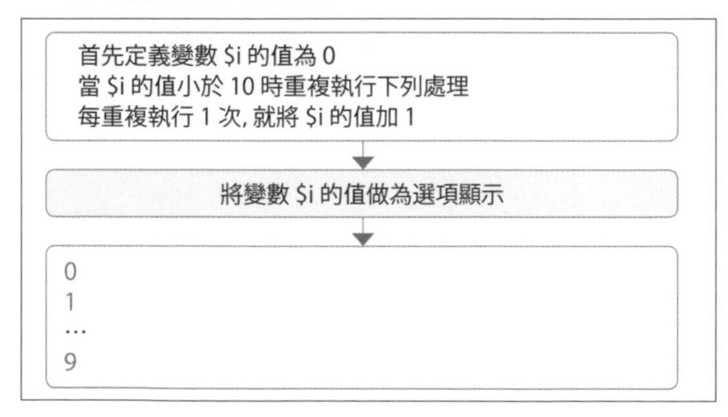

流程可拆解成更詳細的處理如下。

▼ 變數 $i 的變化與對應的處理

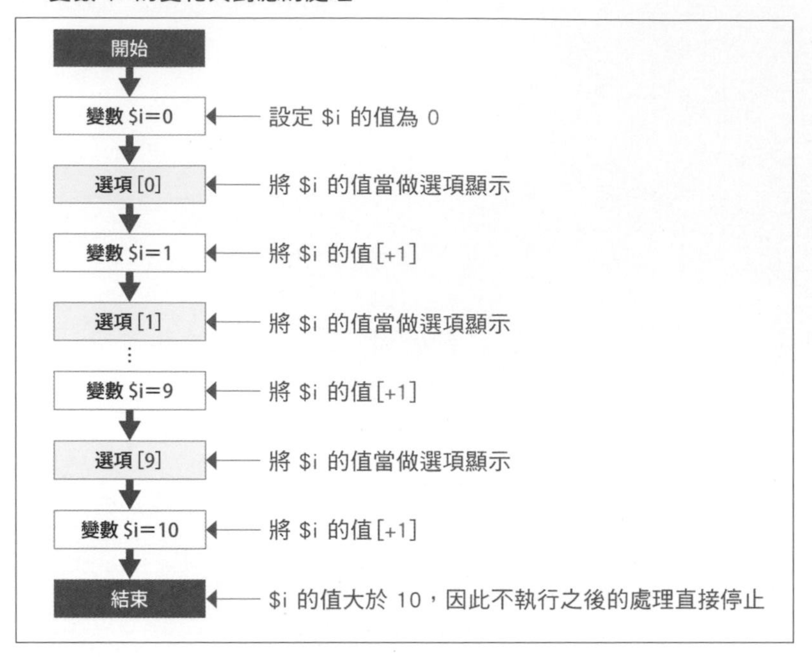

上述處理利用 **for 迴圈**就能輕易做到。for 迴圈是 PHP 中用來進行重複處理的語法之一，寫法如下。

語法 for

```
for（開始處理； 條件式； 更新處理）{
    重複執行的處理;
}
```

開始處理、條件式、更新處理所代表的意義分別如下。

▶ 開始處理

只會在 for 迴圈開始時執行一次的處理。通常在此設定用來控制迴圈重複次數的變數起始值。

▶ 條件式

用來判斷是否重複執行的條件式。若判斷結果為 TRUE 則重複執行；若結果為 FALSE 則結束迴圈。

▶ 更新處理

每次重複執行時需做的處理，通常用來加減控制迴圈執行的變數值。當變數的值改變，則條件式的判斷結果也會改變。

要利用 for 迴圈產生選項〔0〕到〔9〕時的程式流程如下。要重複執行的處理，必須放在 {} 之間。

▼ 利用 for 迴圈產生選項

```
         開始處理              條件式            更新處理
            ↓                    ↓                  ↓
for (  設定 $i 的值為 0;   $i 的值小於 10;   將 $i 的值加 1   ) {
    以 $i 的值顯示選項                              ◀── 重複執行的處理
}
```

實際的程式如下。

```
for ($i=0; $i<10; $i++) {
    echo '<option value="', $i, '">', $i, '</option>';
}
```

在這段程式中，

```
echo '<option value="', $i, '">', $i, '</option>';
```

這行程式將會產生 <option> 標籤（選項），且實際產生出來的標籤中，會代入變數值如下：

```
<option value="0">0</option>
```

如此就能產生所要的選項。

要點！

for 迴圈會在條件式的結果為 TRUE 時重複執行指定處理。

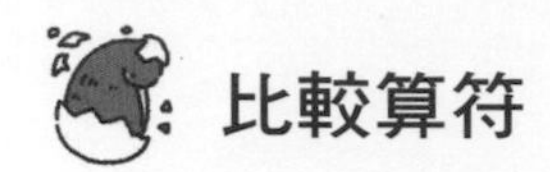

比較算符

要表示「$i 的值小於 10」，必須用到「<」算符。使用「<」的條件式，當左邊的值比右邊的值小時結果為 TRUE。與「<」相似的還有 >、<=、>=、==、!= 等算符。這些可用來比較左右二邊的大小或值是否相等的演算子，稱為比較算符。

▼ 比較演算子

演算子	讀法	判斷結果為 TRUE 的情況
<	小於	左邊值小於右邊
>	大於	左邊值大於右邊
<=	小於等於	左邊值小於等於右邊（左邊值在右邊以下）
>=	大於等於	左邊值大於等於右邊（左邊值在右邊的以上）
==	相等	左右相等
!=	不相等（!為否定之意）	左右不相等

例如「$i<10」的條件式讀法，雖可能會依程式設計師有個人差異，但建議都讀為「$i 小於 10」。這會比「$i 比 10 小」或「$i 未滿 10」來得簡捷。

遞增算符

在更新處理中所用到的 ++ 稱為**遞增算符**，可用來將變數加 1。例如「$i++」即表示將 $i 的值加 1。

相似的算符還有「--」，稱為**遞減算符**，可來將變數值減 1。例如「$i--」即表示將 $i 的值減 1。

在迴圈中常有對變數加 1 減 1 的處理，利用遞增或遞減算符，就能讓這些加減計算的記敘更精簡。

顯示選擇的結果

請參照下列程式，顯示出在下拉式選單選擇的結果，檔案儲存為 chapter4\select-for-output.php。

select-for-output.php　PHP

```
<?php require '../header.php';?>
<?php
echo $_REQUEST['count'], '個商品放入購物車。';
?>
<?php require '../footer.php';?>
```

在 Step1 或 Step2 的輸入畫面上，選填下拉式選單後按下〔確定〕按鈕。例如若選擇的數量為「5」，則畫面會顯示「5 個商品放入購物車。」

▼ 顯示執行結果

解說

顯示 REQUEST 參數值

在 Step1 與 Step2 中，下拉式選單的 name 屬性值為 count。由於下拉式選單的 name 屬性值也會成為 REQUEST 參數名稱，因此利用 $_REQUEST['count'] 就能取得下拉式選單被選取的項目。

而本例中所取得的是 <option> 標籤的 value 值，也就是被選取的 <option> 標籤的值，將會被放入 REQUEST 參數中。本例在這裡可得到 0 ～ 9 的數字，再將它與文字訊息一起顯示出來。

利用 while 迴圈製作選項

while 迴圈與 for 迴圈一樣都是 PHP 中用來重複執行處理的語法。接下來改用 while 迴圈製作與 Step2 相同的多個選項。

程式內容如下，本範例儲存為 chapter4\select-for-input3.php。其中與 Step2 的程式不同的地方以紅字標示。

select-for-input3.php　PHP

```php
<?php require '../header.php';?>
<p>請選擇訂購數量：</p>
<form action="select-for-output.php" method="post">
<select name="count">
<?php
$i=0;
while ($i<10) {
    echo '<option value="', $i, '">', $i, '</option>';
    $i++;
}
?>
</select>
<p><input type="submit" value="確定"></p>
</form>
<?php require '../footer.php';?>
```

先在瀏覽器開啟下列 URL 執行看看結果。

執行 **http://localhost/php/chapter4/select-for-input3.php**

程式若正確執行，則會與 Step2 的執行結果一樣，顯示出有〔0〕～〔9〕選項的下拉式選單與〔確定〕鈕。之後流程與 Step3 相同，當使用者選好選項並按下〔確定〕，則在訊息中顯示出所選數量。

解說

while 迴圈

while 迴圈與 for 迴圈都是 PHP 中用來重複執行處理的語法，其寫法如下。當條件式的判斷結果為 TRUE 時，重複執行迴圈內的處理。

語法　while

```
while (條件式) {
    重複執行的處理;
}
```

若於 for 迴圈比較：

語法　for

```
for (開始處理; 條件式; 更新處理) {
    重複執行的處理;
}
```

for 迴圈與它最大的差異，在於 while 迴圈沒有**開始處理**和**更新處理**。然而，只要在如下所示的位置加上開始處理和更新處理，就可進行與 for 迴圈相同的動作。

語法　while（含開始處理等敘述）

```
開始處理
while (條件式) {
    重複執行的處理;
    更新處理
}
```

有許多重複執行處理的程式，會有開始處理與更新處理。此時，建議使用已預先定義開始處理與更新處理的 for 迴圈。

但若是不需要開始處理與更新處理的迴圈，則可用 while 迴圈。以 Step4 的程式來說，因為需要有開始處理與更新處理，因此使用 for 迴圈可讓程式較好閱讀。

要點！

while 迴圈會在條件式的判斷結果為 TRUE 時重複執行處理。

foreach 迴圈（一）

下拉式選單、迴圈、陣列

若選單選項的值並不是像 0 ～ 9 這樣的連續數字，而是字串，仍可利用程式產生選項。本節將利用陣列與 foreach 迴圈撰寫在忘記密碼時常會看到的密碼提示功能。

▼ 本節目標

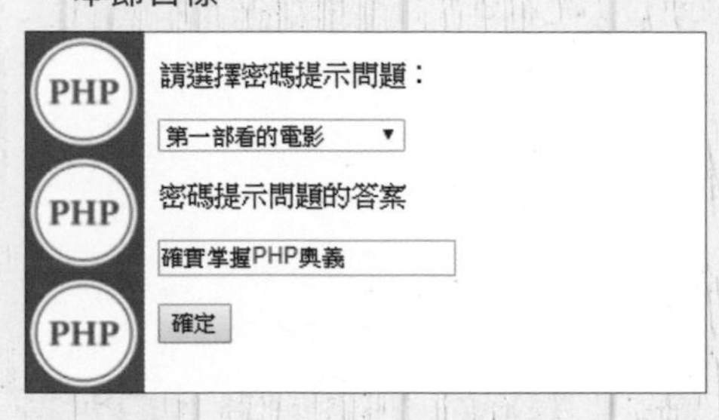

利用程式產生以字串選項構成的下拉式選單

利用程式產生選項

首先建立下拉式選單及其選項。請參照下列程式，建立「第一部看的電影」等字串選項後，將它們配置到網頁上。這裡檔案是存為 **chapter4\select-foreach-input.php**。

List select-foreach-input.php PHP

```
<?php require '../header.php';?>
<p>請選擇密碼提示問題：</p>
<form action="select-foreach-output.php" method="post">
<select name="question">
<?php
$question=[
     '第一部看的電影',
     '第一隻寵物的名字',
     '第一部車的車款',
     '畢業的小學名稱',
```

```
        '小學時的導師姓名',
        '出生地的地名'
];
foreach ($question as $item) {
    echo '<option value="', $item, '">', $item, '</option>';
}
?>
</select>
<p>密碼提示問題的答案</p>
<p><input type="text" name="answer"></p>
<p><input type="submit" value="確定"></p>
</form>
<?php require '../footer.php';?>
```

在瀏覽器開啟下列 URL 執行程式。

執行 **http://localhost/php/chapter4/select-foreach-input.php**

程式若正確執行，則會顯示包含了「第一部看的電影」及「第一隻寵物的名字」等問題的選單、回答用的輸入欄位以及〔確定〕按鈕。

▼ **問題與答案輸入畫面**

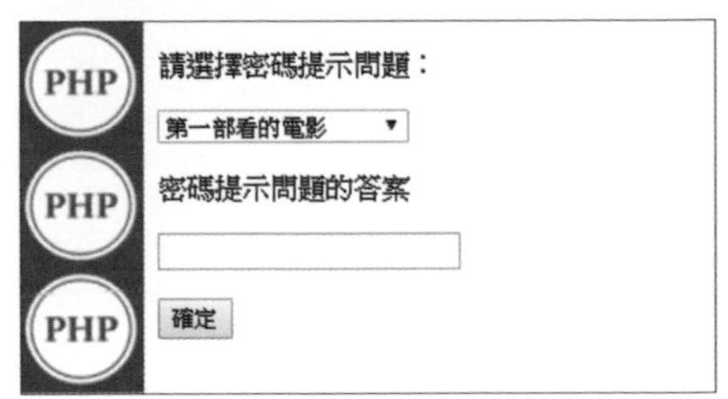

利用陣列產生選項

以字串為值的問題選單選項，可以像下列這行敘述一樣，利用 <option> 標籤直接在程式裡寫明。

```
<option value="第一部看的電影">第一部看的電影</option>
```

但是，在有多個選項時，這個方法必須如下所示將多行 <option> 標籤的敘述逐一排列才行。選項的數量一多，一行一行撰寫既累人又容易出錯。

```
<option value="第一隻寵物的名字">第一隻寵物的名字</option>
<option value="第一部車的車款">第一部車的車款</option>
…
```

若改用**陣列 (Array)** 就能輕鬆地管理所有選項。陣列是將多筆資料值統一管理的機制（3-4 節），利用下列語法就可將值放入陣列。在 [] 中使用「,」就可分隔各資料項（元素）。

語法　指定陣列的值

```
陣列=[值 A,值 B,值 C, … ];
```

也可改寫成多行。

語法　指定陣列的值（分為多行）

```
陣列=[
    值 A,
    值 B,
    值 C,
    …
];
```

廣義來說陣列是變數的一種，與其它變數一樣，可以將值放入變數內，也可以對代入的值進行存取計算。使用時也比照變數，在陣列名稱前面必須加上 $。

▼ 將值代入陣列中

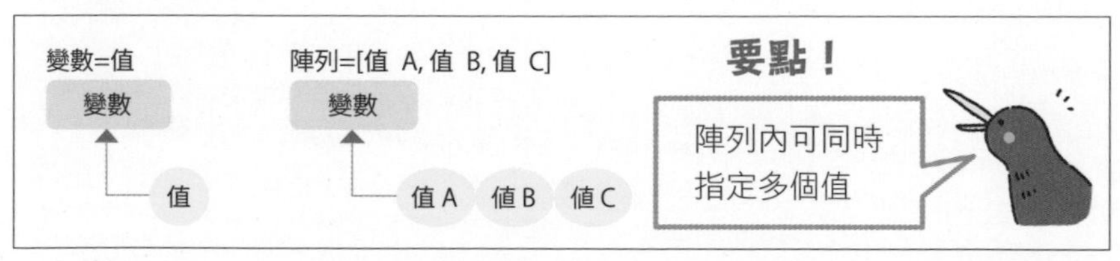

Step1 程式中，如下所示，將選項值的字串放入名為 $question 的陣列。

```
$question=[
    '第一部看的電影',
    '第一隻寵物的名字',
    '第一部車的車款',
    '畢業的小學名稱',
    '小學時的導師姓名',
    '出生地的地名'
];
```


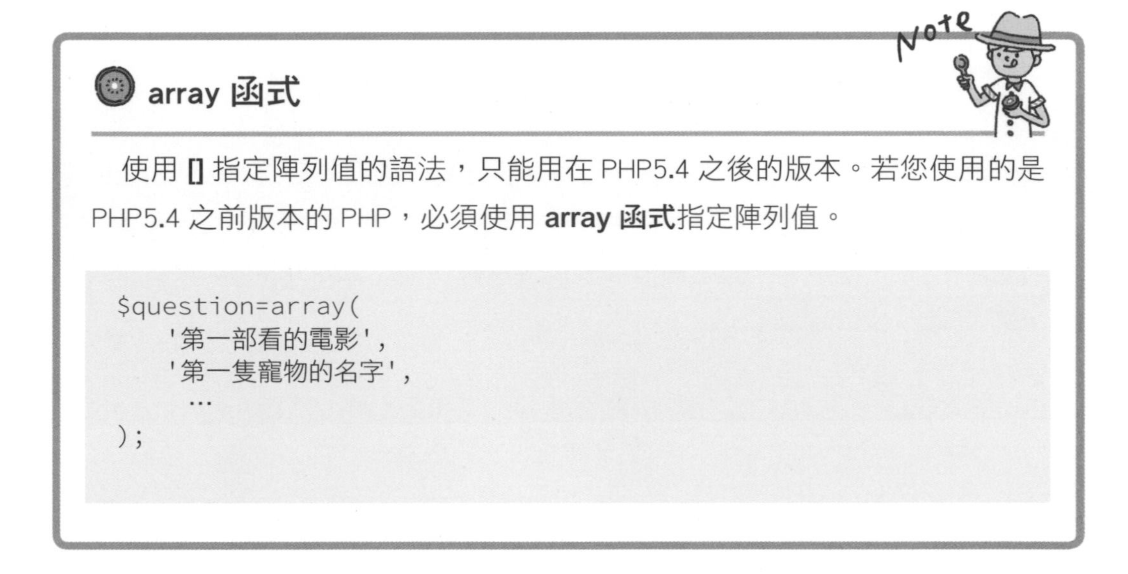

array 函式

使用 [] 指定陣列值的語法，只能用在 PHP5.4 之後的版本。若您使用的是 PHP5.4 之前版本的 PHP，必須使用 **array 函式**指定陣列值。

```
$question=array(
    '第一部看的電影',
    '第一隻寵物的名字',
      ...
);
```

foreach 迴圈

接著要反覆執行以下處理，將陣列內的值逐一取出，作成選單選項。

▼ 利用陣列製作選單選項

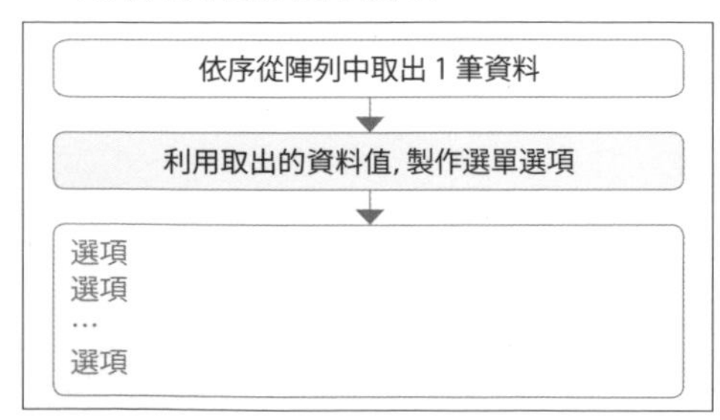

將陣列取出的值改放入變數中的流程如下。在這裡將陣列命名為 $question，變數命名為 $item。

▼ 利用陣列與變數製作選單選項

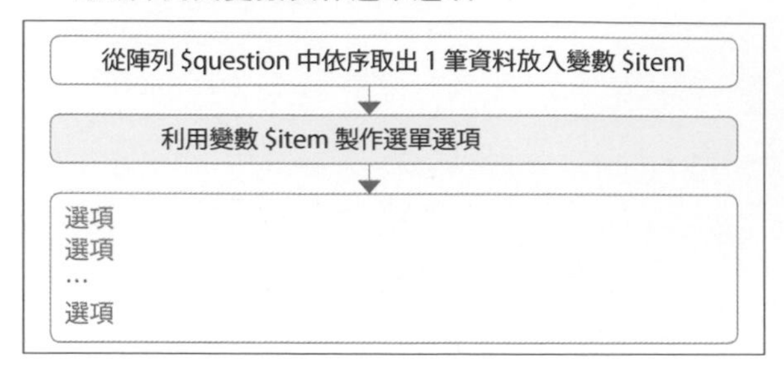

要反覆執行這些處理，最好的方式就是使用 PHP 的 **foreach 迴圈**。foreach 迴圈可將陣列內的資料一筆一筆循序取出。當迴圈對陣列內所有資料都進行處理之後就跳出迴圈。

▼ foreach 迴圈的處理流程

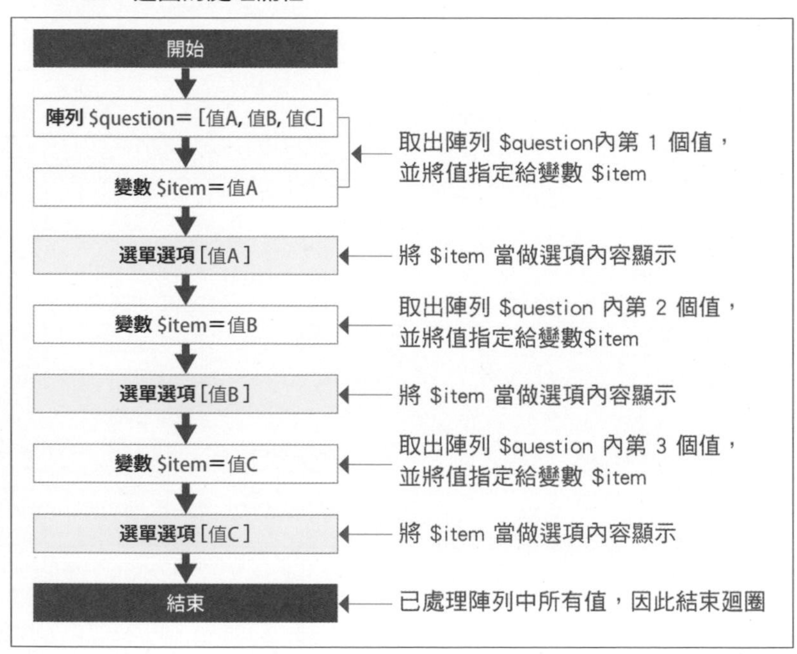

foreach 迴圈的語法如下。

語法 foreach

```
foreach(陣列 as 變數)
    使用變數進行的處理;
}
```


利用 foreach 迴圈將陣列 $question 內的資料值指定給變數 $item，再以此建立選單選項的程式示意圖如下。

▼ 利用 foreach 迴圈建立選項

實際程式如下。

```
foreach ($question as $item) {
    echo '<option value="', $item, '">', $item, '</option>';
}
```

執行此程式，即會產生如下所示的 <option> 標籤。

```
<option value="第一部看的電影">第一部看的電影</option>
```

陣列 $question 內的所有字串，都會分別產生這樣的 <option> 標籤。

要點！

foreach 迴圈的執行次數會與陣列內的資料個數相同。

顯示問題與回答

參照下列程式，將使用者 所選擇的問題及填寫的答案顯示在畫面上。並將檔案儲存為 chapter4\select-foreach-output.php

select-foreach-output.php

```php
<?php require '../header.php';?>
<?php
echo '<p>您選擇的問題是：「', $_REQUEST['question'], '」</p>';
echo '<p>你輸入的答案是：「', $_REQUEST['answer'], '」</p>';
?>
<?php require '../footer.php';?>
```

在 Step1 的輸入畫面中，從下拉式選單選擇問題，並在文字欄位中輸入答案。例如選擇「第一隻寵物的名字」，並輸入答案為「PHP」。

▼ 選擇問題並輸入答案

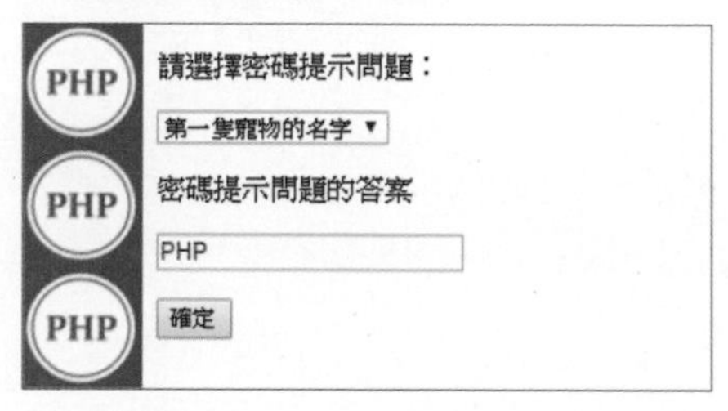

按下〔確定〕按鈕後，畫面上即會顯示所填選的問題與答案。

▼ 顯示問題與答案

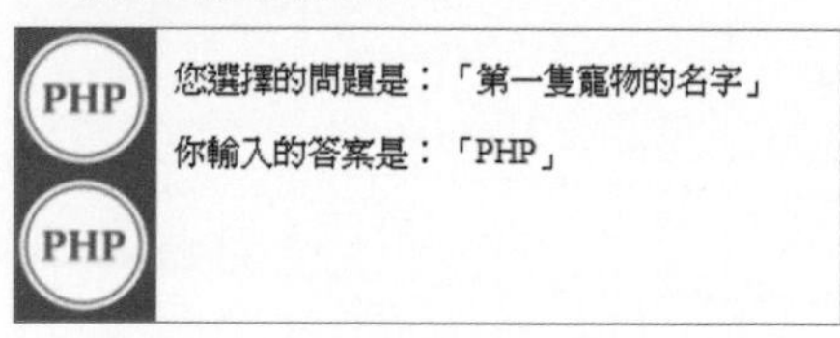

Step1 的程式中，問題選單的 name 屬性為 question，因此利用 REQUEST 參數 **$_REQUEST['question']** 即可取得被選擇的選項。

另外，回答的文字欄位 name 屬性為 answer，因此是利用 REQUEST 參數 **$_REQUEST['answer']** 取得文字欄位的值。使用者輸入文字欄位的值，即會被指定為 REQUEST 參數內容。

foreach 迴圈（二）

迴圈、陣列的索引鍵與值

本節將介紹把「分店名稱」和「分店編號」這類成對資料存放到陣列的方法。並利用 foreach 迴圈從陣列取出資料後，製作成下拉式選單。本節範例**將製作使用者輸入分店名稱，即顯示其分店編號**的功能。

▼ 本節目標

使用者選擇分店後，顯示出所對應的分店編號

手動製作選單選項

如果以手動逐項輸入下拉式選單的每個選項，程式內容如下，檔案儲存為 **chapter4\store-input.php**。

這支程式與 Step2 範例程式不同的部份以紅字標示。若覺得逐項輸入太過麻煩，可略過這裡，直接進入 Step2。

store-input.php　PHP

```
<?php require '../header.php';?>
<p>請選擇分店：</p>
<form action="store-output.php" method="post">
<select name="code">
<option value="100">新宿</option>
<option value="101">秋葉原</option>
<option value="102">上野</option>
<option value="200">橫濱</option>
<option value="201">川崎</option>
<option value="300">札幌</option>
```

```
<option value="400">仙台</option>
<option value="500">名古屋</option>
<option value="600">京都</option>
<option value="700">博多</option>
</select>
<p><input type="submit" value="確定"></p>
</form>
<?php require '../footer.php';?>
```

在瀏覽器開啟下列 URL 執行程式。

執行 **http://localhost/php/chapter4/store-input.php**

程式若正確執行，則會顯示出包含有〔新宿〕和〔秋葉原〕等選項的選單，以及〔確定〕按鈕。

▼ 下拉式選單與確定按鈕

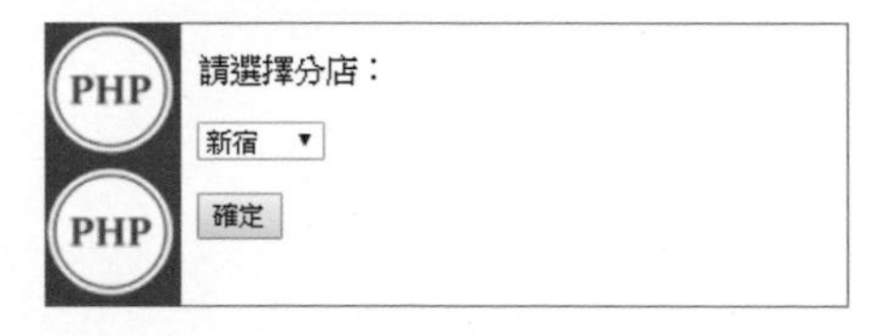

製作選單選項

如前所述，下拉式選單的選項是以 <option> 標籤製作。

```
<option value="100">新宿</option>
```

在前面所介紹的範例中，下拉式選單所顯示出來的選項內容，與各選項對應的 value 屬性值相同，但本例的選單選項所要顯示的內容字串卻與 value 屬性值不同。以上面這行程式來說，在下拉式選單顯示出來的選項為「新宿」，但程式從 REQUEST 參數所取得的值卻會是設為 value 屬性值的「100」。

利用程式製作選單選項

參照下列程式，改以程式產生選單選項。檔案儲存為 **chapter4\store-input2.php**，其中與 Step1 不同的地方以紅字標示。

store-input2.php　PHP

```
<?php require '../header.php';?>
<p>請選擇分店：</p>
<form action="store-output.php" method="post">
<select name="code">
<?php
$store=[
    '新宿'=>100, '秋葉原'=>101, '上野'=>102, '橫濱'=>200, '川崎'=>201,
    '札幌'=>300, '仙台'=>400, '名古屋'=>500, '京都'=>600, '博多'=>700
];
foreach ($store as $key=>$value) {
    echo '<option value="', $value, '">', $key, '</option>';
}
?>
</select>
<p><input type="submit" value="確定"></p>
</form>
<?php require '../footer.php';?>
```

在瀏覽器開啟下列 URL 執行程式。

執行 **http://localhost/php/chapter4/store-input2.php**

程式若正確執行，則與 Step1 的執行結果相同，會顯示出有〔新宿〕、〔秋葉原〕等選項的下拉式選單，以及〔確定〕按鈕。

陣列的索引鍵與值

本例利用程式將下列「分店名稱」與「分店編號」，一組一組放入陣列。

▶ **新宿：100**

▶ **秋葉原：101**

▶ **上野：102**

…

在 PHP 的陣列中，具有將成組的「**索引鍵**」與「**值**」對應存放的機制。以上列資料來說，分店名稱（新宿）是索引鍵，分店編號（100）是值。利用這個機制，透過指定索引鍵的方式取得對應的值。

要在陣列存放成組的索引鍵與值時，必須利用 **=>** 撰寫敘述如下。

語法 將索引與值放入陣列

```
陣列=[
        索引A => 值A,
        索引B => 值B,
        索引C => 值C,
        …
];
```

也能如下行般，將敘述寫成一行。

語法

```
陣列=[索引A => 值A,索引B => 值B,索引C => 值C,…];
```

在 Step2 的程式中，將分店名稱與分店編號放入 $store 陣列時，以分店名稱為索引，分店編號為值，程式應依下圖所示撰寫。

▼ **將分店名稱與分店編號放入陣列**

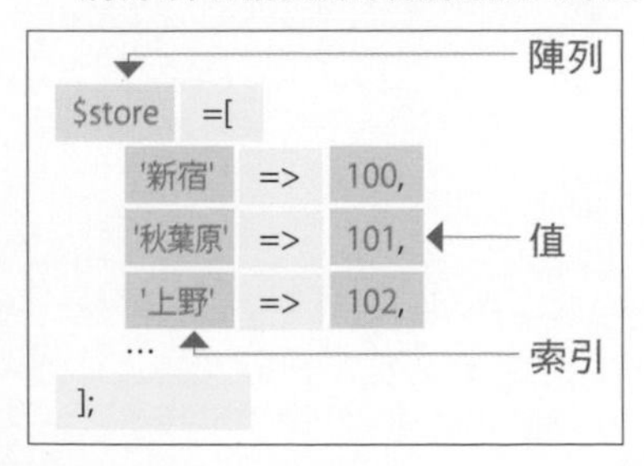

實際的程式如下。這裡為了縮減行數，將部份敘述合併在一行。

```
$store=[
'新宿'=>100, '秋葉原'=>101, '上野'=>102, '橫濱'=>200, '川崎'=>201,
'札幌'=>300, '仙台'=>400, '名古屋'=>500, '京都'=>600, '博多'=>700
];
```

要點！

可利用陣列存放成組的索引與值。

關聯陣列

在大多數的程式語言中，陣列都是以整數「0, 1, 2, …」為索引。可利用字串做為陣列索引，讓有關係的索引鍵與值可以直接成組儲存的陣列，稱為**關聯陣列**（Associative Array）。

PHP 的陣列同時具備一般陣列與關聯陣列的功能，陣列的索引鍵可以是整數也可以是字串，甚至可將兩者混用。

利用 foreach 迴圈取出索引鍵與值

接著要由前述的陣列中取出分店名稱與編號，並產生如下所示的 <option> 標籤。

```
<option value="分店編號">分店名稱</option>
```

在陣列中，分店名稱是索引鍵，分店編號是值，要將它們取出時，可參照下列流程利用 foreach 迴圈撰寫程式。這裡與前面介紹過的 foreach 迴圈語法的差異，在於 as 後面不是直接用變數，而是改為「**索引鍵的變數 => 值的變數**」。

語法 利用 foreach 迴圈取出索引鍵與值

```
foreach (陣列 as 索引鍵的變數 => 值的變數) {
        以索引鍵與值進行的處理;
}
```

▼ 將成組的索引鍵與值放入變數

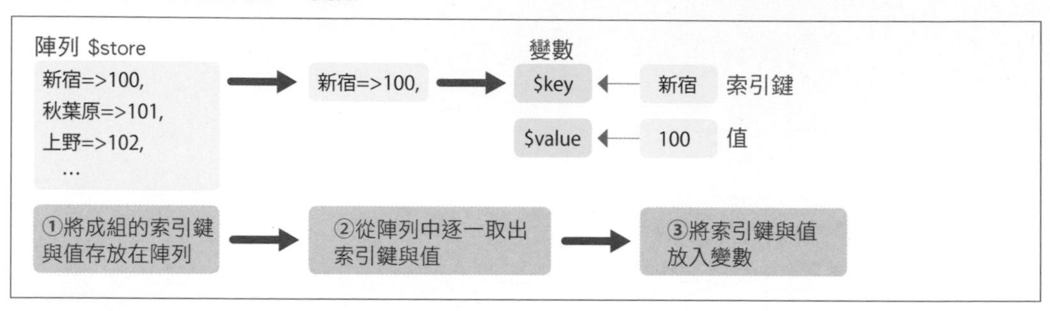

將陣列改為 $store，索引鍵的變數改為 $key，值的變數改為 $value 後，實際的程式如下。

```
foreach ($store as $key=>$value) {
    echo '<option value="', $value, '">', $key, '</option>';
}
```

從陣列中逐一取出索引鍵與值，並分別放入變數中。最後再利用變數將索引鍵與值的內容輸出成為 <option> 標籤。

例如，當程式從陣列中取出「新宿」和「100」的組合時，將 $key 指定為新宿，$value 指定為 100，再利用這二個變數產生如下所示的標籤。

```
<option value="100">新宿</option>
```

顯示所選分店的分店編號

參照下列程式，撰寫程式顯示目前所選分店的對應編號，並將檔案儲存為 **chapter4\store-output.php**。

store-output.php

```php
<?php require '../header.php';?>
<?php
echo '分店編號為', $_REQUEST['code'], '號';
?>
<?php require '../footer.php';?>
```

在 Step1 或 Step2 的輸入畫面，從下拉式選單選擇分店名稱後按下〔確定〕，即顯示該分店對應的分店編號。

▼ 顯示分店編號

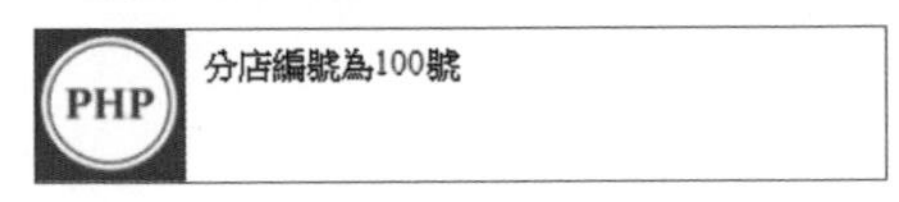

在 Step1 和 Step2 中，下拉式選單的 name 屬性值設定為 code，因此可用 REQUEST 參數名 **$_REQUEST['code']** 取得選單中被選取的項目。

此時從選單的 REQUEST 參數取得的是 <option> 標籤中的 value 屬性值，而在 Step2 的程式中即已將這個屬性值指定為分店編號，因為只需將取得的編號顯示在畫面上即可。

foreach 迴圈（三）

核取方塊、迴圈

本節將介紹如何產生可同時勾選多個項目的核取方塊，以及利用程式取得被勾選項目的方法。無論是核取方塊的產生或是取得選取項目，都可利用 foreach 迴圈來進行。本範例是提供使用者從多項商品種類中選擇感興趣的項目。

▼ 本節目標

取得核取方塊中被勾選的項目，並以清單方式顯示

Step 1 產生核取方塊

首先參照下列程式，撰寫可一次產生所有核取方塊選項的程式，並將檔案儲存為 chapter4\checks-input.php。

List checks-input.php　PHP

```
<?php require '../header.php';?>
<p>請選擇您有興趣的商品種類：</p>
<form action="checks-output.php" method="post">
<?php
$genre=['攝錄影機', '個人電腦', '鐘錶', '家電', '書籍', '文具用品', '食品'];
```

```
foreach ($genre as $item) {
    echo '<p>';
    echo '<input type="checkbox" name="genre[]" value="', $item, '">';
    echo $item;
    echo '</p>';
}
?>
<p><input type="submit" value="確定"></p>
</form>
<?php require '../footer.php';?>
```


在瀏覽器開啟下列 URL 執行程式先看看結果。

執行 **http://localhost/php/chapter4/checks-input.php**

程式若正確執行，則會顯示出〔攝錄影機〕、〔個人電腦〕等核取方塊以及〔確定〕按鈕。

▼ 核取方塊與〔確定〕按鈕

用程式產生所有核取方塊

這裡是利用陣列與 foreach 迴圈產生核取方塊，方法與 4-5 節一次產生下拉式選單選項的製作方法雷同。

來看一下細節。首先，將各核取方塊旁要顯示的文字全部放入陣列，本例要顯示的是商品種類，因此將陣列命名為 $genre。

```
$genre=['攝錄影機', '個人電腦', '鐘錶', '家電', '書籍', '文具用品', '食品'];
```

再從陣列 $genre 中逐筆取出值來製作核取方塊，此時取出的值要放到變數 $item 中。

```
foreach ($genre as $item) {
    …
}
```

核取方塊的屬性

以下是用來產生核取方塊的處理。

```
echo '<input type="checkbox" name="genre[]" value="', $item, '">';
```

要產生核取方塊，必須使用 **<input>** 標籤，並將 type 屬性指定為 **checkbox**。value 屬性值則指定為「攝錄影機」等商品種類名稱。核取方塊敘述內容的例子如下。

```
<input type="checkbox" name="genre[]" value="攝錄影機">
```

與只有單一選項時的核取方塊不同，這裡的 name 屬性所指定的核取方塊名稱最後必須加上 **[]**。本例中即是在表示商品種類的 genre 後面加上 []，將屬性值指定為 genre[]。藉由加上 []，將所有核取方塊的 name 屬性值都指定為 genre[] 後，就可以用陣列方式存取這些值。

```
<input type="checkbox" name="genre[]" value="個人電腦">
<input type="checkbox" name="genre[]" value="鐘錶">
...
```

核取方塊是以 name 屬性值做為 REQUEST 參數名。在核取方塊被勾選後，value 屬性值就會被放入 REQUEST 參數中。由於在 name 屬性值加上了 []，因此可利用陣列從 REQUEST 參數中取得多筆值。

▼ 將 name 屬性指定為陣列

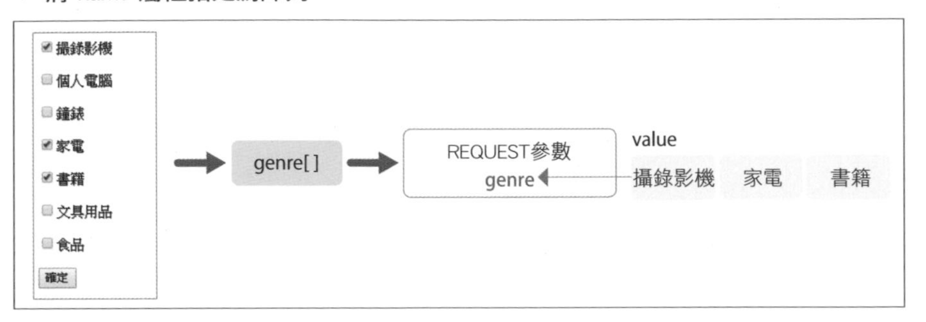

要點！

在核取方塊的 name 屬性值加上 []，就可利用陣列從 REQUEST 參數取得多筆值。

Step 2 取得所有勾選項目

參照下列程式，撰寫顯示所有目前勾選項目一覽表的程式，並將檔案儲存為 **chapter4/checks-output.php**。

checks-output.php PHP

```
<?php require '../header.php';?>
<?php
foreach ($_REQUEST['genre'] as $item) {
    echo '<p>', $item, '</p>';
}
echo '以上商品的特惠情報電子報訂閱成功。';
?>
<?php require '../footer.php';?>
```

在 Step1 的輸入畫面中，勾選核取方塊並按下〔確定〕鈕後，顯示所有勾選項目的清單。例如，若勾選了〔個人電腦〕與〔書籍〕後按下〔確定〕，即顯示「個人電腦」與「書籍」。

▼ 顯示所有勾選的項目

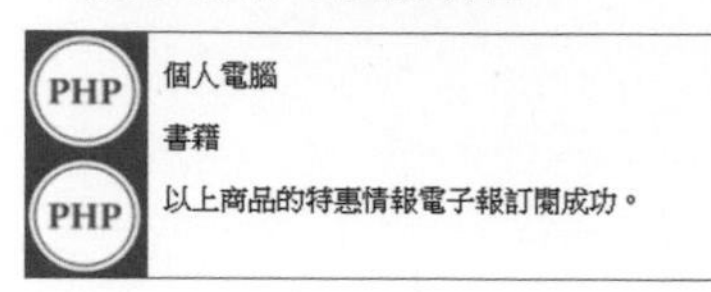

取得所有勾選的項目

被勾選的項目內容，會存放在核取方塊的 REQUEST 參數中。當核取方塊的名稱為 genre[]，表示 REQUEST 參數名為「genre」，可利用 **$_REQUEST['genre']** 取得其值。

但因為這個 REQUEST 參數是陣列，所以使用 foreach 迴圈，就能將逐一取出被勾選的項目進行處理。下列程式是將取出的項目放入變數 $item 中。

```
foreach ($_REQUEST['genre'] as $item) {
…
}
```

每項取得的內容就是核取方塊的 value 屬性值中所設定的字串，因此本例直接將取得的「個人電腦」和「書籍」等字串顯示在畫面上。

未勾選任何項目時的處理方式

若使用者未勾選任何項目，則上述的範例程式執行時會發生錯誤。這裡可以利用 4-1 節所介紹的 if 條件與 isset 函數將程式修改如下，就可避免錯誤的發生。

```
if (isset($_REQUEST['genre'])) {
    foreach ($_REQUEST['genre'] as $item) {
  …
    }
}
```

Chapter 4　小結

本章介紹了 PHP 中判斷句（if、switch）與迴圈（for、while、foreach）的語法。在介紹迴圈的同時，也一併說明了配合陣列時的使用方法。此外，也介紹了核取方塊、單選鈕、下拉式選單等控制元件的操作方式。

下一章將針對 PHP 所提供的各種函式進行說明。

MEMO

Chapter 5

使用函式

函式（Functions）是各種預先做好可供程式使用的功能，只需呼叫就可直接使用。

在 PHP 中提供了許多好用的函式，而程式設計師也可以製作自己特有的函式。本章將介紹一些使用函式的範例程式，並說明 PHP 內建函式的使用方式。

5-1 顯示現在的日期時間

date 函式

在網頁上顯示出現在的日期時間，並說明利用 date 函式，讓日期時間以指定的格式顯示。

▼ 本節目標

2017/10/10 08:49:31

2017年10月10日 08點49分31秒

開啟網頁時顯示目前的時間

取得日期時間後顯示

首先參照下列程式，撰寫顯示現在日期時間的程式，並將檔案儲存為 **chapter5\date.php**。

本章的範例是儲存在 c:\xampp\htdocs\php\chapter5 內。進行底下學習前請確認已使用 XAMPP 控制面板啟動 Apache。

date.php PHP

```
<?php require '../header.php';?>
<?php
date_default_timezone_set('Asia/Taipei');
echo '<p>', date('Y/m/d H:i:s'), '</p>';
echo '<p>', date('Y年m月d日 H點i分s秒'), '</p>';
?>
<?php require '../footer.php';?>
```

在瀏覽器開啟下列 URL 執行程式先看看結果。

執行 **http://localhost/php/chapter5/date.php**

程式若正確執行，則會以二種格式顯示現在的日期時間。

▼ 顯示日期時間

2017/10/10 08:54:15

2017年10月10日 08點54分15秒

解說

呼叫函式

使用函式又可說是呼叫函式。呼叫函式時的語法如下。

語法 呼叫函式

```
函式(傳入參數)
```

傳入參數

傳入**參數**是用來將資料傳給函式，函式可對接收到的參數值進行計算、顯示等處理。通常同一個函式可能會因傳入參數的不同而執行不同動作。

每個函式的傳入參數都有固定的個數以及在函式中扮演的角色。要同時傳入多個參數時，如下所示以「,」分隔。

語法 呼叫函式（傳入多個參數）

```
函式(傳入參數 1, 傳入參數 2, …)
```

要點！

函式會在接收傳入參數後執行。

回傳值

函式執行完成後，會將執行結果值傳回給原本呼叫它的程式，這個值就稱為**回傳值**，也可稱為**傳回值**。

在運算式中也可直接呼叫函式，則當函式執行結束後，原本用來呼叫函式的「函式名（傳入參數）」的地方會被回傳值取代。舉例來說，若函式名（傳入參數）的回傳值是 3，則「1+ 函式名（傳入參數）+2」的運算式就會變成「1+3+2」。

▼ 使用回傳值進行處理

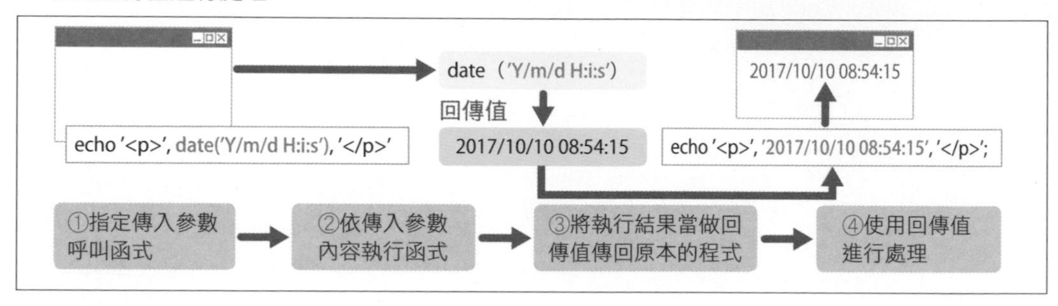

要點！

函式會在接收傳入參數後執行，並將執行結果當做回傳值傳回原本的程式。

設定時區

要取得現在的日期時間之前，必須先設定時區。時區是指使用共同標準時的區域，必須依所在地或想要取得時間的地區設定。

在 PHP 中可呼叫 **date_default_timezone_set** 函式設定時區。

語法 date_default_timezone_set

```
date_default_timezone_set(地區)
```

例如要取得台灣的日期時間時，必須指定傳入參數為字串「Asia/Taipei」。

```
date_default_timezone_set('Asia/Taipei');
```

Note

函式的衍生作用

執行 date_default_timezone_set 函式後，即可設定程式所適用的時區。設定成功時會回傳 TRUE，若失敗則會回傳 FALSE，不過本範例程式並沒有用到這個回傳值。

使用函式時，有時也會像這樣不使用函式回傳值，而是以函式執行過程衍生出來的影響為目的。而且，有些函式的回傳值原本就沒什麼意義，甚至回傳 NULL。使用這類沒有回傳值的函式，就都是為了得到它執行時的衍生作用。

顯示日期時間

接下來說明 date 函式的使用方式。

語法 date

```
date(格式)
```

date 函式執行時，會先取得現在的日期時間，再依指定的格式將它當做字串回傳。可用來指定格式的代碼，以下僅介紹本範例所使用到的部份，其它文字請參照 PHP 手冊中的 date 函式說明。

▶ **PHP 參考手冊**

URL **http://php.net/manual**

▼ date 函式的格式代碼（摘錄）

文字	說明
Y	年。4 位數
m	月。2 位數，無十位數時自動補 0
d	日。2 位數，無十位數時自動補 0
H	小時。2 位數，無十位數時自動補 0。24 小時制
i	分。2 位數，無十位數時自動補 0
s	秒。2 位數，無十位數時自動補 0

舉例來說，以 date('Y/m/d H:i:s') 呼叫 date 函式時，回傳值是像「2018/10/10 08:54:15」的字串。而若是以 date('Y 年 m 月 d 日 H 點 i 分 s 秒 ') 呼叫，則回傳值會是像「2018 年 10 月 10 日 08 點 54 分 15 秒」的字串。

隨機顯示廣告圖片

rand 函式

亂數是指隨機的數值，也就是每次產生時就會得到一組不同的數值。本節將利用可產生亂數的 rand 函式隨機產生亂數，並介紹取得指定範圍內亂數的方法，以及利用亂數隨機顯示圖片的方法。

▼ 本節目標

利用亂數函式隨機取得數值與圖片

產生亂數

參照下列程式，撰寫程式產生亂數後顯示在畫面上。並將檔案儲存為 **chapter5\rand.php**。

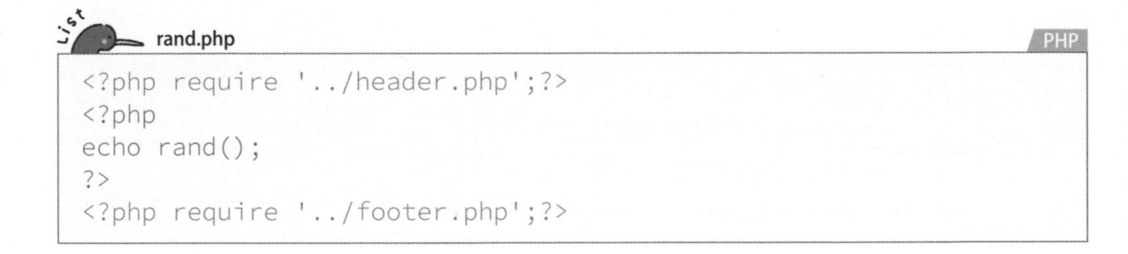

List rand.php　PHP

```
<?php require '../header.php';?>
<?php
echo rand();
?>
<?php require '../footer.php';?>
```

在瀏覽器開啟下列 URL 執行程式。

執行 **http://localhost/php/chapter5/rand.php**

程式若正確執行，則會隨機顯示出一個數值。因為這個數值是隨機產生的，您執行後顯示的數值勢必會與本書不同。

▼ 顯示亂數

12662

只要重新載入網頁就會顯示不同的亂數。

▼ 顯示不同的亂數

15879

rand 函式

rand 函式是用來隨機產生一組數值，若呼叫 rand 函式時未傳入任何參數，則會回傳 0 以上，亂數最大值以下的亂數回來。

語法 rand

```
rand()
```

亂數最大值會依執行環境不同而有差異，利用 gettrandmax 函式就能取得最大值。

語法 gettrandmax

```
gettrandmax()
```

筆者所用環境的亂數最大值是 32767，因此 rand 函式會回傳 0 以上 32767 以下的亂數。

要點！

利用 rand 函式可取得隨機數值。

產生指定範圍內的亂數

接著來實作如同擲骰子一樣隨機產生 1 ～ 6 的亂數，並顯示在畫面上。rand 函式可利用傳入參數指定要產生的數值範圍。

撰寫程式內容如下，檔案為 **chapter5\rand2.php**，其中與 Step1 程式不同的部份以紅字標示。

List rand2.php PHP

```php
<?php require '../header.php';?>
<?php
echo rand(1, 6);
?>
<?php require '../footer.php';?>
```

在瀏覽器開啟下列 URL 執行程式。

執行 **http://localhost/php/chapter5/rand2.php**

程式若正確執行，則會顯示一個 1 ～ 6 之間的亂數。

▼ 顯示 1~6 之間的亂數

可試著重新載入網頁，確認產生的亂數是不是都在 1 ～ 6 之間。

: rand 函式的傳入參數

在呼叫 rand 函式時指定傳入參數，就可限制亂數的範圍。

語法 rand（指定範圍）

```
rand(最小值, 最大值)
```

有傳入參數呼叫時，會產生最小值以上，最大值以下的亂數。例如要產生像骰子那樣 1～6 的亂數，則分別傳入「1」和「6」，以 rand(1, 6) 呼叫函式。

隨機顯示圖片

接著來實作從多張圖片中隨機選擇一張顯示在畫面上，這常用在隨機顯示廣告等功能。

撰寫程式內容如下，檔案為 chapter5\rand3.php，其中與 Step2 程式不同的部份以紅字標示。

List rand3.php PHP

```php
<?php require '../header.php';?>
<?php
echo '<img src="item', rand(0, 2), '.png">';
?>
<?php require '../footer.php';?>
```

在瀏覽器開啟下列 URL 執行程式。

執行 http://localhost/php/chapter5/rand3.php

程式執行前，需先將用來顯示的圖檔存放於程式檔案所在的資料夾中。以「item」加上連續數字，例如「item0.png」，依序為圖檔命名。圖檔格式皆為「.png」。

若程式正確執行，則會產生 0～2 的亂數後，顯示對應的圖片。

▼ 顯示圖片

本範例使用下列 3 個圖檔。

- ▶ **item0.png（奇異鳥）**
- ▶ **item1.png（廚師奇異鳥）**
- ▶ **item2.png（服務生奇異鳥）**

這些圖檔在書附範例中都可找到，請先將它們複製到您的程式檔案所在資料夾，並試著在瀏覽器多次重新載入這個頁面，確認圖檔是否顯示。

產生圖檔名

在 HTML 中要顯示圖檔，必須使用 **<img> 標籤**。以顯示圖檔 item0.png 為例，標籤應撰寫如下。

```
<img src="item0.png">
```

只要讓 item**0**.png 中「**0**」的部份改為使用亂數的話，就能隨機顯示圖片。要產生 0 ～ 2 的亂數，可利用 rand(0, 2) 產生。

再將產生出來的亂數，用於 <img> 標籤即可。

```
echo '<img src="item', rand(0, 2), '.png">';
```

如此一來，就能隨機顯示「item0.png」「item1.png」「item2.png」這三張圖片。

便利的亂數使用法

在不指定傳入參數以 rand() 呼叫函式時，rand 函式所產生的亂數最大值為 32767 這樣相對來說並不大的數值。若需要像 0 ～ 10000 之類較大範圍的亂數，可利用 rand(0, 100000) 以傳入參數指定亂數範圍。

另外，若只想要**偶數**或**奇數**的亂數，可用以下方式設定。舉例來說，若要產生 2 ～ 10 之間的偶數亂數，則以「rand(1, 5)*2」即可。若要產生 1 ～ 9 的奇數亂數，則可利用「rand(1, 5)*2-1」或「rand(0,4)*2+1」就能做到。

檢查輸入字串的格式

pre_match 函式、常規表達式

常規表達式 (Reqular Expression) 可用來在字串中搜尋「符合特定規則」的子字串。利用常規表達式也可檢查字串的長相是否符合指定格式。本節將利用可比對字串與常規表達式的 pre_match 函式，檢查輸入的郵遞區號是否符合格式。

▼ 本節目標

PHP
請輸入7碼郵遞區號（不需「-」分隔）：
1234567 確定

↓

PHP
輸入值1234567符合郵遞區號的格式。

利用常規表達式檢查郵遞區號是否正確輸入

製作郵遞區號輸入畫面

首先參照下列程式，撰寫郵遞區號輸入畫面的程式，並將檔案儲存為 **chapter5\postcode-input.php**。

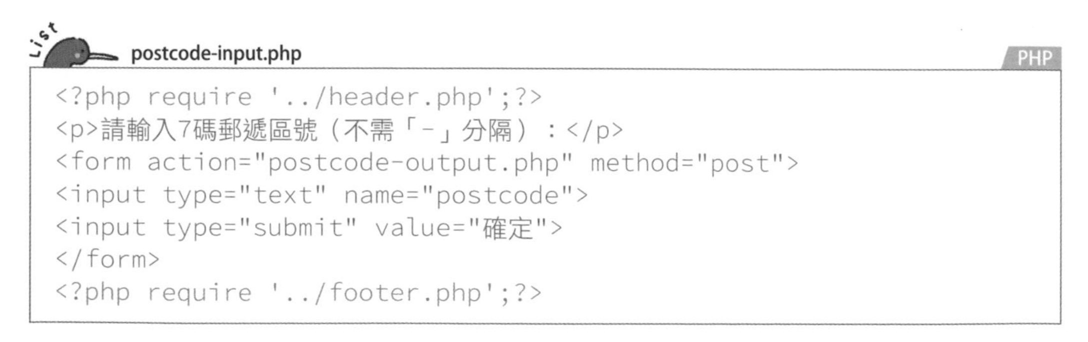


```
<?php require '../header.php';?>
<p>請輸入7碼郵遞區號（不需「-」分隔）：</p>
<form action="postcode-output.php" method="post">
<input type="text" name="postcode">
<input type="submit" value="確定">
</form>
<?php require '../footer.php';?>
```

在瀏覽器開啟下列 URL 執行程式。

執行 **http://localhost/php/chapter5/postcode-input.php**

程式正確執行時，畫面將顯示出郵遞區號欄位與〔確定〕按鈕。

▼ 郵遞區號輸入畫面

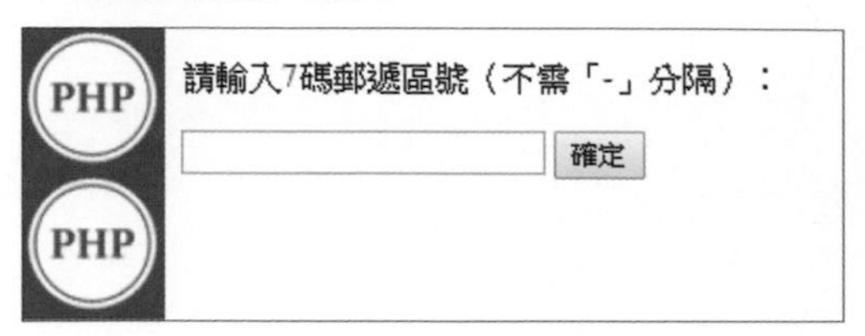

利用 **<input> 標籤**可產生用來輸入郵遞區號的文字欄位。由於這個欄位代表的是郵遞區號，所以將 name 屬性值（REQUEST 參數名）指定為 postcode。

```
<input type="text" name="postcode">
```

利用常規表達式檢查格式

接著製作「檢查輸入的郵遞區號，並依其格式正確與否顯示對應訊息」的程式。程式內容如下，檔案儲存為 chapter5\postcode-output.php。

List **postcode-output.php** PHP

```
<?php require '../header.php';?>
<?php
$postcode=$_REQUEST['postcode'];
if (preg_match('/^[0-9]{7}$/', $postcode)) {
    echo '輸入值', $postcode, '符合郵遞區號的格式。';
} else {
    echo $postcode, '不符合郵遞區號的格式。';
}
?>
<?php require '../footer.php';?>
```

在 Step1 的輸入畫面輸入郵遞區號後，按下〔確定〕按鈕執行程式。當輸入的資料為不含連字號「-」的 7 碼郵遞區號時，顯示符合郵遞區號格式的訊息。

▼ 格式正確

若輸入資料的格式不正確，則顯示格式不符合郵遞區號的訊息。

▼ 格式不正確

preg_match 函式

透過 **preg_match 函式**，即可利用常規表達式檢查資料格式。

語法 preg_match

```
preg_match(模版, 輸入字串)
```

當傳入參數中指定的模版與輸入字串的格式相符，則 preg_match 函式會回傳「1」；若格式不符，則回傳「0」。

在 if 判斷式中使用 preg_match 函式時，「1」代表 TRUE，「0」代表 FALSE。0 以外的所有整數，基本上都會被視為 TRUE。

傳入參數的模版以常規表達式撰寫。不含連字號的 7 碼郵遞區號模版可寫為 **^[0-9]{7}$**。

模版的個別意義如下。

^　：句首

[0-9]：0 ～ 9 的數字 1 個

{7}　：符合前項格式的文字 7 個

$　：句尾

也就是說，這個模版表示的格式為「**從句首到句尾，連續 7 個 0 ～ 9 之間的數字**」。 模版的頭尾需以 **'/** 與 **/'** 框住，因此傳入 preg_match 函式的參數指定為 **'/^[0-9]{7}$/'**。

文字欄位中輸入的郵遞區號，會放入 REQUEST 參數內。在 Step2 的程式中，利用變數 $_REQUEST 取出 REQUEST 參數內的郵遞區號，並將它指定給變數 $postcode。

```
$postcode=$_REQUEST['postcode'];
```

將前述的模版與輸入字串指定為 preg_match 函式的傳入參數，並呼叫 preg_match 函式。

```
preg_match('/^[0-9]{7}$/', $postcode)
```

同時利用 if-else 判斷式，依 preg_match 函式的回傳值分別顯示不同訊息。

```
if (preg_match('/^[0-9]{7}$/', $postcode)) {
```

在 if 條件式中呼叫 preg_match 函式後，當輸入字串格式與模版相符時回傳值為「1」，也就是 TRUE 值，因此會執行 if 區塊下的程式。若回傳值為「0」，也就是 FALSE 值，因此會執行 else 區塊下的程式。

製作輸入畫面（格式含連字號）

來換個範例，修改常規表達式改為輸入的郵遞區號應有連字號「-」分隔。首先參照以下程式，撰寫郵遞區號輸入畫面，檔案儲存為 **chapter5\postcode-input2.php**。

與 Step1 不同處以紅字顯示。除了顯示的文字與 action 屬性指定的輸出程式之外，其它部份都與無連字號的範例相同。

postcode-input2.php

```
<?php require '../header.php';?>
<p>請輸入7碼郵遞區號（需以「-」分隔）：</p>
<form action="postcode-output2.php" method="post">
<input type="text" name="postcode">
<input type="submit" value="確定">
</form>
<?php require '../footer.php';?>
```

在瀏覽器開啟下列 URL 執行程式。

執行 **http://localhost/php/chapter5/postcode-input2.php**

程式若正確執行，則與 Step1 的程式一樣，畫面會顯示郵遞區號欄位與〔確定〕按鈕。但提示輸入的文字改顯示需以「-」分隔。

▼ 郵遞區號輸入畫面

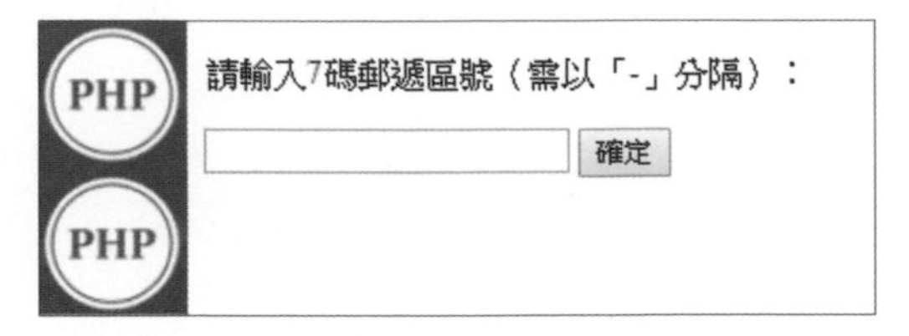

Step 4 利用常規表達式檢查格式（格式含連字號）

接著檢查輸入的郵遞區號，並依其格式正確與否顯示對應訊息。程式內容如下，檔案儲存為 **chapter5\postcode-output2.php**。與 Step2 不同的地方以紅字標示。

postcode-output2.php

```
<?php require '../header.php';?>
<?php
$postcode=$_REQUEST['postcode'];
if (preg_match('/^[0-9]{3}-[0-9]{4}$/', $postcode)) {
    echo '輸入值', $postcode, '符合郵遞區號的格式。';
} else {
    echo $postcode, '不符合郵遞區號的格式。';
}
?>
<?php require '../footer.php';?>
```

在 Step3 的輸入畫面輸入郵遞區號後，按下〔確定〕按鈕執行程式。當輸入的資料為含連字號「-」的 7 碼郵遞區號時，顯示符合郵遞區號格式的訊息。

▼ 格式正確

輸入資料的格式不正確時，顯示不符合郵遞區號格式的訊息。

▼ 格式不正確

常規表達式的修改

Step2 與 Step4 的程式幾乎完全相同，只有常規表達式有差異。含連字號的 7 碼郵遞區號模版可寫為 **^[0-9]{3}-[0-9]{4}$**。

模版內容的意義如下。

^　：句首

[0-9]：0 ～ 9 的數字 1 個

{3}　：符合前項格式的文字 3 個

-　：連字號

[0-9]：0 ～ 9 的數字 1 個

{4}　：符合前項格式的文字 4 個

$　：句尾

這個模版所代表的就是「123-4567」這樣的格式。 模版的頭尾需以 '/ 與 /' 框住，再將整個字串當做傳入參數，呼叫 preg_match 函式即可。

```
preg_match('/^[0-9]{3}-[0-9]{4}$/', $postcode)
```

檢查輸入密碼的格式

pre_match 函式、password

本節來利用常規表達式檢查設定的密碼是否符合規則，這裡將規則訂為「需為 8 個字以上，並包含小寫字母、大寫字母、數字至少各 1」。

▼ 本節目標

請輸入密碼：

（需為8個字以上，並包含小寫字母、大寫字母、數字至少各1）

•••••••• [確定]

↓

密碼「Pass1234」格式正確。

利用常規表達式檢查輸入的密碼是否符合規則

製作密碼設定畫面

首先參照下列程式，撰寫設定密碼的表單畫面，並將檔案儲存為 **chapter5\password-input.php**。

password-input.php

```php
<?php require '../header.php';?>
<p>請輸入密碼：</p>
<p>（需為8個字以上，並包含小寫字母、大寫字母、數字至少各1）</p>
<form action="password-output.php" method="post">
<input type="password" name="password">
<input type="submit" value="確定">
</form>
<?php require '../footer.php';?>
```

在瀏覽器開啟下列 URL 執行程式。

執行 **http://localhost/php/chapter5/password-input.php**

程式正確執行時，畫面將顯示出密碼輸入欄位與〔確定〕按鈕。

▼ 密碼輸入畫面

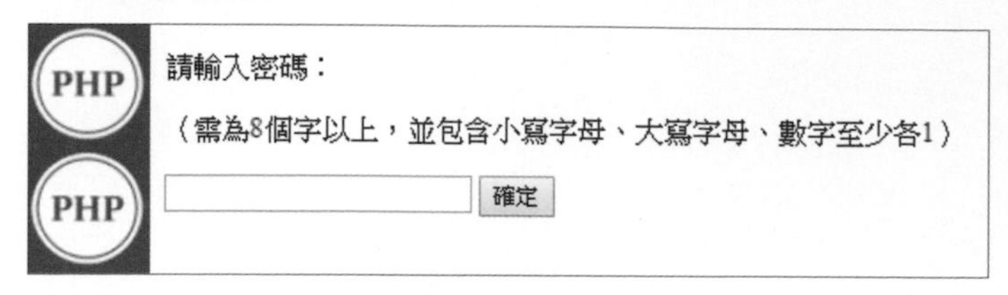

同樣是利用 <input> 標籤產生密碼輸入欄位。

```
<input type="password" name="password">
```

將 type 屬性設定為 **password** 後，就可產生密碼欄位，畫面上不會顯示輸入的內容。接著並將 name 屬性值（REQUEST 參數名）也指定為 password。

要點！

將 <input> 標籤的 type 屬性設定為 password，就可產生密碼欄位。

利用常規表達式檢查格式

接著以常規表達式檢查輸入的密碼，並依其格式正確與否顯示對應訊息。程式內容如下，檔案儲存為 **chapter5\password-output.php**。

List password-output.php PHP

```php
<?php require '../header.php';?>
<?php
$password=$_REQUEST['password'];
if (preg_match('/(?=.*[a-z])(?=.*[A-Z])(?=.*[0-9])[a-zA-Z0-9]
{8,}/',
    $password)) {
    echo '密碼「', $password, '」格式正確。';
} else {
    echo '密碼「', $password, '」格式不符。';
}
?>
<?php require '../footer.php';?>
```


在 Step1 畫面輸入密碼後，按下〔確定〕按鈕執行這支程式。例如輸入密碼為「Pass1234」時，顯示密碼符合格式的訊息。

▼ 格式正確

密碼「Pass1234」格式正確。

若輸入密碼為「password」，則顯示密碼不符格式的訊息。只有 8 個字以上，且包含小寫字母、大寫字母、數字至少各 1 的密碼，才算符合格式。

▼ 格式不符

密碼「password」格式不符。

解說

密碼的常規表達式

用來檢查密碼格式的模版較為複雜，寫法如下。

```
(?=.*[a-z])(?=.*[A-Z])(?=.*[0-9])[a-zA-Z0-9]{8,}
```

它們的意義如下。

(?=.*[a-z]) ：包含小寫英文字母（a ～ z）

(?=.*[A-Z]) ：包含大寫英文字母（A ～ Z）

(?=.*[0-9]) ：包含數字（0 ～ 9）

[a-zA-Z0-9] ：小寫英文字母、大寫英文字母、數字各 1 個。

{8,} ：符合前項格式的文字 8 個以上。

在 Step2 的程式中，以 REQUEST 參數取得輸入的密碼，並將它指定給變數 $password。密碼欄位所輸入的內容，一樣會被放到 REQUEST 參數中。

```
$password=$_REQUEST['password'];
```

將前述模版與代表輸入字串的變數 $password，指定為傳入參數，呼叫 **preg_match 函式**（5-3 節）。在此並利用 if-else 判斷式，依 preg_match 函式的回傳值分別顯示不同訊息。

```
if (preg_match('/(?=.*[a-z])(?=.*[A-Z])(?=.*[0-9])[a-zA-Z0-9]{8,}/',
   $password)) {
```

常規表達式的說明

在範例中所使用的常規表達式，以下再更進一步說明。

首先是「**.**」與「*****」。「**.**」代表任意 1 字；「*」則代表它前面的文字重複 0 次以上。兩者合一的「**.***」，表示任意文字重複 0 次以上。

[] 所框住的部份稱為**文字類別**，表示文字的集合，可以「**-**」標示範圍。例如 **[a-z]** 即是指小寫英文字母 1 字元。

[0-9] 表示個位數 1 個，也可縮寫為 **\d**。利用這個寫法，沒有連字號的郵遞區號常規表達式可寫為 **^\d{7}$**。若是有連字號的郵遞區號則為 **^\d[3]-\d[4]$**。請修改 5-3 節的範例程式，實際測試看看。

將半形文字轉為全形

mb_convert_kana 函式

本節範例可以把半形輸入的英文字串轉換成全形，使用者輸入時用半形或全形都可以，但在顯示時統一以全形顯示。

▼ 本節目標

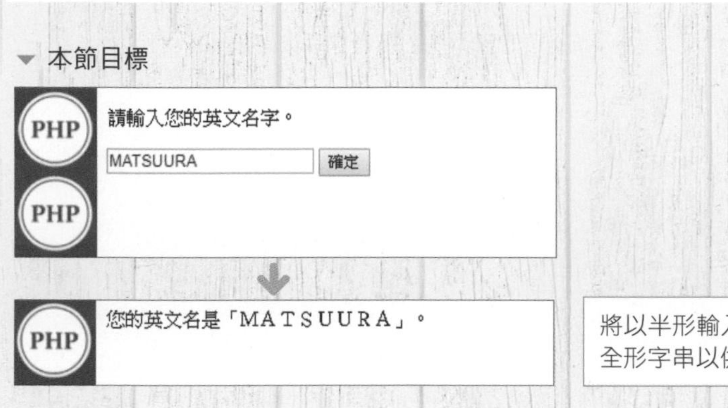

將以半形輸入的字串，轉換為全形字串以供後續處理使用

Step 1 製作輸入畫面

首先參照以下程式，製作輸入英文名的表單畫面，程式儲存為 **chapter5\zenhan-kana-input.php**。

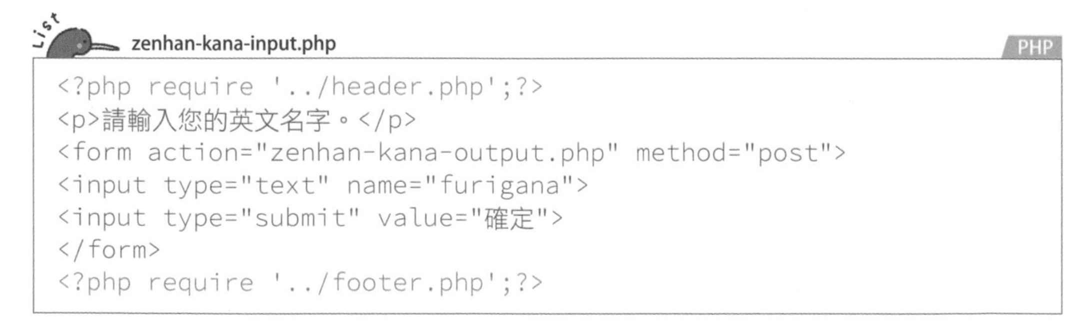

List zenhan-kana-input.php PHP

```
<?php require '../header.php';?>
<p>請輸入您的英文名字。</p>
<form action="zenhan-kana-output.php" method="post">
<input type="text" name="furigana">
<input type="submit" value="確定">
</form>
<?php require '../footer.php';?>
```

在瀏覽器開啟下列 URL 執行程式。

執行 **http://localhost/php/chapter5/zenhan-kana-input.php**

程式正確執行時，畫面將顯示出英文名字的輸入欄位與〔確定〕按鈕。

▼ 英文名字輸入畫面

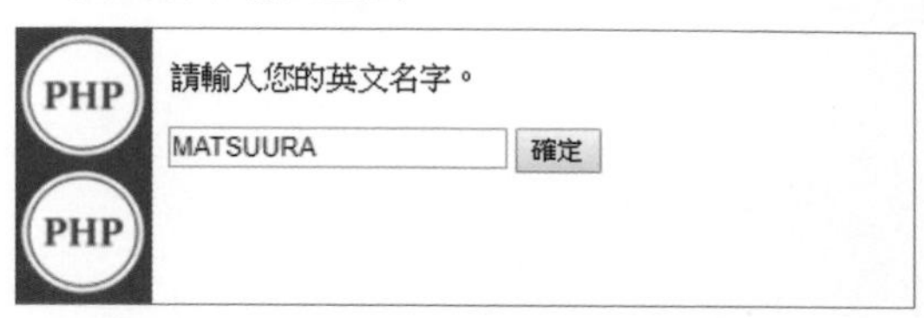

首先利用 <input> 標籤製作英文名字的欄位。將 type 屬性指定為 text，表示此為文字欄位。並將 name 屬性值（REQUEST 參數名）指定為 name。

```
<input type="text" name="name">
```

將半形轉換成全形

接著是轉換的程式，取得輸入的英文名後，若輸入的是半形字母，則將它轉換成全形後顯示。程式內容如下，檔案儲存為 **chapter5\zenhan-kana-output.php**。

zenhan-kana-output.php　PHP

```php
<?php require '../header.php';?>
<?php
echo '您的英文名是「', mb_convert_kana($_REQUEST['name'],'R'), '」。';
?>
<?php require '../footer.php';?>
```

在 Step1 的輸入畫面輸入英文名字後，按下〔確定〕按鈕執行程式。例如以半形輸入「MATSUURA」後，將會被轉換成全形的「ＭＡＴＳＵＵＲＡ」。

▼ 將半形字母轉換成全形

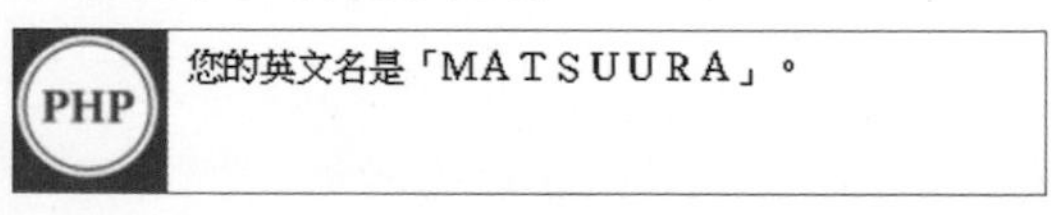

若原本就是以全形字母輸入，則字串仍維持原本的全形，不會進行轉換。若輸入的不是英文字母，也不會進行轉換，而是直接顯示原本的輸入內容。

解說

mb_convert_kana 函式

mb_convert_kana 函式是 PHP 中多位元組（Multi Byte）字串函式之一。多位元組字串函式是針對中文等在電腦內部是以多個位元組來表示的字串，提供各種處理功能的函式。這類函式的名稱，都以 **mb** 為開頭。

參照下列語法呼叫 mb_convert_kana 函式，就可將字串中的半形字母轉換成全形。

語法 mb_convert_kana

```
mb_convert_kana(字串, 類型代碼)
```

在 Step2 的程式中，利用以下程式就可以將輸入的字串變換成全形。

```
mb_convert_kana($_REQUEST['name'],'R')
```

（'R'）R 的代碼就表示將半形轉換成全形

利用變數 $_REQUEST，取出英文名字輸入欄對應的 REQUEST 參數內所存的值，並以它做為 mb_convert_kana 函式的傳入參數。

要點！

利用 mb_convert_kana 函式，可將半形字母轉換成全形。

將全形數字轉為半形

mb_convert_kana 函式

與上一節相反，本節來製作將全形的數字轉換成半形的程式。例如在輸入訂購數量等數值時，用半形或全形都可輸入，但將它統一轉換成半形後再進行後續處理。也可應用在郵遞區號或地址等資料的輸入功能。

▼ 本節目標

PHP 請輸入訂購數量。

１２３ 確定

PHP

↓

PHP 123個商品完成訂購。

將以全形輸入的數字，轉換為半形以供後續處理使用

製作數值輸入畫面

首先參照以下程式，製作輸入商品訂購數量的畫面，程式儲存為 **chapter5\zenhan-number-input.php**。

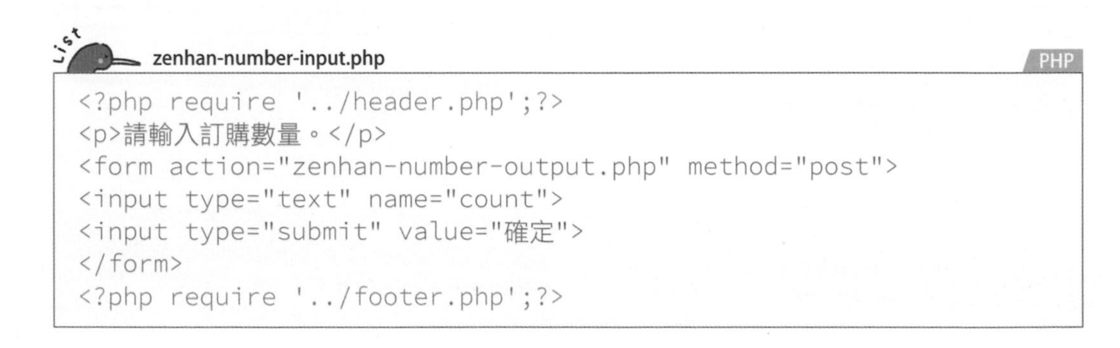

zenhan-number-input.php PHP

```
<?php require '../header.php';?>
<p>請輸入訂購數量。</p>
<form action="zenhan-number-output.php" method="post">
<input type="text" name="count">
<input type="submit" value="確定">
</form>
<?php require '../footer.php';?>
```

在瀏覽器開啟下列 URL 執行程式先看看結果。

執行 **http://localhost/php/chapter5/zenhan-number-input.php**

程式正確執行時，畫面將顯示出訂購數量的輸入欄位與〔確定〕按鈕。

▼ 訂購數量輸入畫面

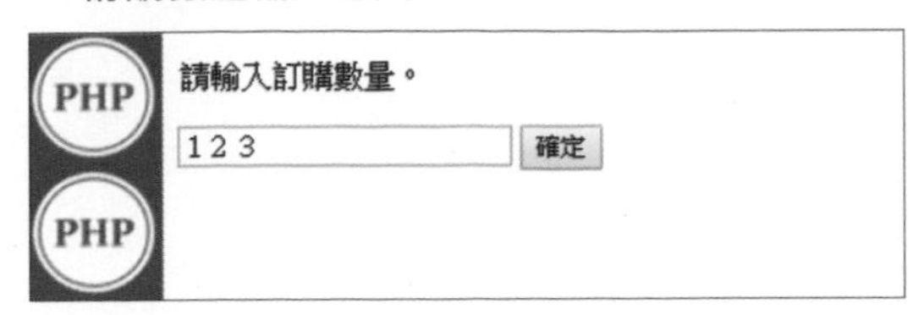

這裡利用 <input> 標籤製作輸入訂購數量的欄位。將 type 屬性指定為 text，name 屬性值（REQUEST 參數名）指定為 count。

```
<input type="text" name="count">
```

將全形轉換成半形

若輸入的訂購數量為全形數字，則將它轉換成半形。若輸入值不是數字，則顯示錯誤訊息。程式內容如下，檔案儲存為 **chapter5\zenhan-number-output.php**。

zenhan-number-output.php　PHP

```
<?php require '../header.php';?>
<?php
$count=mb_convert_kana($_REQUEST['count'], 'n');
if (preg_match('/[0-9]+/', $count)) {
    echo $count, '個商品完成訂購。';
} else {
    echo $count, '並非數值。';
}
?>
<?php require '../footer.php';?>
```

在 Step1 的輸入畫面輸入數字後，按下〔確定〕鈕執行程式。例如以全形輸入數字「１２３」後，會將它轉換成半形數字。

▼ 將全形數字轉換成半形

123個商品完成訂購。

若原本就是以半形數字輸入，則維持原本的半形數字不進行轉換。但若輸入的是像「ABC」之類數字以外的資料，則顯示錯誤訊息。

▼ 顯示錯誤訊息

ABC並非數值。

解說

利用 mb_convert_kana 函式進行數字轉換

這裡同樣利用 5-5 節中用來進行英文字母轉換的 **mb_convert_kana** 函式，就可以將全形數字轉換成半形。呼叫函式時需傳入 2 個傳入參數如下。

語法 mb_convert_kana（轉換數字）

```
mb_convert_kana(字串, 類型代碼)
```

要將全形數字轉換成半形，必須傳入類型代碼「n」。透過傳入不同的類型代碼，就能利用它進行各種轉換。

```
mb_convert_kana($_REQUEST['count'], 'n');
```

下表為類型代碼。類型代碼可多個組合在一起使用。

▼ mb_convert_kana函式的類型代碼

類型代碼	意義
r	全形英文字母轉換成半形
n	全形數字轉換成半形
N	半形數字轉換成全形
a	全形英數字轉換成半形
A	半形英數字轉換成全形
s	全形空格轉換成半形
S	半形空格轉換成全形

要點！

傳入不同的類型代碼到 mb_convert_kana 函式，就可進行各種不同的轉換。

利用常規表達式檢查數值

要判斷輸入值是否為數字，可利用常規表達式。用來表示數值的模版可寫做「[0-9]+」。此模版的涵義如下。

[0-9]：0 ～ 9 的數字 1 個
+　　：符合前項格式的文字有 1 個以上

也就是說，這個模版代表著「**有 1 個以上 0 ～ 9 之間的數字**」。以它做為傳入參數，呼叫 **preg_match** 函式。

```
if (preg_match('/[0-9]+/', $count)) {
```

$count 代表轉換為半形數字後的值。利用 if-else 判斷式判斷 preg_match 函式的回傳值，若輸入值的格式符合模版，則顯示訂購訊息。若格式與模版不符，則顯示錯誤訊息。

將留言內容儲存在伺服器

檔案讀寫

本節要製作可儲存、讀取取伺服器上檔案的程式。以留言板功能為例，將輸入的留言寫入檔案後儲存，接著可讀取檔案顯示所有留言內容。

▼ 本節目標

請輸入留言內容。

設計優良 送出

↓

設計優良

價格便宜

出貨迅速

到處缺貨只在這裡買得到

製作將輸入的文字內容儲存在伺服器的功能，以及將讀取出資料後以清單顯示的功能

Step 1 製作輸入畫面

首先參照下列程式，撰寫輸入留言的表單畫面程式，並將程式儲存為 **chapter5\board-input.php**。

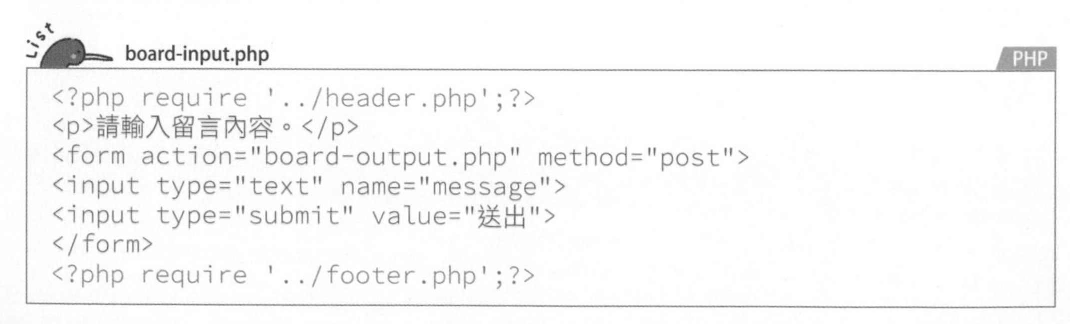

board-input.php　PHP

```
<?php require '../header.php';?>
<p>請輸入留言內容。</p>
<form action="board-output.php" method="post">
<input type="text" name="message">
<input type="submit" value="送出">
</form>
<?php require '../footer.php';?>
```

在瀏覽器開啟下列 URL 執行程式看看結果。

執行 **http://localhost/php/chapter5/board-input.php**

程式若正確執行，畫面上將顯示輸入留言的欄位與〔送出〕按鈕。

▼ 留言輸入畫面

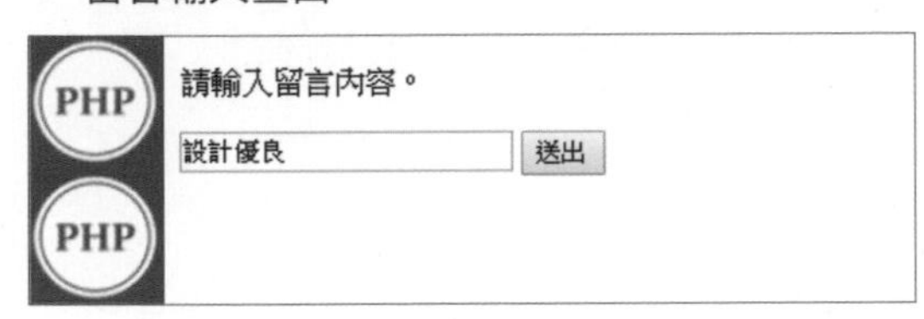

同樣先利用 <input> 標籤製作留言輸入欄位。將 type 屬性指定為 text，將 name 屬性值（REQUEST 參數名）指定為 message。

```
<input type="text" name="message">
```

檔案讀寫與留言內容一覽

接著是讀取程式，會將輸入的留言內容儲存到檔案後，讀出目前為止所有已輸入的留言並逐一顯示。請參照以下程式撰寫，程式儲存為 **chapter5\board-output.php**。

List board-output.php PHP

```php
<?php require '../header.php';?>
<?php
$file='board.txt';
if (file_exists($file)) {
    $board=json_decode(file_get_contents($file));
}
$board[]=$_REQUEST['message'];
file_put_contents($file, json_encode($board));
foreach ($board as $message) {
    echo '<p>', $message, '</p><hr>';
}
?>
<?php require '../footer.php';?>
```

在 Step1 的輸入畫面輸入留言內容後，按下〔送出〕按鈕執行程式。例如輸入「設計優良」後送出，即會在留言一覽中顯示出輸入的內容。

▼ 留言一覽

回到瀏覽器輸入畫面，再依序分別輸入「價格便宜」「出貨迅速」「到處缺貨只在這裡買得到」等留言，會依序顯示出這些留言內容，以及先前的留言。

▼ 追加留言時顯示的留言一覽

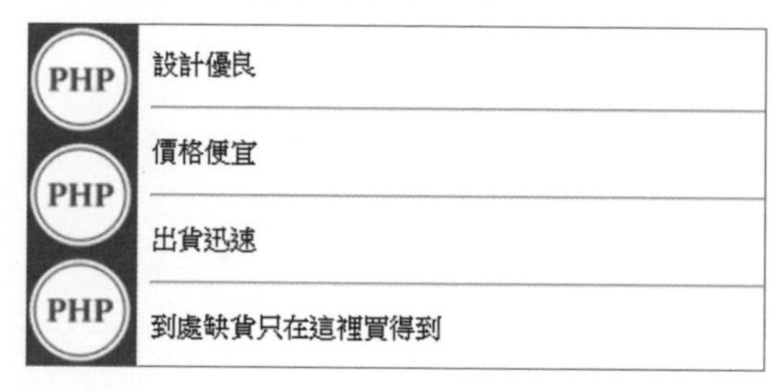

 檔案存取

在 Step2 的程式中需進行下列處理。

▶ ① **從檔案讀出所有留言清單**

▶ ② **將新留言加入留言清單**

▶ ③ **將所有留言寫入檔案**

▶ ④ **顯示留言一覽**

要與留言內容儲存到檔案，必須使用 **JSON** 格式。JSON 為 JSON JavaScript Object Notation 的縮寫。

JSON 是緣自於程式語言 JavaScript 的標記方式，除了 JavaScript，亦被運用在多種不同的程式語言。在 PHP 中使用 JSON 的優點是可輕易地從檔案讀取、寫入字串與陣列等資料結構。

本例中，將留言一覽儲存在與 PHP 程式同一資料夾內的文字檔 **board.txt**。如前所述接連輸入 4 則留言後，board.txt 的檔案內容如下。

```
board.txt
["\u8a2d\u8a08\u512a\u826f",
"\u50f9\u683c\u4fbf\u5b9c",
"\u51fa\u8ca8\u8fc5\u901f",
"\u5230\u8655\u7f3a\u8ca8\u53ea\u5728\u9019\u88e1\u8cb7\u5f97\
u5230"]
```


為了閱讀上的方便，上面的檔案內容都已換行，實際在 board.txt 中的內容並沒有換行。以雙引號（“）框住的部份表示 1 則留言，4 則留言之間以逗號（,）分隔。而 “\uXXXX 則是以 UTF-8 表示的留言內容。XXXX 的部份是以 4 碼的 16 進位數表示的文字編碼。

讀取檔案

先來看從檔案讀出所有留言的程式。檔案名稱 board.txt 在程式中會被多次使用，因此先將它指定為變數 $file。

```
$file='board.txt';
```

在要讀取檔案之前，利用 **file_exists** 函式檢查檔案是否存在。

語法 file_exists

```
file_exists(檔案名稱)
```

ile_exists 函式在指定的檔案存在時，會回傳 TRUE；若檔案不存在則回傳 FALSE。在這裡與 if 判斷式併用，只在檔案存在時才讀取檔案。

```
if (file_exists($file)) {
```

要讀取檔案，可利用 **file_get_contents** 函式，如下頁。

語法 file_get_contents

```
file_get_contents(檔案名稱)
```

file_get_contents 函式會讀出檔案所有內容，並將內容以字串回傳。在這裡以下列敘述讀取檔案。$file 是存放了檔案名稱的變數。

```
file_get_contents($file)
```

由於讀取的檔案是以 JSON 格式儲存，必須先轉換成 PHP 可用的格式，此時使用的可用來進行 JSON 編碼的 **json_decode** 函式。

語法 json_decode 函式

```
json_decode(字串)
```

json_decode 函式可解讀 JSON 格式的字串，並將它轉換成 PHP 的字串或陣列等型態的資料。本例將 利用 file_get_contents 函式得到的字串，傳入 json_decode 函式。

```
json_decode(file_get_contents($file))
```

接著將 json_decode 函式的回傳值放入變數 $board 中，以便後續使用。

```
$board=json_decode(file_get_contents($file));
```

要點！

讀取 JSON 的檔案時，必須依序進行檢查檔案存在、取得字串、轉換字串等處理。

陣列元素新增

在 board.txt 中是以陣列形式儲存多筆資料，在 json_decode 函式轉換後，會傳回 PHP 的陣列，因此用來接收回傳值的變數 $board 內將會是資料陣列。

要在陣列內再新增元素，程式寫法如下。

語法 新增陣列元素

```
陣列[]=新元素
```

陣列中所存放的每個資料，稱為**陣列元素**。利用上述語法，就可以在陣列最後增加新元素。

▼ 新增陣列元素

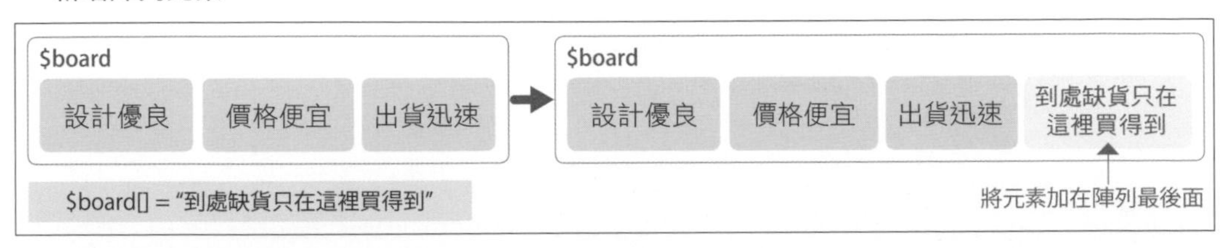

以本例來說，要先利用 REQUEST 參數取得輸入的留言內容，再將它新增到變數 $board 所代表的陣列最後。用於輸入資料的文字欄位已先設定了 name 屬性值（REQUEST 參數名）為 message，因此可利用 **$_REQUEST['message']** 取得輸入內容。

```
$board[]=$_REQUEST['message'];
```

寫入檔案

要儲存留言內容必須進行檔案寫入。首先需利用 **json_encode 函式**將留言陣列轉換成 JSON 格式。

語法 json_encode

```
json_encode(值)
```

值的部份也可以是變數或運算式。在這裡代入用來存放留言的陣列 $board。

```
json_encode($board)
```

接著使用 file_put_contents 函式，實際寫入檔案。

語法 file_put_contents

```
file_put_contents(檔案名稱, 字串)
```

file_put_contents 函式是用來將傳入的字串寫入指定的檔案。這裡將已轉換成 JSON 格式的留言陣列，當做要寫入檔案的字串傳入，而要寫入的檔名則存放在變數 $file。

```
file_put_contents($file, json_encode($board));
```

顯示留言一覽

由於 $board 是陣列，因此要顯示所有留言，利用 **foreach 迴圈**最為方便。

```
foreach ($board as $message) {
echo '<p>', $message, '</p><hr>';
}
```

foreach 迴圈內，先從 $board 逐一取出留言內容，並放入變數 $message 中，再將 $message 顯示在畫面上，直到處理完陣列最後一個元素後才離開迴圈。在留言與留言之間，利用 **<hr>** 產生水平的分隔線，將每一則留言隔開。

file_put_contents 函式的動作

file_put_contents 函式執行時，若要寫入的檔案並不存在，則會新增一個檔案。若要寫入的檔案已存在，則會覆蓋原本的檔案內容。

儲存數值

本例是直接以字串格式的陣列，儲存留言陣列，但其實也可以儲存成其它資料形態。同樣利用 json_encode 函式與 file_put_contents 函式，就可保存數值等其它型態的陣列。

5-6

上傳檔案到伺服器

檔案上傳

本節來介紹將檔案上傳到伺服器的程式，可用於製作社群網站的上傳大頭貼相片等功能。

▼ 本節目標

請選擇要上傳的檔案。

選擇檔案 item0.png

開始上傳

將電腦中的檔案上傳到伺服器

Step 1 製作選擇檔案的畫面

首先製作用來指定待上傳檔案的表單畫面。請參照下列程式，並將程式儲存為 **chapter5\upload-input.php**。

List upload-input.php PHP

```
<?php require '../header.php';?>
<p>請選擇要上傳的檔案。</p>
<form action="upload-output.php" method="post"
      enctype="multipart/form-data">
<p><input type="file" name="file"></p>
<p><input type="submit" value="開始上傳"></p>
</form>
<?php require '../footer.php';?>
```

在瀏覽器開啟下列 URL 看看結果。

執行 **http://localhost/php/chapter5/upload-input.php**

程式正確執行時，畫面將顯示出〔選擇檔案〕與〔開始上傳〕的按鈕。

▼ 檔案選擇畫面

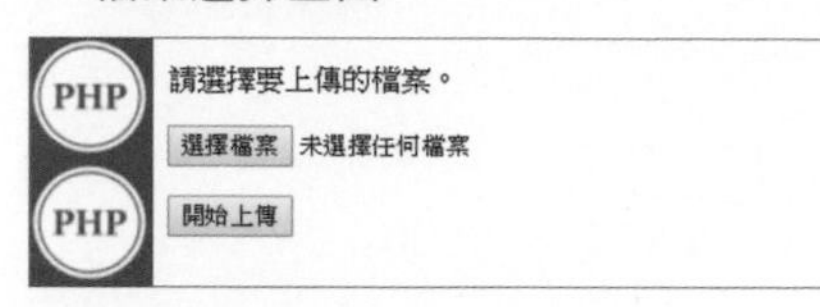

 上傳檔案用的表單

要上傳檔案必須使用 **<form>** 標籤，並如下所示將 **enctype** 屬性設定為 **multipart/form-data**。

```
<form action="upload-output.php" method="post"
      enctype="multipart/form-data">
```

接著撰寫 **<input>** 標籤，並將 **type** 屬性指定為 file，如此一來就能顯示出檔案選擇欄位。

```
<input type="file" name="file">
```

name 屬性值（REQUEST 參數名）指定為 file。

要點！

將 type 屬性設定為 file，就能產生檔案選擇欄位。

 enctype 與 multipart/form-data 的意思

enctype 是用來指定 MIME 類型的屬性，MIME（Multipurpose Internet Mail Extension）是用來訂定資料類型和表現方式、資料轉換方式的規格。原本是應用在電子郵件中，用來對應處理各種資料的規格，但在網站上也能使用。

multipart/form-data 則是要利用 HTTP 上傳檔案時所使用的 MIME 類型。multipart 是用於整合多種檔案的格式，在電子郵件中用來整合郵件內文與附加檔案。在 HTTP 中，則可用於整合表單輸入資料與要上傳的檔案。

將檔案存到伺服器

將上傳的檔案儲存到伺服器，若上傳的是圖檔，則同時也在瀏覽器上顯示出上傳的圖片。程式內容如下，程式儲存為 **chapter5\upload-output.php**。

List upload-output.php　PHP

```
<?php require '../header.php';?>
<?php
if (is_uploaded_file($_FILES['file']['tmp_name'])) {
    if (!file_exists('upload')) {
        mkdir('upload');
    }
    $file='upload/'.basename($_FILES['file']['name']);
    if (move_uploaded_file($_FILES['file']['tmp_name'], $file)) {
        echo $file, '上傳成功。';
        echo '<p><img src="', $file, '"></p>';
    } else {
        echo '上傳失敗。';
    }
} else {
    echo '請選擇檔案。';
}
?>
<?php require '../footer.php';?>
```

在 Step1 的輸入畫面選擇檔案以執行這支程式。上傳的檔案不限檔案類型，但建議以瀏覽器可顯示的圖檔測試看看。例如以下是選擇了圖檔（item0.png）的結果。

▼ 上傳的圖檔

選擇檔案並按下〔開始上傳〕按鈕後，檔案即會上傳到伺服器。若上傳的檔案是圖檔（可在瀏覽器顯示的圖檔），則在顯示上傳成功訊息的同時顯示出圖檔。

上傳的檔案會存放於程式所在資料夾中新增的 **upload** 資料夾。

▼ 上傳結果

檢查上傳的檔案

來說明程式的寫法。利用 <form> 標籤的檔案選擇按鈕上傳的檔案，會先存為暫存檔。暫存檔的檔名可利用以下語法取得。

```
$_FILES['file']['tmp_name']
```

$_FILES 是 PHP 中預設的變數。file 是輸入畫面程式中檔案選擇按鈕的名稱。藉由指定 tmp_name，即可取得暫存檔名。

這裡取得的暫存檔，可利用 **is_uploaded_file** 函式檢查它是否就是輸入畫面所上傳的檔案。

語法 is_uploaded_file

```
is_uploaded_file(檔案名稱)
```

若檢查確認暫存檔確實是上傳的檔案，則 is_uploaded_file 函式會回傳 TRUE 值。再套用 if 判斷式，就可限定只在確認上傳檔案無誤時才進行之後的處理。

```
if (is_uploaded_file($_FILES['file']['tmp_name'])) {
```

暫存檔

利用瀏覽器上傳檔案時，檔案內容就會傳送到伺服器上。而 PHP 則會先以暫存檔的方式，將接收到的檔案內容儲存在伺服器。等到程式執行完畢，暫存檔就會自動被刪除。

PHP 賦與暫存檔的名稱，與它的原檔案不同，利用參數 tmp_name 就能取得這個暫存檔名。在之後將會詳細介紹，原檔名可用參數 name 取得（5-8 節會介紹）。

is_uploaded_file 函式的用意

is_uploaded_file 函式是用來檢查指定檔案是否即為上傳的檔案。這項檢查是緣自安全性方面的考量。舉例來說，可避免程式駭客攻擊用來操作重要檔案。

建立資料夾

要儲存上傳的檔案前，必須先在伺服器建立資料夾。首先，利用 **file_exists** 函式檢查用來儲存的資料夾是否存在。

語法 file_exists函式

```
file_exists(資料夾名稱)
```

若 file_exists 函式的傳入參數所指定的資料夾存在，則回傳 TRUE 值；若資料夾不存在，則回傳 FALSE 值。在本例中，當資料夾不存在時必須建立資料夾，因此使用 if 判斷式撰寫下列敘述。資料夾名稱指定為 upload。

```
if (!file_exists('upload')) {
```

在 file_exists 前的「**!**」，是用來「反轉」TRUE / FALSE 的算符。「!」是一種邏輯算符，又稱為「**否定**」。在 if 判斷式加上「!」，**表示在運算式結果不為 TRUE 時才執行指定處理。**

要建立資料夾，需利用 **mkdir** 函式。

語法 mkdir

```
mkdir(資料夾名稱)
```

因此要建立名為 upload 的資料夾時，程式如下。

```
mkdir('upload');
```

mkdir 函式會在程式所在的資料夾中建立指定的資料夾。以本例來說，即是在 chapter5 資料夾下建立 upload 資料夾。

要點！

在 if 條件式使用「!」，可以反轉條件式的結果。

巢狀 if

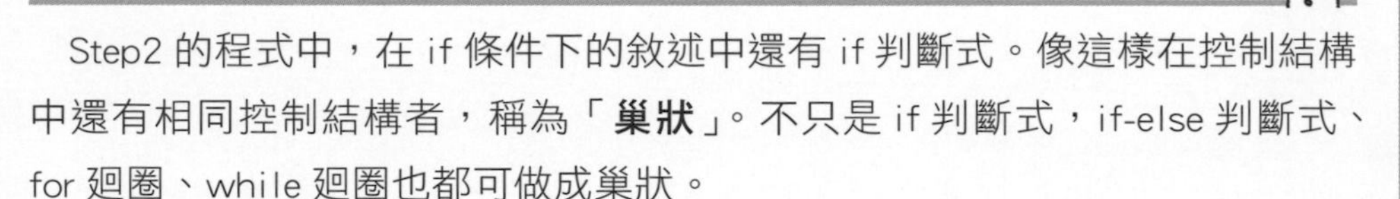

Step2 的程式中，在 if 條件下的敘述中還有 if 判斷式。像這樣在控制結構中還有相同控制結構者，稱為「**巢狀**」。不只是 if 判斷式，if-else 判斷式、for 迴圈、while 迴圈也都可做成巢狀。

```
if (is_uploaded_file(…)) {
    …
    if (move_uploaded_file(…)) {
    …
    }
    …
}
```

儲存上傳的檔案

要儲存上傳的檔案，首先必須取得上傳檔案的檔案名稱，並建立用來儲存的資料夾。上傳檔案的檔案名可用下列敘述取得，其中 file 是在輸入畫面中的檔案選擇按鈕名稱（name 屬性的屬性值）。

```
$_FILES['file']['name']
```

舉例來説，若要上傳 test0.png，則前述程式可取得檔案名稱「test0.png」。此時若檔案名稱包含了不需要的資料夾名稱的話，反而會造成處理上的問題，因此利用 **basename** 函式，只抽取出檔案名。

語法　basename

```
basename(路徑)
```

basename 函式的傳入參數是路徑，也就是像 xampp\htdocs\php\chapter5 這類用來表示資料夾或檔案位置的字串。路徑是以「\」或「/」分隔資料夾名和檔案名所組成。利用 basename 函式，只取出路徑最末端的資料夾名或檔案名。

利用下列敘述，以 basename 函式取得上傳檔案名。

```
basename($_FILES['file']['name'])
```

在這個檔案名稱前，加上資料夾名 upload。

```
'upload/'.basename($_FILES['file']['name'])
```

利用連接字串用的算符「.」，將資料夾名與檔案名稱串連起來。資料夾與檔案名之間，以「/」分隔。然後將產生的檔案名稱放入變數 $file。

```
$file='upload/'.basename($_FILES['file']['name']);
```

利用 **move_uploaded_file** 函式，將上傳後產生的暫存檔移動到儲存上傳檔的位置。暫存檔在程式執行結束後就會被刪除。

因此利用將檔案移到其它位置的方式，讓檔案在程式執行結束後仍能存在。

語法　move_uploaded_file

```
move_uploaded_file(暫存檔的檔名, 儲存用的檔名)
```

move_uploaded_file 函式在執行成功後會回傳 TRUE 值，套用到 if 判斷式，就可在檔案儲存成功時顯示訊息。

```
if (move_uploaded_file($_FILES['file']['tmp_name'], $file)) {
    echo $file, '上傳成功。';
```

執行成功時，還要將上傳的圖檔顯示在畫面上。利用顯示圖片的 <img> 標籤撰寫程式如下。

```
echo '<p><img src="', $file, '"></p>';
```

以檔案 test0.png 為例，則程式會產生如下所示的 <img> 標籤與 <p> 標籤。

```
<p><img src="upload/test0.png"></p>
```

要點！

move_uploaded_file 函式可將暫存檔移動到要儲存檔案的位置。

Chapter 5　小結

本章介紹了幾種 PHP 內建函式的使用方式。由於 PHP 本身提供了許多方便的函式，因此可用很簡潔的程式做出網站應用程式所需要的功能。

在 PHP 官方手冊（http://php.net/manual）中，針對 PHP 所提供的函式有詳細說明。若想更深入了解本書所介紹的函式，或想知道其它還有哪些函式，建議您可查閱官方手冊。

下一章將介紹如何在 PHP 中使用資料庫。

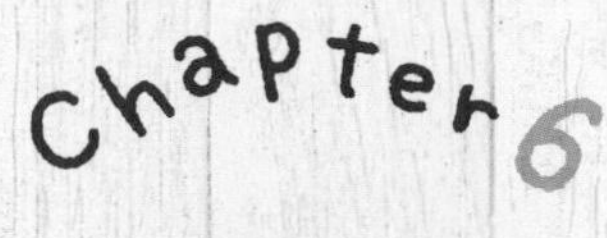

與資料庫的結合運用

資料庫可用來存放商品庫存、使用者帳戶 / 密碼資料，也透過它進行資料搜尋等處理，是製作購物網站時必備的功能。

要操作資料庫必須使用 SQL 程式語言。本章將介紹建立、搜尋、更新資料庫時需用到的 SQL 基本語法。接著會將 SQL 應用到 PHP 程式，說明從程式操作資料庫的方法。在學會利用 PHP 程 式操作資料庫後，就能製作出可存取各種資料的網頁應用程式。

6-1 資料庫的基本知識

所謂**資料庫**是將資料匯整在一起機制，它不單單只是資料的集合，還會將資料整理成便於搜尋、更新的形式。資料庫的英文名稱為 database，也可簡稱為 DB。

▼ 資料庫

未整理過的資料
（資料形式不統一）

熊木和夫
東京都新宿區西新宿2-8-1

地址：神奈川縣橫濱市中區日本大通1
姓名：鳥居健二

大阪府大阪市中央區大手前2
鷺沼美子小姐

→

資料庫
（以便於搜尋、更新的形式儲存起來）

編號	姓名	地址
1	熊木和夫	東京都新宿區西新宿2-8-1
2	鳥居健二	神奈川縣橫濱市中區日本大通1
3	鷺沼美子	大阪府大阪市中央區大手前2

在電腦上用來建立及存取資料庫的軟體，稱為「資料庫管理系統」，英文為 Database Management System，簡稱 DBMS。

▼ 資料庫管理系統

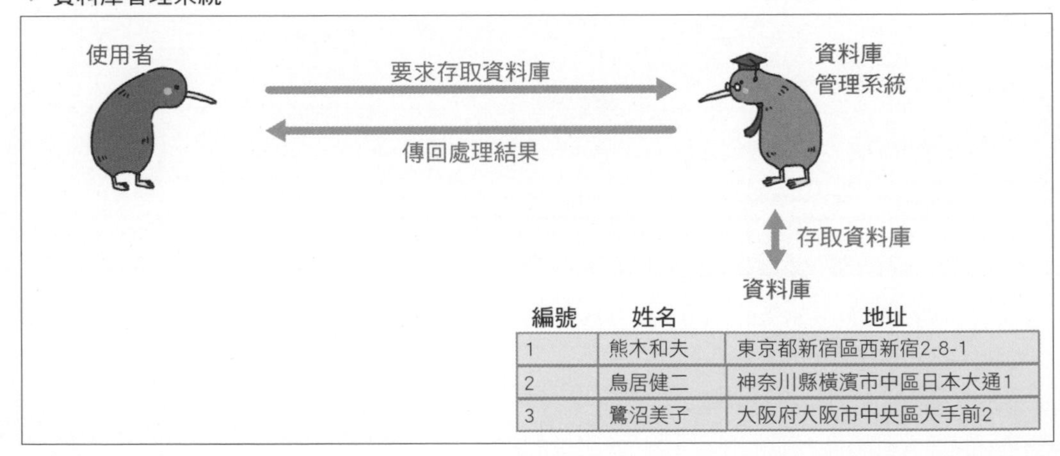

編號	姓名	地址
1	熊木和夫	東京都新宿區西新宿2-8-1
2	鳥居健二	神奈川縣橫濱市中區日本大通1
3	鷺沼美子	大阪府大阪市中央區大手前2

在開發購物網站時，常會使用資料庫來管理顧客的地址、購買記錄、以及販售商品的資料。而 PHP 程式扮演的角色，就是配合網站使用者的操作，從資料庫中存取所需資料。

本章將詳細介紹資料庫的運作機制，以及如何撰寫存取資料庫的 PHP 程式。在此之前，先說明資料庫的架構。

 資料表與列、欄

所有資料庫中，現在最被廣泛使用的類型為「**關聯式資料庫**」，本書中提到的資料庫一詞，在沒有特別指定的情況下都是指關聯式資料庫。

用來管理關聯式資料庫的資料，稱為「關聯式資料庫管理系統」，英文名稱為 relational database management system，簡稱「RDBMS」。

在資料庫中，資料是以表格的形式管理，這個表格被稱為「**資料表**」(Table)。

▼ 資料庫中的資料表

編號	姓名	地址
1	熊木和夫	東京都新宿區西新宿2-8-1
2	鳥居健二	神奈川縣橫濱市中區日本大通1
3	鷺沼美子	大阪府大阪市中央區大手前2

資料表內以格子狀分割，橫向的格子稱為「**列**」，縱向的格式稱為「**欄**」

▼ 列與欄

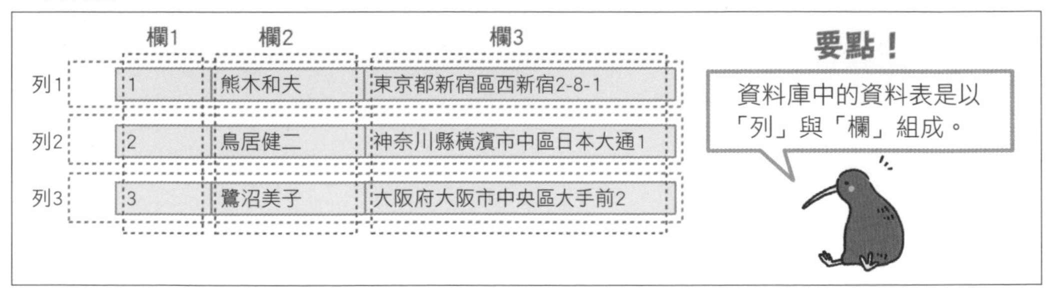

舉例來說，建立一個用來存放地址清單的資料表，其中需儲存**姓名**、**地址**的資料，並加上**編號**以便於區別每個人。

資料表的欄數，需對應要存放的資料項目數量。在本例中，資料項目有編號、姓名、地址等 3 項，因此應建立有 3 欄的資料表。像這樣在建立表格時，應先決定欄數以及每一欄要存放什麼樣的資料。

資料表的列數，則對應要存放的資料筆數(記錄)。每一筆資料(本例中是每一人的地址)，應存放在 1 列。

列可以很容易地新增，以地址清單來説，每增加一列就等於增加一個登錄的人數。只要在記憶體或磁碟等的儲存容量範圍內，都可追加所需的列數，當然也能將不要的列刪除。

▼ 列可輕易追加

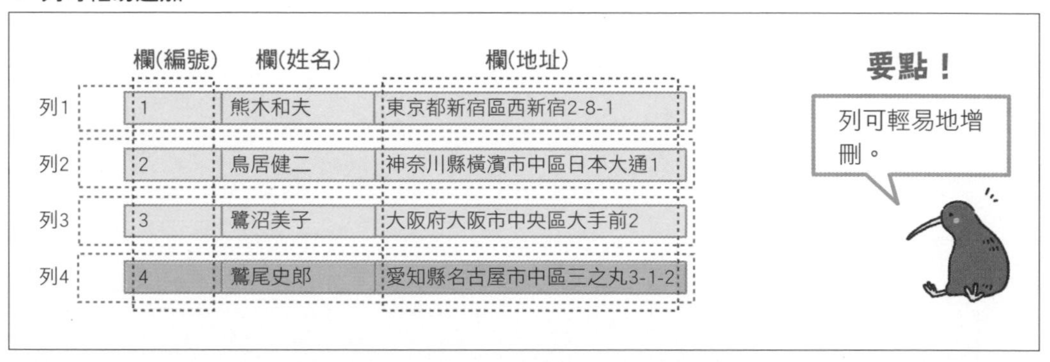

在資料表建立時一旦確定了資料欄的架構，之後就最好不要修改。若要修改資料欄的架構，將會對整個資料表造成影響。例如，若要新增一欄用來存放郵遞區號，則可能還必須將每一列的郵遞區號都補上。所以在要建立資料表時，必須要在一開始就明確定出資料表的用途，避免之後要修改資料欄架構的情況發生。

▼ 變更資料欄的架構，會對整個資料表造成影響

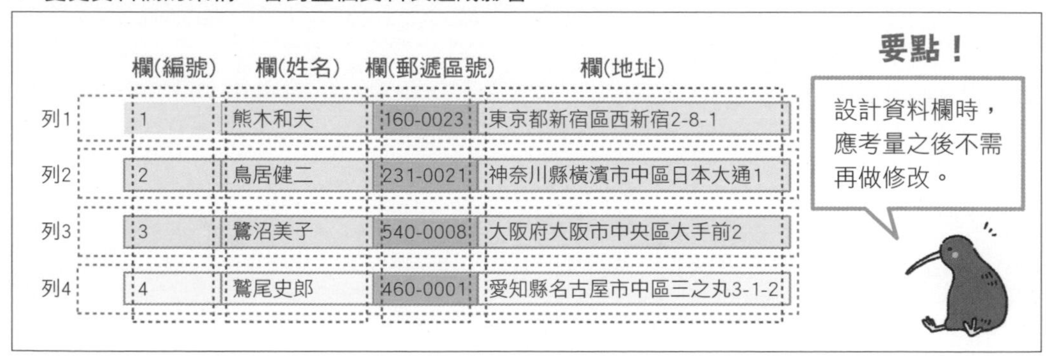

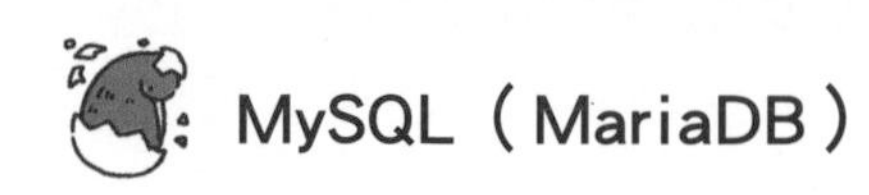

MySQL（MariaDB）

在電腦的世界裡，已有多種廣受歡迎的 RDBMS 產品。其中，本書所使用的是附屬於 XAMPP 系統的 RDBMS「**MariaDB**」。MariaDB 是由在商用系統中也廣泛使用的 RDBMS「**MySQL**」的作者，做為 MySQL 延伸產品開發出來的 RDBMS，在使用方式上與 MySQL 完全相同。

在 XAMPP 所附的工具程式，例如 XAMPP 控制面板中，還是將 MariaDB 顯示為「MySQL」。因此本書中與操作有關的說明，都以「MySQL」標示。

SQL

SQL 是用來操作 RDBMS 的程式語言。利用 SQL 就能建立資料庫或資料表，新增資料、搜尋符合特定條件的資料。

以 SQL 撰寫出來的每道處理，稱為 **SQL 指令**。資料庫使用者將 SQL 指令送交給 RDBMS，RDBMS 會依 SQL 指令對資料庫進行處理，並將結果傳回給資料庫使用者。

▼ SQL 的執行機制

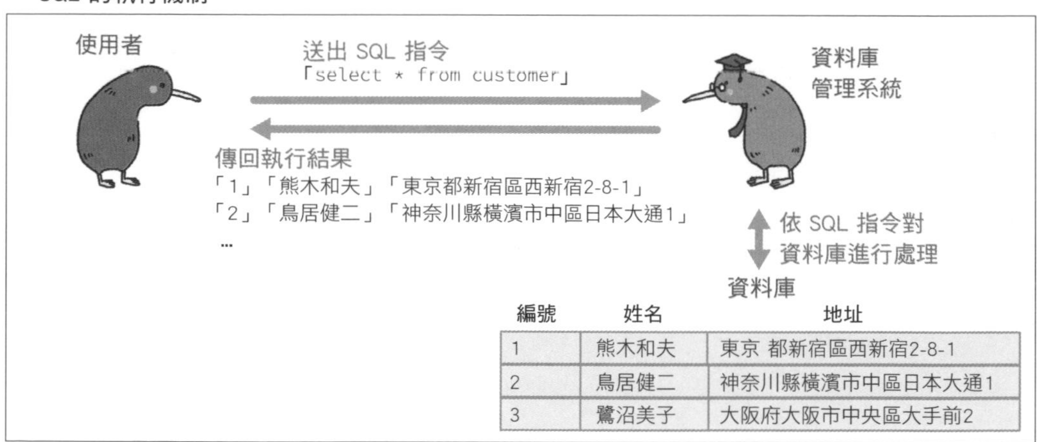

SQL 的語法與本書所介紹的 PHP 語法並不相同，但 SQL 語法都是以簡單的英文單字與符號組成，並不難學習。本書只介紹其中特別常用到的建立資料庫、建立資料表、資料增刪改查等的 SQL 語法。

建立商品資料庫

在開始利用 SQL 與 PHP 使用資料庫之前，先建立範例用的資料庫。以下將利用 SQL 指令一口氣完成資料庫建立與資料新增。

▼ 本節目標

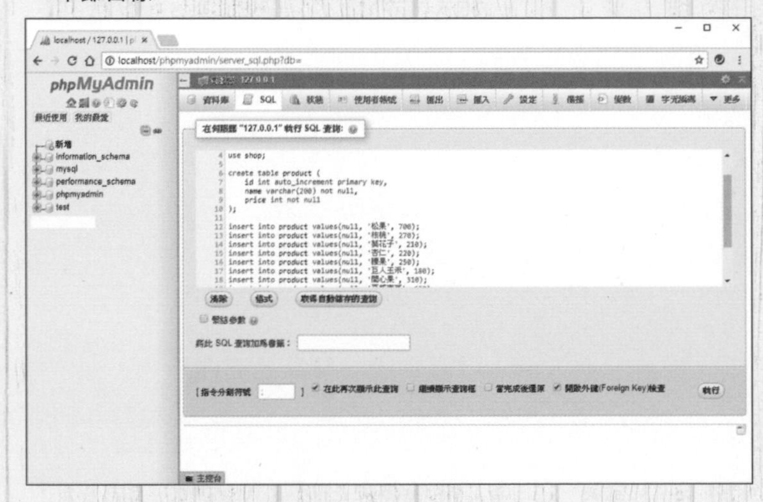

在開始學習使用方法之前，必須先建立存放商品資料的資料庫

啟動 MySQL

要建立資料庫必須使用 SQL 指令，而要執行 SQL 指令則必須先啟動 RDBMS。請點擊 XAMPP 圖示開啟 XAMPP 控制面板。以下操作都是在啟動 XAMPP 控制面板，並執行 Apache 的環境下進行。

▼ XAMPP 圖示

開啟 XAMPP 控制面板後，點按「MySQL」右側的〔Start〕按鈕❶，啟動 MySQL。

▼ 利用 XAMPP 控制面板啟動 MySQL

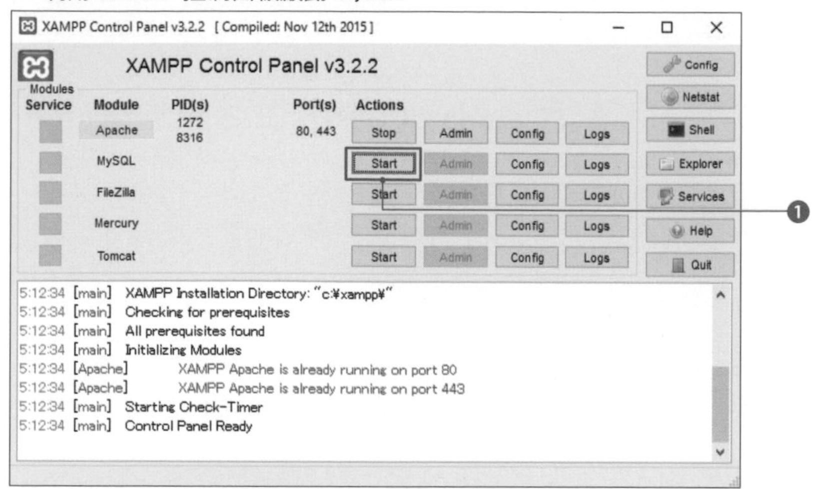

按下〔Start〕按鈕後，需要等待一點時間，MySQL 才能啟動完成。在 MySQL 右側的按鈕從「Start」變成「Stop」，〔PID(s)〕與〔Port(s)〕欄表示出數字時，表示已順利啟動 MySQL。PID（Process ID）是 OS（Windows 或 Linux 等）用來識別執行中的 MySQL 的編號。Port 則是要利用網路連線時，用來表示連線出入口的編號。

▼ MySQL 啟動完成後的 XAMPP 控制面板

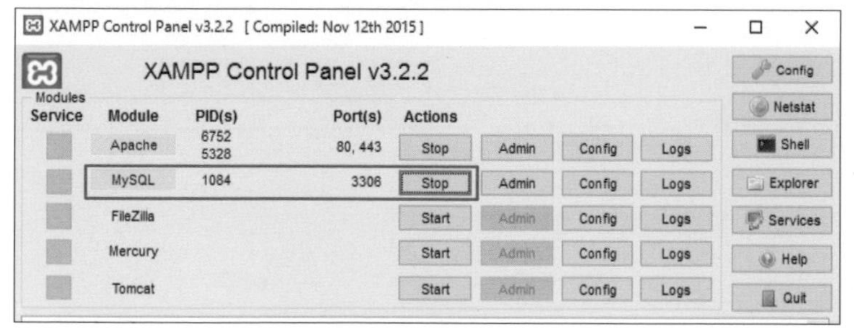

若按下〔Stop〕按鈕，就可停止 MySQL。本書之後的範例都將使用到資料庫，因此若無必要，不要點按〔Stop〕按鈕，請讓 MySQL 一直維持在執行狀態。另外，就算按下〔Stop〕按鈕停止 MySQL 的執行，資料庫中保存的資料也不會消失，請放心。

要點！

利用 XAMPP 控制面板啟動 MySQL。

如果是使用 Mac OS X

在 Applications/XAMPP 資料夾中選擇 **manage-osx.app**，開啟 XAMPP 控制面板後，點選〔Manage Servers〕頁籤，並從伺服器列表中選擇〔MySQL Database〕後按下〔Start〕按鈕即可。

執行建立資料庫的 SQL 程式

以 SQL 撰寫的程式，稱為 **SQL Script**。每個 SQL Script 中，會包含 1 個或多個 SQL 指令。

本章範例程式中，包含了建立商品資料庫的 SQL 程式。執行這個程式，就可完成建立資料庫、定義商品資料表、新增商品資料等處理。使用資料庫時所需的使用者名、登入時所需的密碼也可一併設定。本例模擬商店管理商品資料時，所需的資料庫設定如下。

▼ Table 資料庫定義

項目	名稱
資料庫名稱	shop
資料表名稱	product
使用者名稱	staff
密碼	password

這裡為了方便，刻意將密碼設為「password」，在實務上運用時，請使用難以被人猜到的密碼。

另外，依下表的各「欄」定義建立資料表。在建立資料表時，必須像這樣設定每個資料欄，決定資料表的構造。

▼ 資料表定義

欄	存放的資料	資料類型
id	商品編號	數值
name	商品名稱	字串
price	價格	數值

這裡要執行的 SQL 程式已存放在 **chapter6\product.sql**，您也可以自行手動輸入。不過，因為檔案內容有點長，建議還是直接利用書附範例。product.sql 存放在「chapter6」資料夾。

這裡要建立的資料庫、資料表、使用者等各項的關係如下。

▼ 商品資料庫

List product.sql SQL

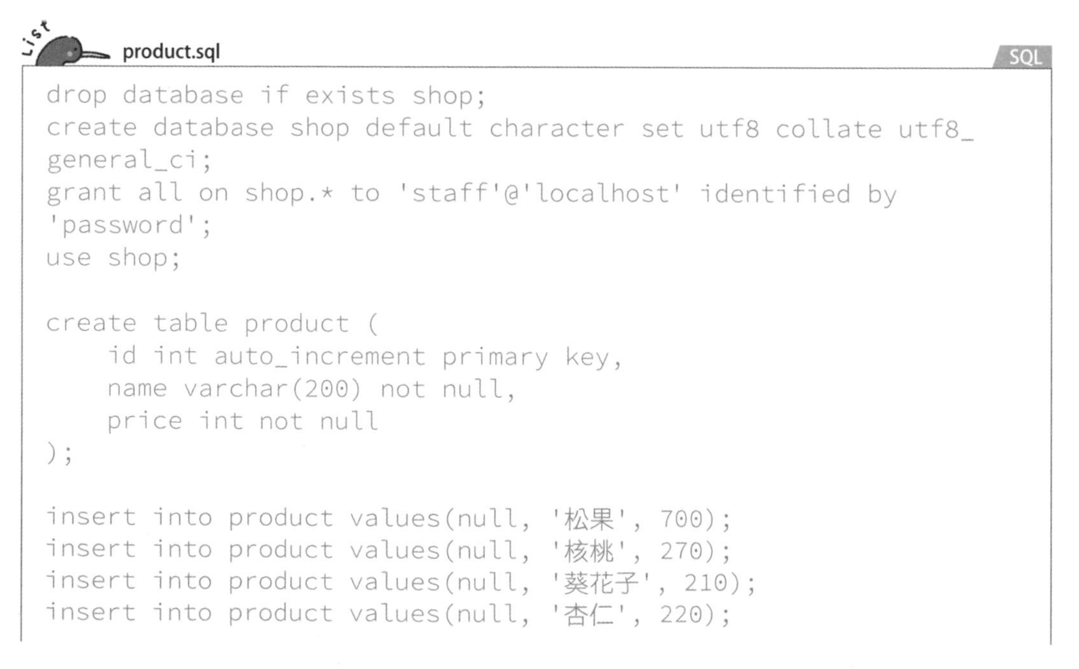

```
drop database if exists shop;
create database shop default character set utf8 collate utf8_
general_ci;
grant all on shop.* to 'staff'@'localhost' identified by
'password';
use shop;

create table product (
    id int auto_increment primary key,
    name varchar(200) not null,
    price int not null
);

insert into product values(null, '松果', 700);
insert into product values(null, '核桃', 270);
insert into product values(null, '葵花子', 210);
insert into product values(null, '杏仁', 220);
```

```
insert into product values(null, '腰果', 250);
insert into product values(null, '巨人玉米', 180);
insert into product values(null, '開心果', 310);
insert into product values(null, '夏威夷豆', 600);
insert into product values(null, '南瓜子', 180);
insert into product values(null, '花生', 150);
insert into product values(null, '枸杞', 400);
```

輸入與執行 SQL 程式的方法

要在 XAMPP 中執行 SQL 程式，必須利用 XAMPP 中附屬的「phpMyAdmin」。要啟動 phpMyAdmin ，請點按 XAMPP 控制面板中❶，MySQL 右側的〔Admin〕按鈕。

▼ 從 XAMPP 控制面板啟動 phpMyAdmin

按下〔Admin〕按鈕後，瀏覽器即會開啟 phpMyAdmin 的頁面。利用頁面上〔Appearance settings〕中的〔Language〕的選單❷，可設定要使用的語系。本書選擇〔中文 - Chinesetraditional〕，之後的說明都以中文介面為例。

▼ 選擇顯示的語系

將語系切換成中文時，有可能網頁上會出現文字變成亂碼的情況，此時只要再點一下畫面左上方 phpMyAdmin 的 LOGO，重新回到首頁，就能解決亂碼的問題。

要在 phpMyAdmin 執行 SQL，則必須在畫面上方點選〔SQL〕頁籤❸。

▼ 在 phpMyAdmin 中點選〔SQL〕頁籤

〔SQL〕頁籤中，「在伺服器 "127.0.0.1" 執行 SQL 查詢：」文字下方的空白區域，就是用來輸入 SQL 指令的區塊。請將 product.sql 的內容貼到這個區塊❹。您可以利用文字編輯軟體打開 product.sql，將檔案內容全選並複製後，貼到這個區塊。

將 SQL 程式檔貼上後，按下輸入區塊右下方的〔執行〕❺按鈕，就可執行這些處理。

▼ 在 SQL 的輸入區塊中貼上 SQL 程式內

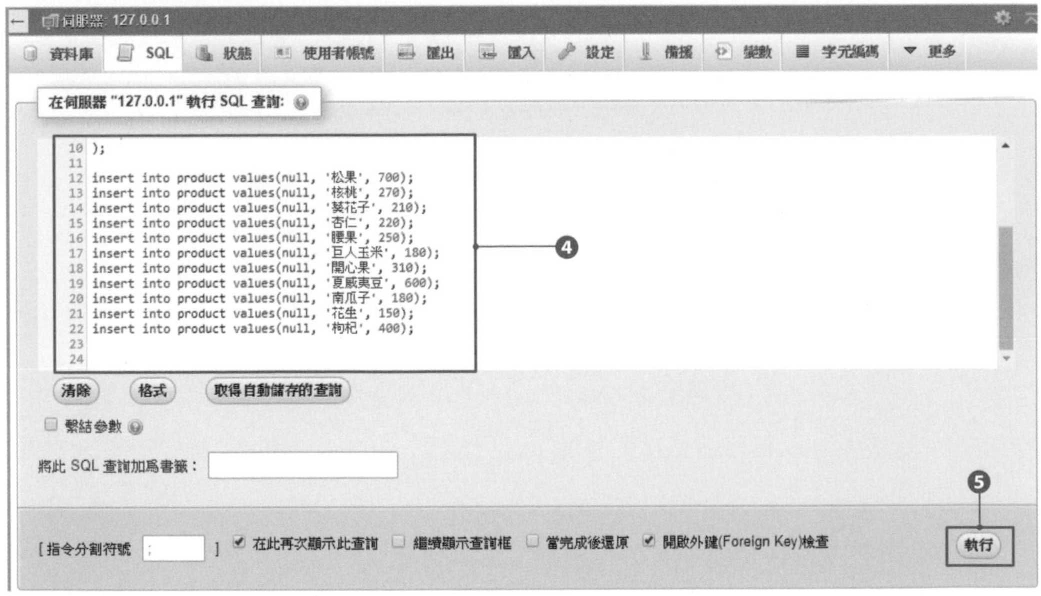

指令被正常執行完成後，畫面上會顯示綠色的打勾符號，以及「新增了 1 列」等訊息。

▼ SQL 指令正常執行

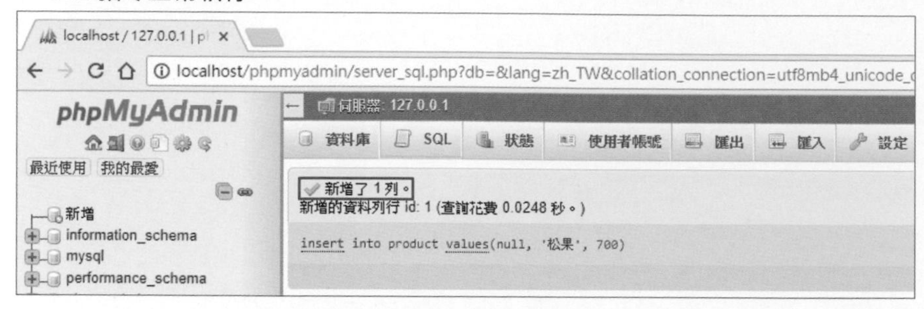

在畫面左側，列出 MySQL 所管理的所有資料庫與資料表清單。只要清單中有「**shop**」項目，且「shop」項目之下有「**product**」項目，就表示已正確執行 product.sql 的內容。這些項目分別代表著 shop 資料庫與 product 資料表。若未列出 shop，請將畫面重新整理。

▼ 在清單中加入了「shop」

另外，在輸入 SQL 程式內容時，有些環境可能在第 3 行的指令，

```
grant all on shop.* to 'staff'@'localhost' identified by 'password'
```

出現錯誤訊息「Unrecognized statement type. (near grant)」。這是由於 phpMyAdmin 在語法檢測功能上有問題，雖會顯示錯誤訊息，實際上可以正常執行。若遇到同樣類型的錯誤，可以忽略它直接執行 SQL 程式。

Note

如果是使用 Mac OS X 系統

在啟動 Apache 與 MySQL 之後，在瀏覽器開啟「http://localhost/」的頁面。並點按 phpMyAdmin 的連結後，就能啟動 phpMyAdmin。

建立資料庫與使用者

接下來將說明 SQL 指令檔（product.sql）的內容。這段說明的篇幅較長，就算沒看這段也不會影響之後的學習，因此您也可以先跳過這裡，日後再回頭補看。當然，若能先閱讀這些說明，將有助於讓您對資料庫的操作有更深入了解。

刪除資料庫

在 product.sql 的一開頭，是檢查若 shop 資料庫已存在，則刪除這個 shop 資料庫。

```
drop database if exists shop;
```

drop database 是用來刪除資料庫的 SQL 指令。if exists 則是判斷「指定資料庫已存在」的判斷式。

建立資料庫

接著建立 shop 資料庫。

```
create database shop default character set utf8 collate utf8_general_ci;
```

create database 是用來建立資料庫的指令，可依照它後面所指定的名稱，建立資料庫。

default character set 表示資料庫所用的字元集。這裡以「**utf8**」將字元集指定為 UTF-8。

collate 是指資料庫中用來決定資料列排列順序的方式，這裡指定的「utf8_general_ci」是 UTF-8 的定序方式之一。關於 MySQL 中的 collate，「https://dev.mysql.com/doc/refman/5.7/en/charset-collations.html」有更詳細的說明。

建立使用者

接著建立 shop 資料庫的使用者。

```
grant all on shop.* to 'staff'@'localhost' identified by 'password';
```

grant 是將資料庫操作權限授與使用者的指令。若所指定的使用者不存在，則會自動新增這個使用者。all on shop.* 表示將 shop 資料庫中所有資料表的所有權限都給予使用者。

to 之後的部份是使用者名稱與主機名稱，本例所指定的是在「localhost」這個主機上名為「staff」的使用者。若使用者 staff 已經存在，則開放權限給使用者；若不存在，則新增使用者同時設定權限。

identified by 的後面則是使用者登入資料庫時的密碼。本例指定密碼為「password」。

連線資料庫

最後，連線到剛才建立的資料庫。

```
use shop;
```

use 是用來連線到資料庫的指令，本例為連線到 shop 資料庫。如此一來，之後的所有指令操作，都將只適用於 shop 資料庫。

依照上述步驟，會逐一進行建立 shop 資料庫、新增使用者 staff、設定登入資料庫時的密碼，最後連線到 shop 資料庫。

▼ 建立資料庫並新增使用者

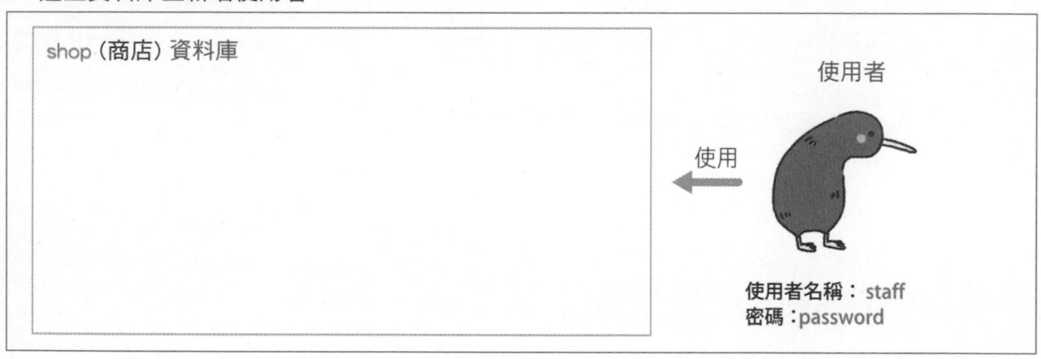

建立資料表

完成資料庫建立並新增對應的使用者（及密碼）後，接下來要在資料庫內建立資料表。

底下指令代表在 shop 資料庫中，建立 product 資料表。

```
create table product (
    id int auto_increment primary key,
    name varchar(200) not null,
    price int not null
);
```

create table 是用來建立資料表的指令，這裡用它來建立 product 資料表。在 create table 指令的「(」與「)」之間，利用「,」分隔要在資料表中建立的資料欄。

商品編號欄

接著建立第 1 個資料欄。

```
id int auto_increment primary key,
```

id 是資料欄名稱，int 則是資料欄的資料型態。因為這個資料欄是用來存放商品編號，因此將名稱設定為 id，資料型態指定為用來表示整數的 int。int 即 integer（整數）的縮寫。

auto_increment 是指在新增資料列時，自動將編號加一。例如若目前的 id 最大值為 3，則新的資料列的 id 會自動設定為「4」。本例要讓商品編號自動產生，因此在指令中指定 auto_increment。

primary key 是用來識別資料列的唯一值，又稱為「**主鍵**」，每筆資料列的主鍵，會是不同的值。

商品名稱欄

建立商品名稱欄做為第 2 個資料欄。

```
name varchar(200) not null,
```

資料欄名為 name，資料型態為 varchar(200)。varchar 是指長度可變的字串（長度可變是指可用於字數不同的字串）。() 內的數值是用來表示可存放字串的最大長度，本例設定為最大長度為 200 的字串。另外，實際上的可存放字數，會依文字種類而異。例如要存放英文字母與中文字的 1 個文字，所需使用的長度就不同。

not null 用來限制這個資料欄不可為「**null**」，null 表示「值未設定」的狀態。在本例中，每筆資料不可沒有商品名稱，因此加上這項限制。

價格資料欄

建立第 3 個資料欄存放價格。

```
price int not null
```

資料欄名稱為 price，型態指定為表示整數的 int。和商品名稱一樣，價格也設定為 not null，限制資料新增時不可沒有價格。

藉由上述這些處理，就可在 shop 資料庫中建立 product 資料表。

▼ **建立資料表**

新增資料

最後，將商品資料放入 product 資料表。先在資料表內存入資料，之後就能讀取、搜尋資料。要新增的資料，必須利用指令逐筆新增。

```
insert into product values(null, '松果', 700);
insert into product values(null, '核桃', 270);
insert into product values(null, '葵花子', 210);
...
```

insert into 是用來將一筆新資料放入資料表內的指令。本例用它來新增 product 資料表中的資料。

要放入的資料寫成 values(‧‧‧)，在 () 內以逗號「,」分隔，依資料表中定義資料欄時的順序，依序指定要存入各資料欄的資料。

例如，若商品名稱為「松果」，價格為「700」，則在括號內應寫成

```
null, '松果', 700
```

第 1 個資料欄商品編號因已設定成 auto_increment 自動產生編號（p.6-15），因此，新增資料時這裡只需指定為 null，就可存入自動產生的編號。

第 2 個資料欄是商品名稱。撰寫指令時，字串資料必須利用「'」框住其內容。

第 3 個資料欄是商品編號，由於是數字，在指令中可直接使用。

下列資料也可利用 insert 指令新增到資料表。本例假設是一家販賣堅果的商店，並新增 10 種商品的資料。

▼ **新增資料**

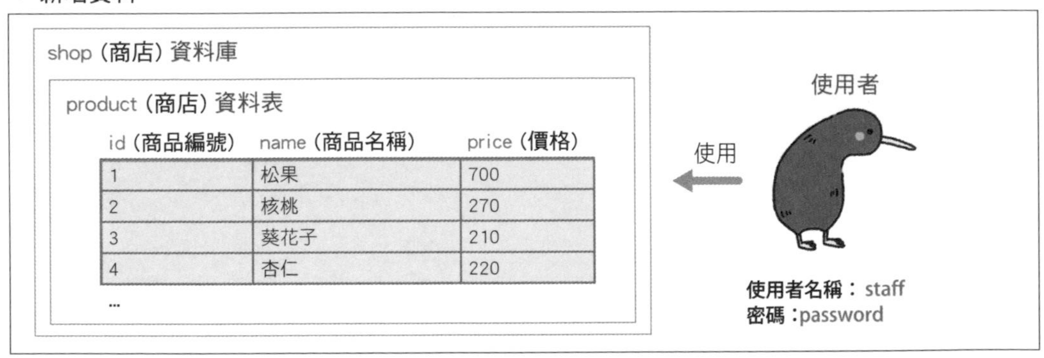

顯示商品清單

本節要利用先前建立的資料庫中的資料表，學習以 SQL 操作資料庫的方法，以及在 PHP 程式中該如何撰寫。本節首先練習顯示資料表中的商品清單。

▼ 本節目標

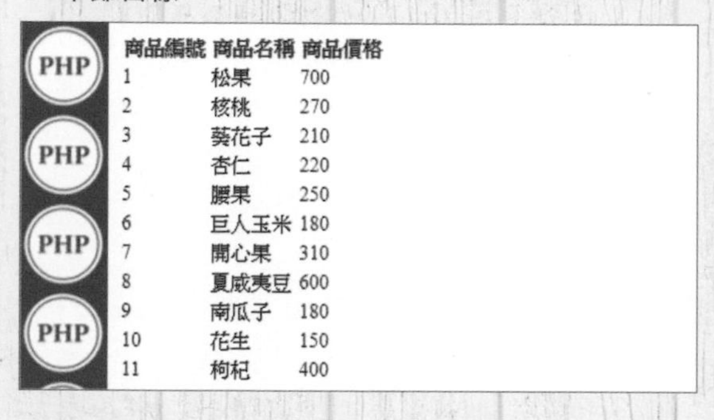

商品編號	商品名稱	商品價格
1	松果	700
2	核桃	270
3	葵花子	210
4	杏仁	220
5	腰果	250
6	巨人玉米	180
7	開心果	310
8	夏威夷豆	600
9	南瓜子	180
10	花生	150
11	枸杞	400

利用 SQL 從資料庫中讀取資料，並顯示到畫面上

利用 phpMyAdmin 顯示商品清單

首先開啟 phpMyAdmin，先點選［資料庫］頁籤❶，在資料庫一覽中選擇 [shop] ❷（滑鼠在 [shop] 上雙擊）。或是在 phpMyAdmin 左側的資料庫一覽中點選 [shop]。

▼ 在資料庫一覽中選擇 shop

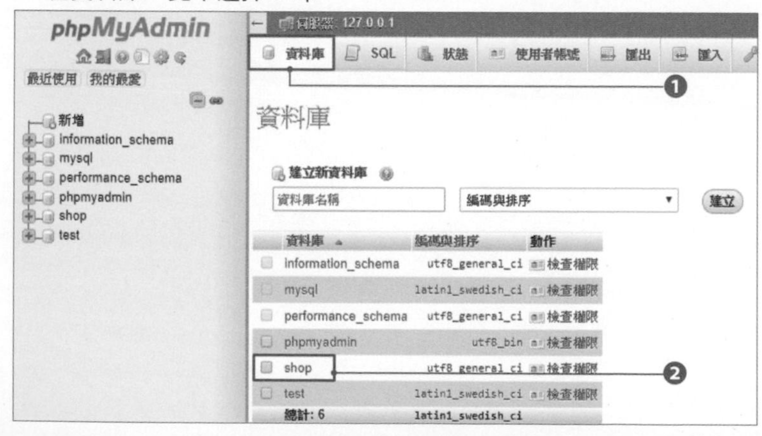

接著在 phpMyAdmin 上面的頁籤中選擇 [SQL] ❸，則頁籤下方的 SQL 輸入欄會顯示出「**在資料庫 shop 執行 SQL 查詢 :**」的文字。此時在此輸入並執行 SQL 指令❹，即可對 shop 資料庫進行處理。輸入指令後按下輸入欄右下方的 [執行] 按鈕❺，即可執行指令。

▼ 對 shop 資料庫執行 SQL 指令

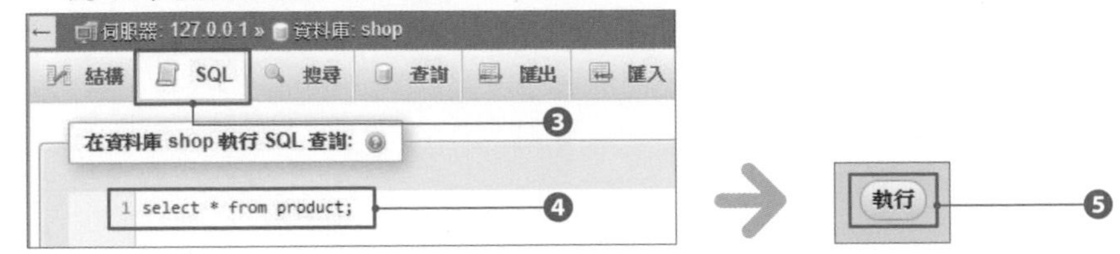

在 SQL 指令輸入欄輸入下列 SQL 指令。以下指令已先存放在 chapter6\all.sql 檔案中。

```sql
select * from product;
```

這個 SQL 指令中，利用 **select** 指定要存取的資料表。

若 SQL 指令輸入正確，則執行結果將會顯示包含 id、name、price 這三個資料欄的商品清單。例如第一筆資料的 id 欄為「1」，name 欄為「松果」，price 欄為「700」。

▼ 商品清單

+ 選項

←T→		id	name	price
☐	編輯 複製 刪除	1	松果	700
☐	編輯 複製 刪除	2	核桃	270
☐	編輯 複製 刪除	3	葵花子	210
☐	編輯 複製 刪除	4	杏仁	220
☐	編輯 複製 刪除	5	腰果	250
☐	編輯 複製 刪除	6	巨人玉米	180
☐	編輯 複製 刪除	7	開心果	310
☐	編輯 複製 刪除	8	夏威夷豆	600
☐	編輯 複製 刪除	9	南瓜子	180
☐	編輯 複製 刪除	10	花生	150
☐	編輯 複製 刪除	11	枸杞	400

解說

SQL 的 select 敘述

利用 select 敘述，可取得指定資料表中，指定的資料欄內的資料。

語法 select

```
select 資料欄名稱 from 資料表名稱;
```

剛才所執行的 SQL 指令如下。

```
select * from product;
```

指令的開頭即為 select，其後接的 * 表示**所有**資料欄。最後的 from product 則是用來指定要存取的是 product 資料表。因此，這行 select 指令就表示要「**取得 product 資料表中所有資料欄內的資料**」。

若只想取得其中某個資料欄內的資料，可以直接指定 id、name 等資料欄名。如果要同時指定多個資料欄，則需以逗號「,」分隔資料欄名，在指令中應寫成「id, namd」。

句尾的分號「;」是用來表示指令結束的符號。要同時執行多個 SQL 指令時，在每個指令之間必須以「;」分隔。雖然像上述這樣只有單一指令時可以省略「;」，但本書中就算只有單一 SQL 指令，也都一律會加上「;」。

Step 2 在 PHP 中連結資料庫

接著，在 PHP 程式中進行資料庫處理。請開啟文字編輯器，撰寫 PHP 程式如下，並將程式儲存為 **chapter6\all.php**。

List all.php PHP

```php
<?php require '../header.php';?>
<?php
$pdo=new PDO('mysql:host=localhost;dbname=shop;charset=utf8',
            'staff', 'password');
?>
<?php require '../footer.php';?>
```

第一行的

```php
<?php require '../header.php'; ?>
```

與最後一行的

```php
<?php require '../footer.php'; ?>
```

與前面幾章的例子相通。上列程式中以紅字標示的地方，為本章特有的部份。

在瀏覽器開啟下列 URL 執行程式。另外，本章程式預設存放在「c:\xampp\htdocs\php\chapter6」資料夾內，並假定在「php」資料夾內都已經儲存了「header.php」等檔案。

執行 **http://localhost/php/chapter6/all.php**

程式若正確執行，則會顯示出完全空白的畫面。若有錯誤訊息，請檢查發生錯誤的那一行。並參照 6-2 節的 Step1 確認 MySQL 是否已經起動。

利用 PDO 連接資料庫

在 PHP 中要連結資料庫，通常使用提供了 PHP 與資料庫間的連線機制的「**PDO**」。在 PHP 中，可使用「**類別**（Class）」來統整定義相關的變數與函式。PDO 即是一種類別，裡面包含了操作資料庫時會用到的變數與函式。

類別中的變數稱為「屬性（property）」，類別內的函式稱為「方法（Method）」。比方說，PDO 類別中的 query 函式稱為「query 方法」。本書之後也都使用「方法」這個名稱。

▼ 類別

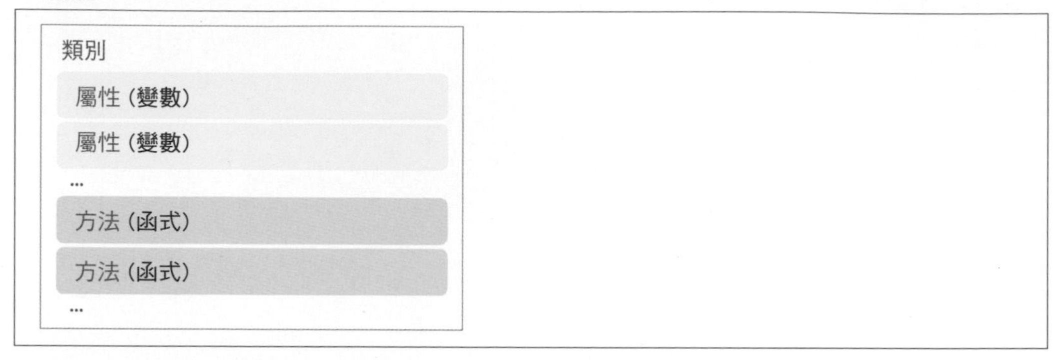

使用 PDO 類別時的指令寫法如下，此時會產生一個 PDO 的「instance」。instance 是用來將類別中所定義的功能，配置到電腦記憶體以供使用。在這裡請先記住要使用類別之前，一定要產生 instance。

語法 產生 PDO 的 instance

```
$pdo=new PDO(...);
```

使用 new 關鍵字產生新的 instance，並將產生的 instance 指定給變數，以便於使用屬性與方法。本例將 PDO 類別新產生的 instance 代入變數 $pdo。

「$pdo」的部份可設定為任意變數名稱。本例中因是用來使用 PDO 的變數，因此將變數命名為 $pdo 這樣的變數名稱。

PDO(…) 的部份與呼叫函式（5-1 節）時的寫法相似。它是將 instance 初始化的特別方法，稱為「建構子（instance）」。建構子內「…」的部份指將 instance 初始化時所需的參數（5-1 節），依傳入的參數產生對應的 instance。

PDO 的建構字內，必傳入連結資料庫所需的參數。在本例程式中，因為程式較長因此分寫成 2 行，實際上也可統整成 1 行。另外，參數之間應以逗號「,」分隔。

```
$pdo=new PDO('mysql:host=localhost;dbname=shop;charset=utf8',
            'staff', 'password');
```

要點！

要使用類別之前，必須先產生 **instance**。

用來識別資料庫的參數

這裡傳入建構子的參數有 3 個。第 1 個參數如下，它是用來識別資料庫的資料，稱為 DSN（Data Source Name）。

```
'mysql:host=localhost;dbname=shop;charset=utf8'
```

mysql 表示要連線到 MySQL。在冒號「:」之後列出連線資料庫所需的資料，並以逗號「;」分隔每項資料。

host=localhost 是指 MySQL 存在於 localhost。本書範例中所用的 MySQL，是與 XAMPP 一起安裝在您手邊的電腦上，因此指定位置為 localhost。

dbname=shop 表示 shop 資料庫。charset=utf8 則表示資料庫所用的文字編碼為 UTF-8。

登入的使用者名稱

第 2 個參數用來設定登入資料庫的使用者名稱。這裡指定為建立 shop 資料庫時建立的使用者 staff。使用者名稱必須如下所示，以單引號「'」框住。

```
'staff'
```

登入密碼

第 3 個參數用來設定登入密碼。這裡指定為建立使用者時所設定的密碼「password」。與使用者名稱一樣，必須以單引號「'」框住。

```
'password'
```

用 PHP 顯示商品清單

接著，從連線的資料庫中取得商品資料，並顯示在瀏覽器畫面上。在 Step2 的程式中，加入以下紅字部份，並將檔案儲存為 **chapter6\all2.php**。

all2.php

```php
<?php require '../header.php';?>
<?php
$pdo=new PDO('mysql:host=localhost;dbname=shop;charset=utf8',
             'staff', 'password');
foreach ($pdo->query('select * from product') as $row) {
    echo '<p>';
    echo $row['id'], ':';
    echo $row['name'], ':';
    echo $row['price'];
    echo '</p>';
}
?>
<?php require '../footer.php':?>
```

在瀏覽器開啟下列 URL 先看看結果。

執行 **http://localhost/php/chapter6/all2.php**

程式若正確執行，則會顯示出 product 資料表中的所有商品資料。這裡是以「商品編號：商品名稱：價格」的順序，簡單地列出每項商品的資料。在之後的範例，將會改以更易於閱讀的表格方式顯示。

▼ 利用 PHP 顯示商品清單

1:松果:700
2:核桃:270
3:葵花子:210
4:杏仁:220
5:腰果:250
6:巨人玉米:180
7:開心果:310
8:夏威夷豆:600
9:南瓜子:180
10:花生:150
11:枸杞:400

若程式無法正確執行，請利用 XAMPP 控制面板確認 Apache 與 MySQL 是否已經起動。

在 PHP 中執行 select 敘述

要在 PHP 程式中執行 SQL 的 select 敘述（p.6-20），程式應撰寫如下。

```
$pdo->query('select * from product')
```

將 PDO 的 intance 指定給 $pdo 後，就可透過它使用 PDO 類別的功能。本例要呼叫 PDO 類別的 query 方法，程式需使用「變數 -> 方法」的寫法，利用「**->**」呼叫方法。

query 方法會對資料庫執行做為參數傳入的 SQL 指令。以本例來說，在執行 select 指令後，就可從連結的資料庫中，取得指定資料表中的所有資料。

語法 執行 SQL 指令

```
PDO ->query('SQL指令')
```

要點！

呼叫方法的程式寫法為「變數 -> 方法」。

逐筆處理取得的資料

通常從資料庫取得的資料會有多筆，在本例中，執行 select 指令從 product 資料表讀取資料時，也會取得多筆商品資料。要依序處理多筆資料，必須使用像 **foreach 迴圈**這類可重複執行多次的敘述。

將 query 方法與 foreach 迴圈合在一起，很容易地就能處理多筆資料。範例程式寫法如下。

```
foreach ($pdo->query('select * from product') as $row) {
    …
}
```

將 query 方法所取得的多筆資料，依序逐一代入變數 $row。而「…」內的部份，則為利用 $row 取得單筆資料進行顯示等處理的程式。

這裡用來代入資料的變數名稱，並不一定要是 $row。不過，由於資料庫中資料表的每一橫列稱為 row，因此本書將變數名設定為 $row。

取出單筆資料中的指定資料項

舉例來說，若要從讀到的資料中，取出「id」資料欄的值，因為用來代入資料的變數 $row 是一種陣列，因此程式撰寫方式如下。

```
$row['id']
```

讀取出來的單筆資料是暫存為陣列的形式，因此要取出資料欄內的資料，需將資料欄名稱指定為陣列索引。

語法 取得資料欄內的資料

```
陣列名稱['資料欄名稱']
```

在取得 id 資料欄的值後，在值後面加上「:」並顯示。例如，若資料為「1」，則顯示「1:」。

```
echo $row['id'], ':';
```

以此類推，從單筆資料中取出 name 資料欄的值後，加上「:」並顯示在畫面上。例如，若資料為「松果」，則顯示「松果」。

```
echo $row['name'], ':';
```

最後從資料中取得 price 資料欄的值後顯示出來。例如若值為 700，則直接顯示「700」。

```
echo $row['price'];
```

透過以上程式，可將每筆資料以「1: 松果 :700」的格式顯示出來。藉由 foreach 迴圈的重複執行特性，就可將所有資料逐筆顯示出來。本例的範例程式中使用了 HTML 的 <p> 與 </p> 標籤，讓瀏覽器可將每筆資料斷行顯示。

要點！

利用 foreach 迴圈，就可將資料逐筆處理。

簡化程式

Step3 的程式可依下列紅字部份修改，讓程式更加簡潔。修改後的檔案儲存為 **chapter6\all3.php**。

List all3.php PHP

```
<?php require '../header.php';?>
<?php
$pdo=new PDO('mysql:host=localhost;dbname=shop;charset=utf8',
             'staff', 'password');
foreach ($pdo->query('select * from product') as $row) {
    echo "<p>$row[id]:$row[name]:$row[price]</p>";
}
?>
<?php require '../footer.php';?>
```

在瀏覽器開啟下列 URL 先看看結果。

執行 **http://localhost/php/chapter6/all3.php**

程式若正確執行，則執行結果會與 Step3 相同，顯示出所有商品清單。

在字串內插入變數值

在 Chapter3 曾經提過，要在 PHP 中使用字串時可用單引號（'）或雙引號（"）將字串值框住。其中以雙引號框住的字串，具有可在字串之中插入變數值的功能。

下面這行程式利用以雙引號框住的部份，將「松果」等 **$row['name']** 內的值（即從資料表讀出後放到陣列 $row 中的 name 資料欄內資料）顯示出來（變數 $row 為存放從資料表讀出資料的陣列）。

```
echo "$row[name]";
```

通常要以字串做為陣列索引（3-4 節）時，程式應如下以單引號將索引框住。

```
$row['name']";
```

但若是要在被雙引號框住的字串中，再用字串做為陣列索引時，就可寫成下行這樣，不需再用單引號框住陣列索引。

```
"$row[name]"
```

例如，要將「松果」顯示出來時，使用單引號的程式如下。

```
echo $row[name], ':';
```

若改用雙引號，則可將程式簡化如下。

```
echo "$row[name]:";
```

如上所述，若改用雙引號標示字串，有時可讓程式變得更簡潔。不過，因為最後執行結果都一樣，所以都用單引號也無妨。

利用 HTML 製作表格讓結果更易閱讀

接著將 product 資料表取得的商品清單，套入 HTML 的表格（table）顯示，提高可讀性。請將 Step3 的程式依下列紅字部份修改，並將程式儲存為 **chapter6\all4.php**。

all4.php PHP

```php
<?php require '../header.php';?>
<table>
<tr><th>商品編號</th><th>商品名稱</th><th>商品價格</th></tr>
<?php
$pdo=new PDO('mysql:host=localhost;dbname=shop;charset=utf8',
             'staff', 'password');
foreach ($pdo->query('select * from product') as $row) {
    echo '<tr>';
    echo '<td>', $row['id'], '</td>';
    echo '<td>', $row['name'], '</td>';
    echo '<td>', $row['price'], '</td>';
    echo '</tr>';
    echo "\n";
}
?>
</table>
<?php require '../footer.php';?>
```

在瀏覽器開啟下列 URL 執行程式。

執行 **http://localhost/php/chapter6/all4.php**

程式若正確執行，則會顯示出商品一覽表。表格第一行為顯示「商品編號」「商品名稱」「商品價格」文字的標題列。

▼ 商品一覽表

商品編號	商品名稱	商品價格
1	松果	700
2	核桃	270
3	葵花子	210
4	杏仁	220
5	腰果	250
6	巨人玉米	180
7	開心果	310
8	夏威夷豆	600
9	南瓜子	180
10	花生	150
11	枸杞	400

HTML 中製作表格的標籤

本例程式中使用了下列 HTML 標籤產生表格。

▼ HTML 標籤

標籤	功能
<table>	定義表格
<tr>	在表格中，定義1個橫列
<th>	在橫列中，定義做為標題欄的內容
<td>	在橫列中，定義資料欄的內容

利用下列 HTML 敘述，就可顯示出商品一覽表。

```
<table>
    <tr>
        <th>商品編號</th>
        <th>商品名稱</th>
        <th>商品價格</th>
    </tr>
    <tr>
        <td>1</td>
        <td>松果</td>
        <td>700</td>
    </tr>
    <tr>
        <td>2</td>
        <td>核桃</td>
        <td>270</td>
    </tr>
    ...
</table>
```

若要以 PHP 程式產生上列敘述，最開頭的 <table> 標籤與標題列，

```
<table>
<tr><th>商品編號</th><th>商品名稱</th><th>商品價格</th></tr>
```

以及最後一行的 </table> 標籤

```
</table>
```

應寫在 PHP 標籤（<?php ?>）的**外側**。在 PHP 標籤外側的內容，都會原原本本被輸出到結果頁面。

商品資料的部份，例如商品編號欄應寫為

```
echo '<td>', $row['id'], '</td>';
```

即利用 echo 指令將資料顯示出來。商品名稱與價格欄也以此類推。

輸出換行符號

在 Step5 的程式中，定義表格內每一列內容的敘述，會分別顯示成一行。適當地換行，可提高輸出結果的可讀性。

```
<tr><td>1</td><td>松果</td><td>700</td></tr>
<tr><td>2</td><td>核桃</td><td>270</td></tr>
…
```

若是輸出時沒有換行，則多行敘述會併成一行，如下行一般讓人難以閱讀。

```
<tr><td>1</td><td>松果</td><td>700</td></tr><tr><td>2</td><td>核
桃</td><td>270</td></tr>…
```

雖然輸出時換行與否，並不會影響瀏覽器顯示出來的結果畫面，換行可說是可有可無。但輸出時的換行，可使產生的結果讓人更易閱讀，則當顯示出來的結果與預期不符時，就能更快找出問題所在。

要讓輸出換行的程式如下。

```
echo "\n";
```

\n 是可用於字串內的換行符號，要在字串中插入 \n 時，必須像「"\n"」以雙引號將它框住。這種包含了「\」等的符號，稱為**「脫逸序列（Escape Sequence）」**，可用於強制斷行等特殊的文字處理。

另外，若是改用單引號寫成「'\n'」，則輸出時不會在這裡換行，而是會直接輸出文字「\n」。

確保資料正確顯示

顯示從資料庫中讀出的資料時，若資料內容含有在 HTML 中具特殊含義的文字，則顯示在瀏覽器上的結果可能會亂掉。為了避免這樣的情形，請將 Step5 的程式依下列紅字部份修改，並將檔案儲存為 **chapter6\all5.php**。

all5.php　PHP

```php
<?php require '../header.php';?>
<table>
<tr><th>商品編號</th><th>商品名稱</th><th>商品價格</th></tr>
<?php
$pdo=new PDO('mysql:host=localhost;dbname=shop;charset=utf8',
             'staff', 'password');
foreach ($pdo->query('select * from product') as $row) {
    echo '<tr>';
    echo '<td>', htmlspecialchars($row['id']), '</td>';
    echo '<td>', htmlspecialchars($row['name']), '</td>';
    echo '<td>', htmlspecialchars($row['price']), '</td>';
    echo '</tr>';
    echo "\n";
}
?>
</table>
<?php require '../footer.php';?>
```

在瀏覽器開啟下列 URL 執行程式。

執行 **http://localhost/php/chapter6/all5.php**

程式若正確執行，則顯示出與 Step5 執行結果相同的商品清單。

避免特殊字造成版面錯置

在 Step5 中是以下行的程式，將由資料庫取出的資料原原本本的顯示出來。

```
$row['name']
```

這種寫法在遇到資料中有包含「<」或「>」等在 HTML 中具有特殊含義的字時，有可能會造成瀏覽器顯示出來的版面錯置等狀況。

在 Step6 中，利用 PHP 的 **htmlspecialchars** 函式，將程式改寫如下就可先將資料經適當處理後再顯示。

```
htmlspecialchars($row['name'])
```

htmlspecialchars 函式可轉換 HTML 中具有特殊意義的字，讓它失去原本代表的含義。例如「<」會轉換成「<」，「>」轉換成「&rt;」，如此一來就能在瀏覽器上正確顯示出這些符號。

如果已確定資料庫裡的資料沒有包含在 HTML 中有特殊意義的字（<、>、&、"、'），則可像 Step5 的程式一樣省略掉 htmlspecialchars 函式。但若資料中有可能包含這些字，則最好比照 Step6 的程式使用 htmlspecialchars 函式。不過，本書範例為了保持程式簡潔，有時會省略掉 htmlspecialchars 函式。

要點！

資料中若有可能包含在 HTML 中有特殊意義的字，顯示前應先經 htmlspecialchars 函式處理。

函式的定義

PHP 不僅提供了許多現成的函式，程式設計師也可自行撰寫需要的函式。撰寫函式的語法如下。

語法 函式定義

```
function 函式名稱(傳入參數, …) {
        執行的處理;
        …
        return 回傳值;
}
```

以下是一個簡單的函式範例。

```
function h($string) {
return htmlspecialchars($string);
}
```

這個函式中，使用 htmlspecialchars 函式來處理傳入參數 $string，並將處理完的結果回傳。利用這個函式，就可將 htmlspecialchars($row['name']) 這麼長的敘述縮簡成 h ($row['name'])。

搜尋商品資料

資料的搜尋

本節要製作 2 種在網站上輸入商品名稱後搜尋商品資料的功能。先搜尋並顯示與所輸入字串「完全符合」的商品；再製作可「模糊搜尋」的功能，將商品名稱有包含到搜尋條件的商品全部列出來。

▼ 本節目標

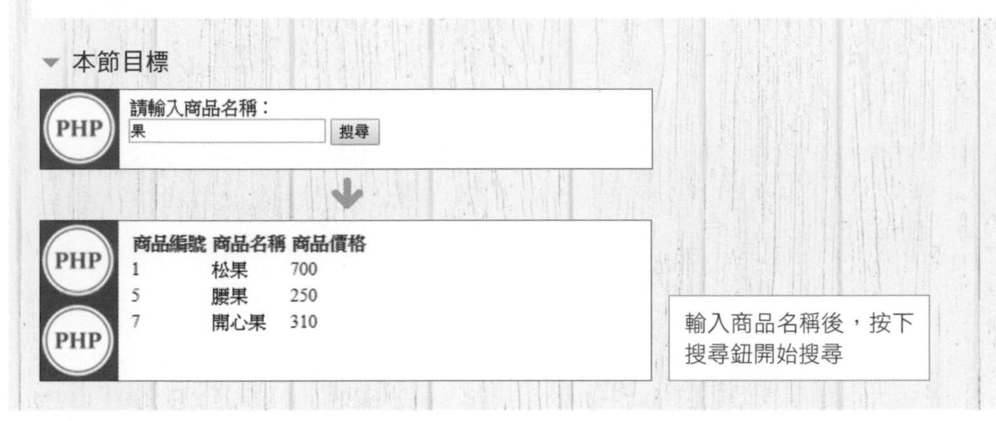

利用 SQL 以商品名稱搜尋

首先說明用來搜尋商品資料的 SQL 指令。參照 6-3 節的 Step1，在 phpMyAdmin 中指定用 shop 資料庫，並選擇畫面上方的 SQL 頁籤。

在 SQL 指令輸入欄輸入下面的 SQL 指令。這段指令已存放在 **chapter6\search.sql** 檔案中，將它貼到 SQL 指令欄後，按下右下角的 [執行] 按鈕開始搜尋。

search.sql　SQL

```sql
select * from product where name='腰果';
```

若 SQL 指令輸入正確，則畫面中間顯示出的資料列 id 欄為「5」，name 欄為「腰果」，price 欄為「250」。

▼ 顯示搜尋結果

+ 選項

←T→	id	name	price
編輯 複製 刪除	5	腰果	250

 select 敘述的 where 子句

在 SQL 的 select 敘述中，**where** 子句是用來指定搜尋條件，在它之後直接寫出條件式。舉例來說，若要搜尋 name 資料欄中，值為「腰果」的資料列，則寫為

```
where name='腰果'
```

「**=**」是 SQL 中用來進行比對的算符。這裡是用來比對 name 之中的資料是否等於腰果，若是，則條件成立。

語法 where

```
where 資料欄名稱 ='搜尋的鍵值'
```

 以商品名稱搜尋商品（輸入畫面）

接著改以 PHP 程式製作商品搜尋功能。首先請參照下列程式製作輸入商品名稱用的表單，並儲存於 **chapter6\search-input.php**。

List search-input.php PHP

```
<?php require '../header.php';?>
請輸入商品名稱：
<form action="search-output.php" method="post">
<input type="text" name="keyword">
<input type="submit" value="搜尋">
</form>
<?php require '../footer.php';?>
```

在瀏覽器開啟下列 URL 執行程式。

執行 **http://localhost/php/chapter6/search-input.php**

程式若正確執行，畫面上會顯示「請輸入商品名稱：」，以及用來輸入商品名稱的文字欄與 [搜尋] 按鈕。

▼ 商品名稱輸入畫面

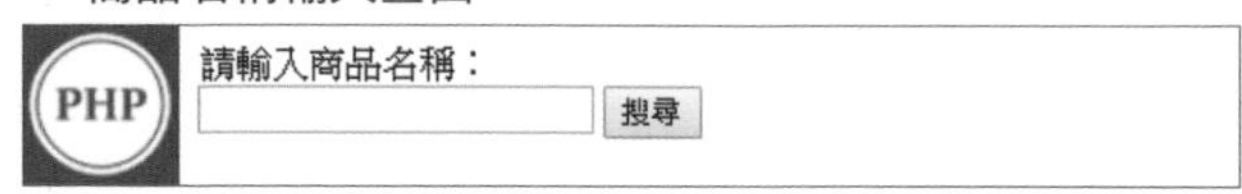

這個程式中，利用 HTML 的 <form> 標籤與 <input> 標籤，製作出商品名稱的輸入畫面。在這裡輸入的搜尋關鍵字將會轉給 Step3 的輸出用程式（search-output.php）

```
<form action="search-output.php" method="post">
```

輸入的商品名稱用來做為搜尋關鍵字，因此將要傳給輸出用程式的 Request 參數名（即 name 屬性的值）指定為「keyword」。

```
<input type="text" name="keyword">
```

關於單行文字欄的處理方式，詳見 Chapter3-3 節的說明。

以商品名稱搜尋商品（輸出用的程式）

以 PHP 撰寫程式如下，製作以表單所輸入的關鍵字搜尋商品的功能。程式儲存為 **chapter6\search-output.php**。這支程式必須先經 Step2 所製作的輸入畫面才能執行。

這支程式與 6-3 節的 Step5 顯示商品清單的程式有許多共通的地方，以下將不同的地方以紅字標示。

search-output.php

```
<?php require '../header.php';?>
<table>
<tr><th>商品編號</th><th>商品名稱</th><th>商品價格</th></tr>
<?php
$pdo=new PDO('mysql:host=localhost;dbname=shop;charset=utf8',
             'staff', 'password');
$sql=$pdo->prepare('select * from product where name=?');
$sql->execute([$_REQUEST['keyword']]);
foreach ($sql->fetchAll() as $row) {
    echo '<tr>';
    echo '<td>', $row['id'], '</td>';
    echo '<td>', $row['name'], '</td>';
    echo '<td>', $row['price'], '</td>';
    echo '</tr>';
    echo "\n";
}
?>
</table>
<?php require '../footer.php';?>
```

在 Step2 製作的商品名稱輸入畫面中，輸入商品名稱，並按下 [搜尋] 按鈕，即可執行此程式。

舉例來說，先試著輸入「腰果」。

▼ 輸入「腰果」

按下 [搜尋] 按鈕後，就會執行 search-output.php 並顯示出搜尋結果如下。

▼「腰果」的搜尋結果

預處理 SQL 指令（prepare 方法）

要搜尋使用者指定的商品，程式應先接收輸入的商品名稱，再利用它執行 SQL 指令。此時就必須使用 PDO 類別的 **prepare** 方法與 PDOStatement 類別的 **execute** 方法。

prepare 方法是用來進行 SQL 指令執行前的準備，呼叫時需將 SQL 指令當做字串傳入 prepare 方法的傳入參數。

此時 SQL 指令可使用「**?**」來代替之後才要代入的值。以本例來說，SQL 指令應寫為

```
select * from product where name=?
```

select 敘述會從指定的資料表中取得符合 where 條件句的資料。下面將這個 SQL 指令代入 prepare 方法的傳入參數。變數 $pdo 即為 PDO 類別的 instance(6-3 節)。

```
$pdo->prepare('select * from product where name=?')
```

語法 prepare

```
PDO的變數->prepare('SQL指令')
```

prepare 方法在執行後，會回傳已設定好 SQL 指令的 PDOStatement 實例。這個實例在之後執行 SQL 指令時還會用到，因此要先將它指定給變數。本例將變數名定為 **$sql**。

```
$sql=$pdo->prepare('select * from product where name=?');
```

▼ prepare 方法的動作

 執行 SQL 指令（execute 方法）

要執行以傳入參數傳入 prepare 方法的 SQL 指令，必須利用 PHP 內建的 PDOStatement 類別的 **execute** 方法。 因為 prepare 方法會回傳 PDOStatement 的實例，因此只要將實例指定給變數 $sql，再利用下行程式呼叫 execute 方法即可執行。

```
$sql->execute([$_REQUEST['keyword']]);
```

execute 方法的傳入參數會將 SQL 指令中「?」部份所需代入的值，以陣列傳入。以陣列型式傳入是為了方便開發者在 1 行 SQL 指令中設定多個「?」。陣列中的值會依 SQL 指令中「?」的先後順序依序代入。

語法 execute

```
變數->execute(值)
```

若指令中有多個「?」，則傳入參數中以 [ ] 框住外側，裡面以逗號「,」分隔多個值，寫成 [值 , 值 , …] 的型式。若只有 1 個「?」，則寫做 [值] 這樣，直接以 [ ] 框住資料外側即可。

以本例所用的 REQUEST 參數 keyword 為例。

```
$_REQUEST['keyword']
```

將這個 REQUEST 參數以 [ ] 框住，製成陣列。

```
[$_REQUEST['keyword']]
```

如此一來，原本預處理的 SQL 指令如下。

```
select * from product where name=?
```

代入輸入的商品名稱後，SQL 指令變更如下並執行。

```
select * from product where name='腰果'
```

另外，關於 REQUEST 參數，詳細請參見 Chapter3-3 節 Step2 的説明。

要點！

利用 **prepare** 方法預處理好的 SQL 指令，要利用 **execute** 方法執行。

取得 SQL 指令執行結果（fetchAll 方法）

利用 execute 方法執行 SQL 指令後，可再利用 PDOStatement 類別的 fetchAll 方法取得執行結果。再配合 **foreach 迴圈**（4-5 節）撰寫下行程式，就可逐筆處理取得的資料。變數 $sql 是 PDOStatement 類別的實例。

```
foreach ($sql->fetchAll() as $row) {
```

語法 fetchAll

```
foreach (PDO的變數->fetchAll() as 要將取得結果代入的變數)
```

先將取得的資料逐筆代入變數 $row，接下來就與 6-3 的 Step5 相同，利用變數 $row 進行資料顯示等處理。例如利用以下的程式，就能取得商品名稱。

```
$row['name']
```

再用下行程式將商品名稱輸出到畫面上。

```
echo '<td>', $row['name'], '</td>';
```

搜尋部份符合的商品

在 Step1 ～ 3 中所介紹的方法，只有在輸入的搜尋關鍵字與商品名稱完全一致時，才能搜尋到商品。但只要稍稍修改 SQL 指令，就可將只有部份符合的商品也全都找出來。舉例來說，若是輸入「果」，則像是「腰果」「開心果」等名稱中含有「果」字的商品，就能全部找出來。

先利用 phpMyAdmin，試著找看看部份符合的商品。與 Step1 一樣，在指定了 shop 資料庫後，點選 [SQL] 頁籤，然後在輸入欄中貼上 **chapter6\search2.sql** 的 SQL 指令如下。輸入完成後，按下輸入欄右下角的 [執行] 按鈕即可開始搜尋。

search2.sql　PHP

```
select * from product where name like '%果%';
```

若輸入的 SQL 正確，則會顯示出搜尋結果有「松果」「腰果」「開心果」3 筆資料。

▼ 顯示搜尋結果

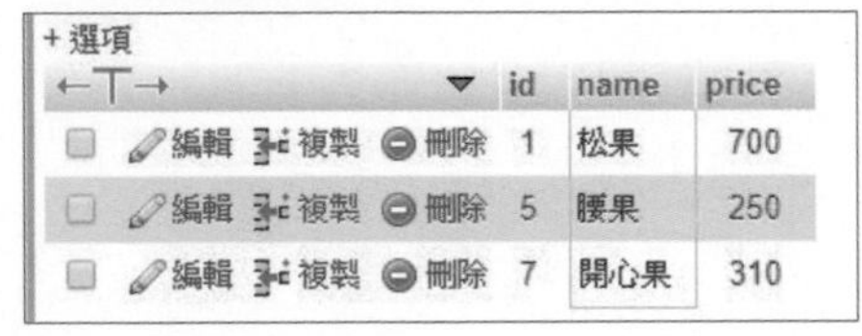

+ 選項

←T→			id	name	price
編輯	複製	刪除	1	松果	700
編輯	複製	刪除	5	腰果	250
編輯	複製	刪除	7	開心果	310

解說

利用 like 算符做模糊搜尋

在 SQL 的 select 敘述中，可在 where 子句的條件式中使用 **like 算符**進行字串的比對。利用 like 算符就可在設定條件時使用「**%**」符號。在 SQL 中「%」符號是萬用字元之一，表示應有 0 個以上任意長度的文字符合條件。因此，若寫成

```
%果%
```

則以下字串都會符合條件。

- **果　　　　　→ 單獨一個「果」字。**
- **腰果　　　　→ 在「果」字前面還有字串**
- **果物專賣店　→ 在「果」字後面還有字串**
- **堅果奶油　　→ 在「果」字前後都有字串**

利用 like 算符將 where 子句改寫如下，就能找出 name 資料欄中所有名稱含有「果」字的商品。

```
where name like '%果%';
```

要點！

利用 like 算符與萬用字元，就可進行模糊搜尋找出部份符合的結果。

Step 5 以商品名稱模糊搜尋商品

請參照下列 PHP 程式撰寫模糊搜尋功能，找出商品名稱中包含了表單輸入字串的所有商品。並將程式儲存為 **chapter6\search-output2.php**。這支程式與 Step3 中撰寫的 search-output.php 一樣，需先點按表單的 [搜尋] 按鈕才能執行。程式與 Step3 的差異以紅字標示。

List search-output2.php　PHP

```php
<?php require '../header.php';?>
<table>
<tr><th>商品編號</th><th>商品名稱</th><th>商品價格</th></tr>
<?php
$pdo=new PDO('mysql:host=localhost;dbname=shop;charset=utf8',
             'staff', 'password');
```

```
$sql=$pdo->prepare('select * from product where name like ?');
$sql->execute(['%'.$_REQUEST['keyword'].'%']);
foreach ($sql->fetchAll() as $row) {
    echo '<tr>';
    echo '<td>', $row['id'], '</td>';
    echo '<td>', $row['name'], '</td>';
    echo '<td>', $row['price'], '</td>';
    echo '</tr>';
    echo "\n";
}
?>
</table>
<?php require '../footer.php';?>
```

接著修改在 Step2 所撰寫的 PHP 程式，才能透過輸入表單執行「search-output2.php」。修改後的檔案儲存為 **chapter6\search-input2.php**。

List search-input2.php PHP

```
<?php require '../header.php';?>
請輸入商品名稱：
<form action="search-output2.php" method="post">
<input type="text" name="keyword">
<input type="submit" value="搜尋">
</form>
<?php require '../footer.php';?>
```

在瀏覽器開啟下列 URL 執行程式。

執行 **http://localhost/php/chapter6/search-input2.php**

程式若正確執行，則與 Step2 相同，畫面上會顯示「請輸入商品名稱：」，以及用來輸入商品名稱的文字欄與 [搜尋] 按鈕。請在文字欄中輸入搜尋關鍵字後，按下 [搜尋] 按鈕。

比方說，輸入「果」字。

▼ 輸入「果」

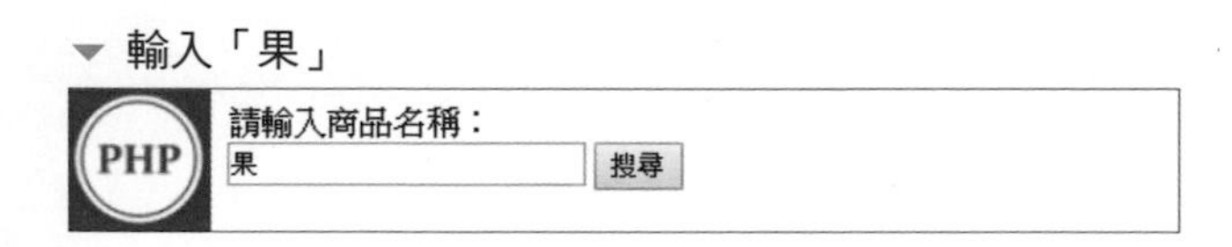

按下［搜尋］按鈕後，即會顯示搜尋結果如下，找出了所有名稱中包含「果」字的商品。

▼「果」的搜尋結果

商品編號	商品名稱	商品價格
1	松果	700
5	腰果	250
7	開心果	310

like 算符與萬用字元的使用

在要傳入 prepare 方法的 SQL 指令中，若要使用 like 算符，則程式寫法如下。在 like 運算元之後，要指定輸入值的地方先以「?」代替。

```
$sql=$pdo->prepare('select * from product where name like ?');
```

要代入「?」位置的字串，應像「% 果 %」這樣前後兩側都以 % 框住。這裡可利用字串的相連算符「.」，在 REQUEST 參數前後加上「%」。

```
'%'.$_REQUEST['keyword'].'%'
```

將加上「%」之後的字串，以陣列型式傳入 execute 方法的傳入參數，就可執行 SQL 指令。

```
$sql->execute(['%'.$_REQUEST['keyword'].'%']);
```

透過這個方法，就能製作出大多數購物網站都有的商品搜尋功能。

找出不含搜尋關鍵字的商品

真正的購物網站中，商品搜尋功能還常提供找出不含指定搜尋關鍵字商品的功能。要讓搜尋結果不含指定的搜尋關鍵字，必須在 like 算符前面加上 not，改寫為「**not like**」。

例如下面這行 SQL 指令，可以找出商品名稱中不含「果」字的商品。請直接在 phpMyAdmin 中試著執行看看，結果將會列出核桃、葵花子、杏仁、**...** 等。

```
select * from product where name not like '%果%';
```

like 算符與 not like 演算子也可整合在一起使用。例如下行 SQL 指令將會搜尋商品名稱中含「果」但不含「松果」的商品。**and** 是用來確認前後二項條件是否同時成立的算符。本例的執行結果將會列出「腰果」與「開心果」。

```
select * from product where name like '%果%' and name not
like '%松果%';
```

6-5

在資料表內新增資料

insert

本節將製作新增商品資料的功能，在輸入商品名稱與價格後，將商品資料新增到資料庫。先製作將輸入的商品名稱與價格直接寫入資料庫的功能，接著再加入檢查商品名稱與價格欄是否為空白，以及價格是否為整數等檢查機制。

▼ 本節目標

資料新增：

商品名稱 炒花生　價格 220　確定新增

新增成功。

製作將輸入的商品資料新增到資料庫的功能

Step 1 新增商品資料用的 SQL 指令

首先使用 phpMyAdmin。比照 6-3 節的 Step1 在 phpMyAdmin 左側的資料庫一覽中選擇 [shop] 後，點按 [SQL] 頁籤。

在 SQL 的輸入欄中輸入範例檔案 **chapter6\insert.sql** 內的 SQL 指令如下，再按下輸入欄右下的 [執行] 按鈕，執行這段 SQL 指令。

List insert.sql　SQL

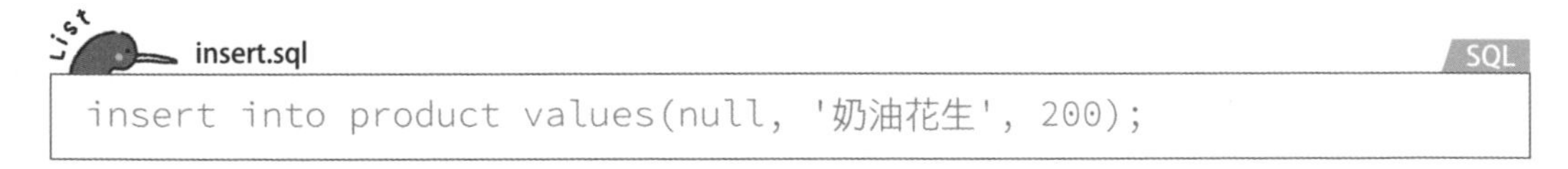

```
insert into product values(null, '奶油花生', 200);
```

若 SQL 指令正確執行成功，則 product 資料表的最後會新增一筆 name 為「奶油花生」，price 為「200」的資料。

▼ 資料新增完成

✓ 新增了 1 列。
新增的資料列行 id: 12 (查詢花費 0.0684 秒。)

```
insert into product values(null, '奶油花生', 200)
```

[行內編輯] [編輯] [產生 PHP 程式碼]

id 為自動編號的資料欄，因此 id 的值會自動以目前 id 最大值加 1 寫入。比方說，若目前 id 的最大值為「11」，則新增資料的 id 為「12」。

▼ 新增一筆資料的資料表內容

+ 選項

←T→				id	name	price
☐	編輯	複製	刪除	1	松果	700
☐	編輯	複製	刪除	2	核桃	270
☐	編輯	複製	刪除	3	葵花子	210
☐	編輯	複製	刪除	4	杏仁	220
☐	編輯	複製	刪除	5	腰果	250
☐	編輯	複製	刪除	6	巨人玉米	180
☐	編輯	複製	刪除	7	開心果	310
☐	編輯	複製	刪除	8	夏威夷豆	600
☐	編輯	複製	刪除	9	南瓜子	180
☐	編輯	複製	刪除	10	花生	150
☐	編輯	複製	刪除	11	枸杞	400
☐	編輯	複製	刪除	12	奶油花生	200

SQL 的 insert 敘述

在 SQL 中利用 **insert** 敘述，即可在指定資料表中加入一筆新的資料。例如要在 product 資料表中新增資料時，應寫為

```
insert into product
```

欲新增資料的內容，必須寫成 **values(…)** 的型式，其中…的部份，即是新資料列的各欄位值，每個值之間以逗號「,」分隔。

```
values(null, '奶油花生', 200);
```

id 資料欄的值是由系統自動產生，因此在指令中只需將值指定為 null 即可。null 是指未設定的意思。

語法 insert

```
insert into 資料表名稱 values(資料欄 1 的值, 資料欄 2 的值, …)
```

要點！

要新增資料時，可利用 insert 敘述指定資料表與要寫入的值。

Step 2 新增商品資料（輸入畫面）

接著製作以 PHP 程式新增商品資料的功能。請參照下列程式，撰寫輸入商品名稱與價格的表單，並將程式儲存到 **chapter6\insert-input.php**。

List **insert-input.php** PHP

```
<?php require '../header.php';?>
<p>資料新增：</p>
<form action="insert-output.php" method="post">
商品名稱<input type="text" name="name">
價格<input type="text" name="price">
<input type="submit" value="確定新增">
</form>
<?php require '../footer.php';?>
```

在瀏覽器開啟下列 URL 執行程式。

執行 **http://localhost/php/chapter6/insert-input.php**

程式若正確執行，則會顯示出「資料新增：」與商品名稱、價格的輸入欄位，以及 [確定新增] 按鈕。

▼ 商品資料輸入畫面

在這支 PHP 程式中，使用 HTML 的 <form> 標籤與 <input> 標籤，產生商品名稱與價格的輸入畫面。其中，要傳送給在下面 Step3 中 PHP 程式的 REQUEST 參數，商品名稱的參數名（name 屬性值）為 name，價格的參數名為 price。

Step 3 新增商品資料（輸出處理程式）

參照下列程式，撰寫將表單中所輸入的商品名稱與價格等商品資料寫入資料庫的功能。

程式應儲存為 **chapter6\insert-output.php**。其實與資料庫連線的相關處理與之前的範例相同，與之前程式不同的地方以紅字標示。

List insert-output.php PHP

```
<?php require '../header.php';?>
<?php
$pdo=new PDO('mysql:host=localhost;dbname=shop;charset=utf8',
             'staff', 'password');
$sql=$pdo->prepare('insert into product values(null, ?, ?)');
if ($sql->execute([$_REQUEST['name'], $_REQUEST['price']])) {
    echo '新增成功。';
} else {
    echo '新增失敗。';
}
?>
<?php require '../footer.php';?>
```

完成後請試著執行看看。這支程式必須透過輸入表單畫面才能執行。請在 Step2 所製作的輸入畫面上填入商品名稱與價格後，按下 [確定新增] 按鈕。

例如，輸入商品名稱為「炒花生」，價格為「220」。

▼ 輸入商品名稱與價格

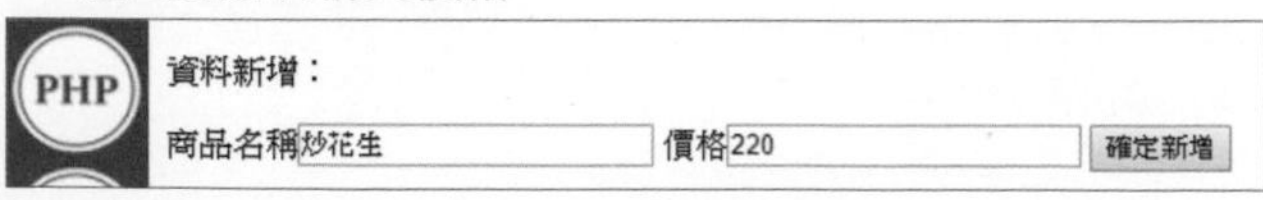

按下 [確定新增] 按鈕後，應會顯示「新增成功。」的訊息。

▼ 資料新增成功

利用 phpMyAdmin 或 6-3 節的**商品一覽**功能（http://localhost/php/chapter6/all4.php），查詢目前的資料表內的所有資料。在資料表的最後，應會多了一筆「炒花生」的資料。

▼ 新增完成後的資料表

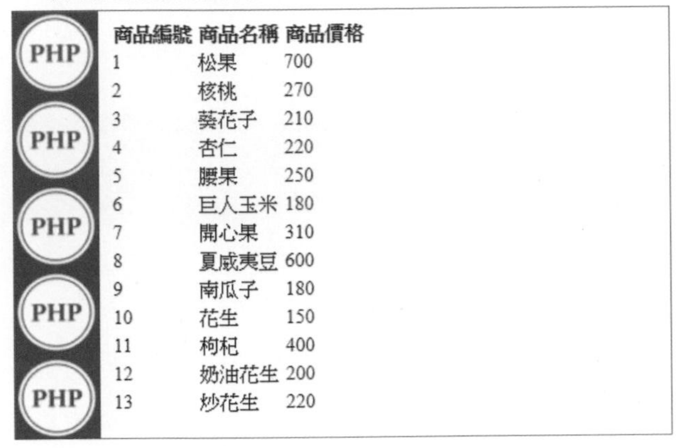

商品編號	商品名稱	商品價格
1	松果	700
2	核桃	270
3	葵花子	210
4	杏仁	220
5	腰果	250
6	巨人玉米	180
7	開心果	310
8	夏威夷豆	600
9	南瓜子	180
10	花生	150
11	枸杞	400
12	奶油花生	200
13	炒花生	220

若 insert 敘述的內容有誤，可能會在執行 insert 敘述時出現失敗，並顯示「新增失敗。」的訊息。當失敗的訊息出現時，請檢查程式中叫用 prepare 方法和 execute 方法的地方，修改指令中的錯誤。

在 PHP 程式執行 insert 敘述

在 PHP 程式執行的 insert 敘述必須撰寫如下。要以表單輸入值代入的地方，先以「?」標示。本例中，將欄位值先寫為 ? 的是商品名稱（name）與價格（price）欄位。

```
insert into product values(null, ?, ?)
```

要執行 insert 敘述時，與 6-4 節中使用 select 敘述時一樣，必須先利用 **prepare 方法**，將 insert 敘述當做字串傳過去。$pdo 則是指向 PDO 實例的變數。

```
$pdo->prepare('insert into product values(null, ?, ?)')
```

prepare 方法會傳回 PDOStatement 的實例，將它指定給變數 $sql。

```
$sql=$pdo->prepare('insert into product values(null, ?, ?)');
```

要代入？位置的是商品名稱與價格的輸入值。因此將 $_REQUEST['name'] 與 $_REQUEST['price'] 這二個 REQUEST 參數將逗號分隔，並用 [ ] 框住，以陣列型式傳入。

```
[$_REQUEST['name'], $_REQUEST['price']]
```

將這個陣例傳給 execute 方法（p.6-40），以執行 SQL 指令。

```
$sql->execute([$_REQUEST['name'], $_REQUEST['price']])
```

execute 方法會執行傳入 prepare 方法的 SQL 指令，並在執行成功後傳回 TRUE，執行失敗時傳回 FALSE。因此利用 if 判斷式，以下行程式判斷執行是否成功。

```
if ($sql->execute([$_REQUEST['name'], $_REQUEST['price']])) {
```

若傳回值為 TRUE，則執行 if 下的程式，顯示執行成功訊息；若值為 FALSE，則執行 else 下的程式，顯示失敗訊息。

要點！

execute 方法會在執行成功後傳回 TRUE。若執行失敗，則會傳回 FALSE。

先檢查輸入值後再新增

在 Step3 中，並沒有檢查使用者輸入的值有沒有問題，就直指將它新增到資料庫。這麼一來，若使用者輸入的資料有問題，就可能造成資料庫存放了錯誤資料。而且，若使用者未輸入任何資料就按下 [確定新增] 按鈕，資料庫將會新增一筆商品名稱為空白且價格為 0 的資料。

舉例來說，在 Step3 輸入畫面的商品名稱輸入字串「<script>alert("hello");</script>」，價格可輸入任意數值，輸入 0 也無妨，然後按下確定新增按鈕。

▼ 在商品名稱欄輸入不適當的值

在完成商品新增後，在瀏覽器開啟以下 URL，利用 6-3 節的 PHP 程式查詢所有商品。

執行 **http://localhost/php/chapter6/all4.php**

在顯示出商品清單的同時，畫面上會跳出一個「hello」對話框（依瀏覽器設定的不同，也有可能沒顯示出對話框）。

▼ 跳出對話框

在商品新增時，商品名稱欄所輸入的字串其實是能產生對話框的 JavaScript 程式。因此在瀏覽器要顯示商品名稱時，會自動執行 JavaScript 的程式，造成對話框跳出。

利用在 6-3 節的 Step6 中所介紹的 htmlspecialchars 函式，就能讓 JavaScript 的標籤失去作用。因此在要新增商品資料時，應先確認商品名稱與價格欄的輸入值是否適當，並加入讓特殊意義的標籤失去作用的處理。程式內容如下，檔案儲存為 **chapter6\insert-output2.php**，其中與 Step3 程式不同的部份以紅字標示。

List insert-output2.php PHP

```
<?php require '../header.php';?>
<?php
$pdo=new PDO('mysql:host=localhost;dbname=shop;charset=utf8',
             'staff', 'password');
$sql=$pdo->prepare('insert into product values(null, ?, ?)');
if (empty($_REQUEST['name'])) {
    echo '請輸入商品名稱。';
} else
if (!preg_match('/[0-9]+/', $_REQUEST['price'])) {
    echo '請以整數輸入商品價格。';
} else
if ($sql->execute(
    [htmlspecialchars($_REQUEST['name']), $_REQUEST['price']]
)) {
    echo '新增成功。';
} else {
    echo '新增失敗。';
}
?>
<?php require '../footer.php';?>
```

為了要讓輸入畫面改為呼叫「insert-output2.php」程式，修改 Step2 中所撰寫的 PHP 程式，並將修改後的程式改存為 **insert-input2.php**。

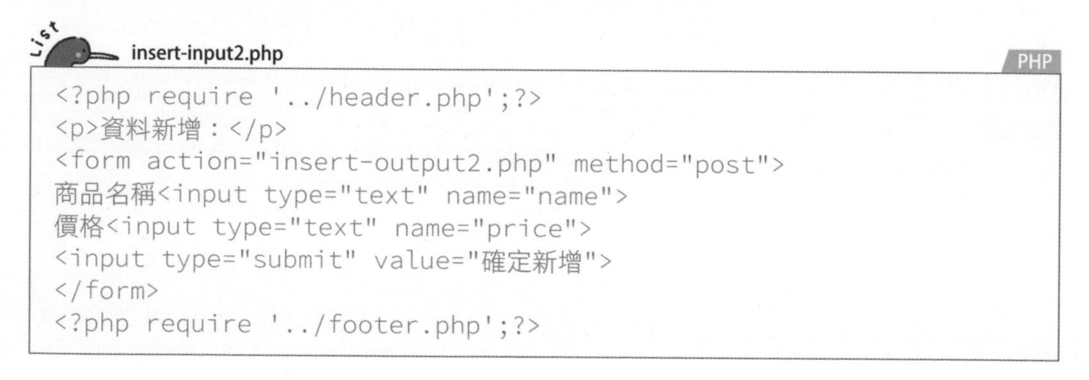
List insert-input2.php PHP

```
<?php require '../header.php';?>
<p>資料新增：</p>
<form action="insert-output2.php" method="post">
商品名稱<input type="text" name="name">
價格<input type="text" name="price">
<input type="submit" value="確定新增">
</form>
<?php require '../footer.php';?>
```

在瀏覽器開啟下列 URL 執行程式。

執行 http://localhost/php/chapter6/insert-input2.php

輸入商品名稱與價格後，按下［確定新增］按鈕。例如在商品名稱欄輸入「蜂蜜花生」，在價格欄輸入「240」。

▼ 輸入商品名稱與價格。

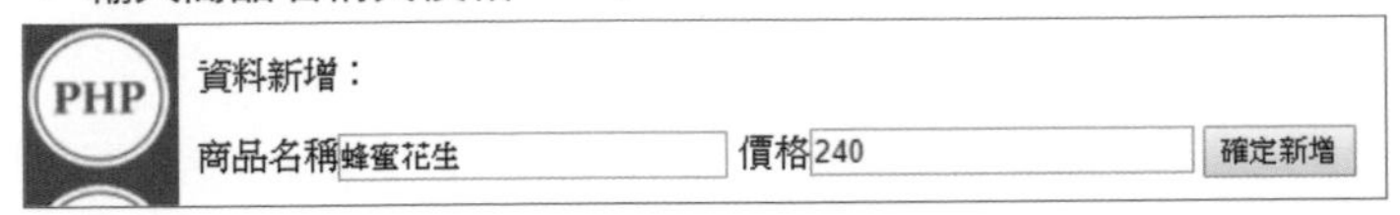

按下［確定新增］按鈕後，將會顯示「新增成功。」訊息。

▼ 完成新增時

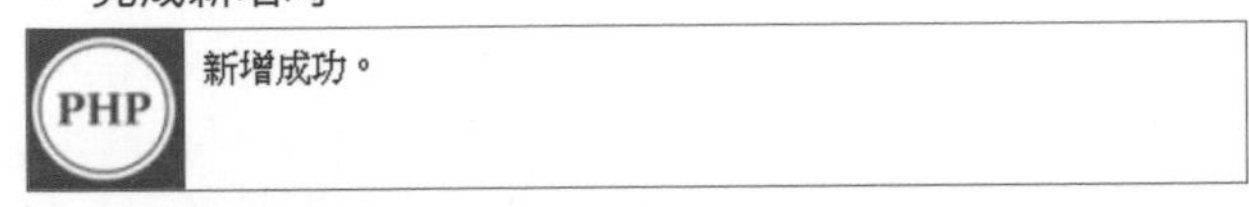

這支程式已加上未輸入商品名稱時不可新增的限制。請試著回到輸入畫面，將商品名稱留空並直接按下［確定新增］按鈕，此時應會顯示「請輸入商品名稱。」訊息。

▼ 商品名稱空白時無法新增

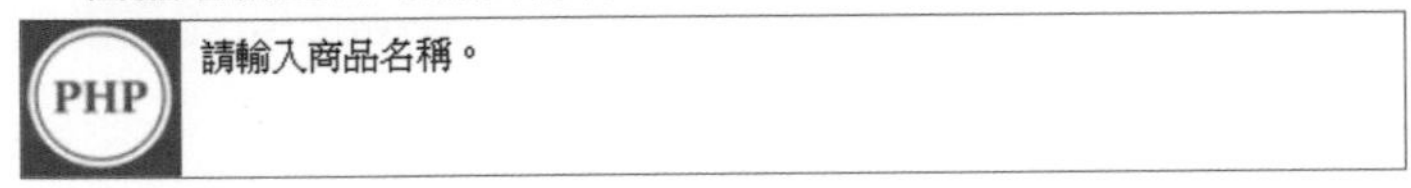

價格的值不是整數時，也同樣不能新增。請試著將價格欄留空，或輸入「abc」之類不是整數的值。

▼ 價格的輸入值不是整數時

當價格欄被輸入整數以外的值時，在按下［確定新增］的按鈕後，應會顯示新增失敗的訊息。

▼ 價格不是整數時無法新增

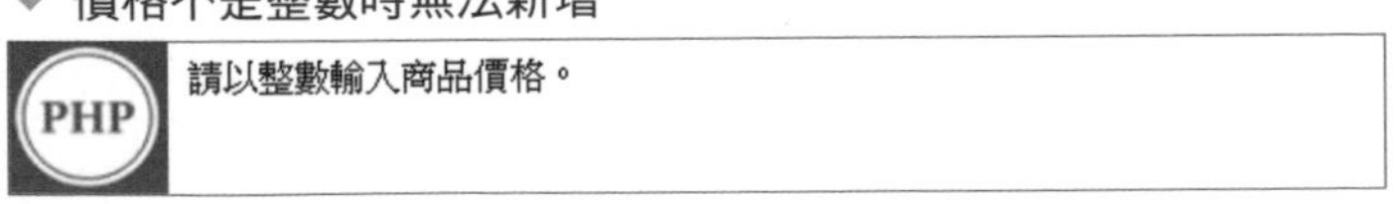

接著試試在商品名稱欄輸入包含 JavaScript 時的結果。若先前曾依前述內容進行過產生對話框的實驗，則請先利用 phpMyAdmin 找出 product 資料表，並選定含有「<script>」內容的資料後按下 [刪除]。或是執行在 6-2 節的 Step2 中介紹的程式，執行 SQL 指令，讓資料庫回到初始狀態。

在這裡介紹的這支 PHP 程式，會讓 **<** 或 **>** 等在 HTML 中具有特殊涵意的文字失去作用。舉例來說，若將「**<script>alert("hello");</script>**」輸入商品名稱，並在價格欄填上任意數字後，按下 [確定新增] 按鈕。

新增完成後，在瀏覽器開啟下列 URL，試著查詢所有商品資料。

執行 **http://localhost/php/chapter6/all4.php**

此時應不會再跳出對話框。若仍出現對話框，則請在 phpMyAdmin 中找出 product 資料表後，刪除所有商品名稱含有 <script> 的資料。然後再試著執行一次。

檢查輸入值

在這支 PHP 程式中，除了能將使用者輸入的值新增的資料庫，還會檢查輸入值是否適當。首先，檢查商品名稱欄是否空白。

```
if (empty($_REQUEST['name'])) {
```

empty 函式會在傳入的參數值（本例中為 REQUEST 參數）為空值時，回傳 TRUE。因此在這裡利用 if 判斷式，當值為空值時不寫入資料庫，並要求使用者輸入商品名稱。

語法 empty

```
empty(值)
```

要點！

empty 函式會在值為空時，傳回 TRUE。

接下來，檢查價格是否為整數。

```
if (!preg_match('/[0-9]+/', $_REQUEST['price'])) {
```

preg_match 是利用常規表達式比對格式的函式。用來檢查第 2 個參數所傳入的值，是否符合第 1 個參數所傳入的常規表達式。若格式符合，則傳回 TRUE。本例是在格式不符時，不將資料寫入資料庫，並要求使用者以整數輸入商品價格。另外，preg_match 前面的「!」可將結果的真偽值反轉。

語法 preg_match

```
preg_match(模版, 輸入字串)
```

這裡用的常規表達式是「**/[0-9]+/**」。其中，[0-9] 表示應為 0 到 9 的單個數字；「+」表示有 1 個以上符合它前方模版的文字。因此 [0-9]+ 就表示由 1 個以上的數字組成的格式。第 2 個參數則指定為 REQUEST 參數的 price 欄，藉此檢查價格欄的輸入值。

要點！

preg_match 會在輸入值與模版格式相符時，傳回 TRUE。

資料隱碼攻擊（SQL injection）

說到要預防資料庫存入有問題的資料，就必須提到**資料隱碼攻擊（SQL injection）**。資料隱碼攻擊是指系統執行了非開發者撰寫的 SQL 指令，導致資料庫被非法存取的問題。

要預防資料隱碼攻擊，只要在程式中加上相關的安全性處理即可。需要留意的是要將使用者輸入值代入 SQL 敘述的狀況。舉例來說，下行 SQL 敘述會代入使用者輸入的商品名稱。.

```
select * from product where name like ?
```

或如下例，會在 SQL 敘述中代入使用者輸入的商品名稱與價格。

```
insert into product values(null, ?, ?)
```

像這樣需將使用者輸入的資料代入 SQL 敘述內時，不能單純只將它們當做字串連接起來。因為若使用者輸入的資料中夾藏了惡意的 SQL 指令，就可能會導致資料庫被非法存取。

在使用 PDO 類別時，叫用 prepare 方法和 execute 方法，就能有效預防資料隱碼攻擊。因此，要將值代入 SQL 敘述時，請利用類別提供的這些方法，不要直接將它們以字串連接的方式拼成 SQL 敘述。

修改資料庫內的商品資料

本節要製作可修改資料庫中現存商品資料的功能，可修改項目包含商品名稱與價格。首先需先取得商品資料一覽，顯示目前儲存的商品名稱與價格。使用者可直接在一覽表上修改商品名稱與價格，在按下 [確定修改] 後，程式將修改的資料更新到資料庫。

▼ 本節目標

商品編號	商品名稱	商品價格	
1	特價松果	600	確定修改
2	核桃	270	確定修改
3	葵花子	210	確定修改
4	杏仁	220	確定修改
5	腰果	250	確定修改
6	巨人玉米	180	確定修改
7	開心果	310	確定修改
8	夏威夷豆	600	確定修改
9	南瓜子	180	確定修改
10	花生	150	確定修改
11	枸杞	400	確定修改

↓

修改成功。

在一覽表上修改資料並按下[確定修改]後，更新資料庫內的資料

 修改商品資料的 SQL 指令

首先試著使用 phpMyAdmin 修改商品資料。與之前的範例一樣，先在 phpMyAdmin 畫面左側的資料庫清單中點選 [shop]，並在上方的頁籤選擇 [SQL]。

在 SQL 指令輸入欄中輸入檔案 **chapter6\update.sql** 中的指令如下後，按下右下的 [執行] 按鈕，執行 SQL 指令。

update.sql

```sql
update product set name='高級松果', price=900 where id=1;
```

若 SQL 指令正確執行，第 1 筆（id 為 1）的資料即完成修改。修改前的 name 欄位值為「松果」，price 欄位值為 700。

▼ 修改前的資料表內容

商品編號	商品名稱	商品價格
1	松果	700
2	核桃	270
3	葵花子	210
4	杏仁	220
5	腰果	250
6	巨人玉米	180
7	開心果	310
8	夏威夷豆	600
9	南瓜子	180
10	花生	150
11	枸杞	400

修改後，第 1 筆資料的 name 欄位值改為「高級松果」，price 欄位值為 900。

▼ 修改後的資料表內容

商品編號	商品名稱	商品價格
1	高級松果	900
2	核桃	270
3	葵花子	210
4	杏仁	220
5	腰果	250
6	巨人玉米	180
7	開心果	310
8	夏威夷豆	600
9	南瓜子	180
10	花生	150
11	枸杞	400

若執行下列 SQL 指令，即可恢復原本的資料內容。

```sql
update product set name='松果', price=700 where id=1;
```

也可以只修改商品名稱或只修改價格。比方說若要將價格改為「800」，則 SQL 指令如下。

```sql
update product set price=800 where id=1;
```

SQL 的 update 敘述

利用 update 敘述，就可在指定的資料表中，針對指定資料列修改資料欄位的值。舉例來說，若要修改 product 資料表的資料，則指令應寫為

```
update product
```

要將 name 資料欄的值修改成「高級松果」時，指令應寫為

```
update product set name='高級松果'
```

若要同時將 price 資料欄的值修改成「900」，則以逗號「,」將項目分隔。

```
update product set name='高級松果', price=900
```

語法 update

```
update 資料表名稱 set 資料欄名=值, 值,・・・
```

如下所示，利用 where 子句即可指定要修改的資料列。這裡以修改 id 為 1 的資料列為例。

```
update product set name='高級松果', price=900 where id=1
```

語法 語法 update（指定資料列）

```
update 資料表名稱 set 資料欄名=值 where 資料欄名=值
```

要修改資料時，必須利用 update 敍述指定資料欄名稱與值。

修改商品資料（輸入畫面）

接著改以 PHP 製作修改資料庫中商品資料的程式。首先參照下列程式，製作修改商品名稱與價格的表單，並列出所有商品資料。程式儲存為 **chapter6\update-input.php**。

這個程式與 6-3 節 Step5 中顯示商品一覽表的程式 chapter6\all4.php 相似，不同的地方以紅字標示。

update-input.php PHP

```
<?php require '../header.php';?>
<table>
<tr><th>商品編號</th><th>商品名稱</th><th>商品價格</th></tr>
<?php
$pdo=new PDO('mysql:host=localhost;dbname=shop;charset=utf8',
              'staff', 'password');
foreach ($pdo->query('select * from product') as $row) {
    echo '<tr><form action="update-output.php" method="post">';
    echo '<input type="hidden" name="id" value="', $row['id'],
'">';
    echo '<td>', $row['id'], '</td>';
    echo '<td>';
    echo '<input type="text" name="name" value="', $row['name'],
'">';
    echo '</td>';
    echo '<td>';
    echo '<input type="text" name="price" value="',
$row['price'], '">';
    echo '</td>';
    echo '<td><input type="submit" value="確定修改"></td>';
    echo '</form></tr>';
    echo "\n";
}
?>
</table>
<?php require '../footer.php';?>
```

在瀏覽器開啟下列 URL 執行程式。

執行 **http://localhost/php/chapter6/update-input.php**

程式若正確執行，則會顯示出商品一覽表，則在每項商品的商品名稱與價格輸入欄位帶出目前的資料值。每筆商品資料的右端都會顯示一個 [確定修改] 按鈕。

▼ 修改資料的輸入畫面

商品編號	商品名稱	商品價格	
1	松果	700	確定修改
2	核桃	270	確定修改
3	葵花子	210	確定修改
4	杏仁	220	確定修改
5	腰果	250	確定修改
6	巨人玉米	180	確定修改
7	開心果	310	確定修改
8	夏威夷豆	600	確定修改
9	南瓜子	180	確定修改
10	花生	150	確定修改
11	枸杞	400	確定修改

製作輸入畫面

在這支 PHP 程式中，利用 HTML 的 <form> 標籤與 <input> 標籤，製作商品名稱與價格的輸入畫面。其中，要傳給下一 Step 將會介紹的資料庫更新處理程式的 REQUEST 參數名（name 屬性值），商品名稱欄的名稱指定為 name，價格欄則指定為 price，商品編號指定為 id。使用者可修改商品名稱與價格，商品編號不可修改。

商品名稱欄可如同下行敘述，利用 <input> 標籤製作輸入欄位，並在輸入欄位中顯示出原本的資料值「松果」。

```
<input type="text" name="name" value=" 松果" >
```

利用下列程式，就可顯示出這個欄位，並將從資料庫取得的商品名稱資料值，代入 value 屬性。

```
echo '<input type="text" name="name" value="', $row['name'], '">';
```

將 type 屬性設為 hidden

商品名稱則利用 <input> 標籤撰寫如下，此時的 type 屬性指定為 hidden，因此畫面上不會顯示這個欄位。

```
<input type="hidden" name="id" value=" 1" >
```

要產生這樣的 HTML 標記，程式如下。

```
echo '<input type="hidden" name="id" value="', $row['id'], '">';
```

由於更新商品資料時必須使用商品編號識別，因此要在表單中置入商品編號。但因商品編號不允許使用者修改，所以將 type 屬性設為 hidden，就能讓表單中的參數有商品編號但卻不能修改它。

更新商品資料（顯示結果）

參照下列程式，撰寫將表單輸入的商品名稱與價格更新到資料庫的 PHP 程式，並將檔案儲存為 **chapter6\update-output.php**。

這支程式與 6-5 節的 Step4 新增商品資料的程式 **chapter6\insert-output2.php** 相似，不同的部份以紅字標示。

update-output.php　PHP

```php
<?php require '../header.php';?>
<?php
$pdo=new PDO('mysql:host=localhost;dbname=shop;charset=utf8',
             'staff', 'password');
$sql=$pdo->prepare('update product set name=?, price=? where 
id=?');
if (empty($_REQUEST['name'])) {
    echo '請輸入商品名稱。';
} else
if (!preg_match('/[0-9]+/', $_REQUEST['price'])) {
    echo '請以整數輸入商品價格。';
} else
if ($sql->execute(
    [htmlspecialchars($_REQUEST['name']), $_REQUEST['price'],
                      $_REQUEST['id']]
)) {
    echo '修改成功。';
} else {
    echo '修改失敗。';
}
?>
<?php require '../footer.php';?>
```

在 Step2 所製作的輸入畫面中，修改商品名稱與價格後，按下 [確定修改] 按鈕後即會執行上述程式。這裡以修改第 1 筆商品資料為例，請將商品名稱改成「特價松果」，價格修改為「600」。

▼ 輸入商品名稱與價格

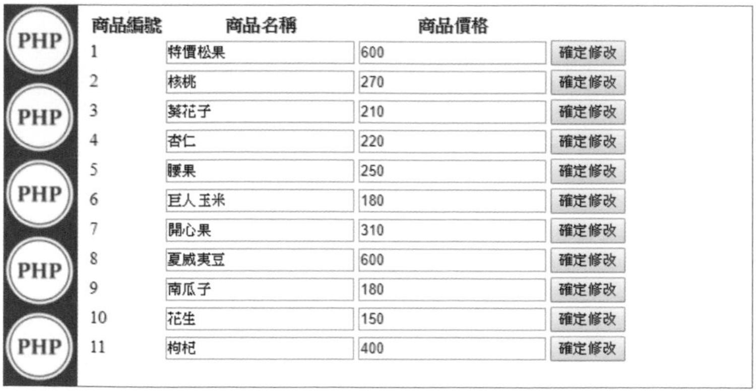

商品編號	商品名稱	商品價格	
1	特價松果	600	確定修改
2	核桃	270	確定修改
3	葵花子	210	確定修改
4	杏仁	220	確定修改
5	腰果	250	確定修改
6	巨人玉米	180	確定修改
7	開心果	310	確定修改
8	夏威夷豆	600	確定修改
9	南瓜子	180	確定修改
10	花生	150	確定修改
11	枸杞	400	確定修改

按下 [確定修改] 按鈕後，即會顯示「修改成功」訊息。

▼ 資料更新成功時

修改成功。

利用 phpMyAdmin 或 6-3 節的商品一覽功能（http://localhost/php/chapter6/all4.php），確認商品資料表的內容。其中第 1 筆資料的商品名稱應已改成「特價松果」，價格已改成「600」。

▼ 更新後的資料表內容

商品編號	商品名稱	商品價格
1	特價松果	600
2	核桃	270
3	葵花子	210
4	杏仁	220
5	腰果	250
6	巨人玉米	180
7	開心果	310
8	夏威夷豆	600
9	南瓜子	180
10	花生	150
11	枸杞	400

從 PHP 程式中執行 update 敘述

要從 PHP 程式執行的 update 敘述如下。其中，以「?」表示需要將值代入的地方。

```
update product set name=?, price=? where id=?
```

update 敘述與 6-5 節的 insert 敘述一樣，要執行時都需先經 prepare 方法（6-4 節）處理。因此先將 update 敘述的字串，傳入 prepare 方法中。

```
$pdo->prepare('update product set name=?, price=? where id=?')
```

prepare 方法會傳回 PDOStatement 類別的實例。和前面的範例一樣，將傳回的實例代入變數 $sql 中。

$sql=$pdo->prepare('update product set name=?, price=? where id=?');

```
update product set name=?, price=? where id=?
```

在「?」部份要代入的是下列商品名稱、價格與產品編號。商品名稱應比照 6-5 節的 Step4，利用 **htmlspecialchars** 變數，讓在 HTML 中具有特別涵義的字失去作用。

- **商品名稱　：htmlspecialchars($_REQUEST['name'])**
- **價格　　　：$_REQUEST['price']**
- **商品編號　：$_REQUEST['id']**

以逗號「,」分隔這些項目，並在外圍以中括號 [ ] 框住，將它們全併成一個陣列。

```
[htmlspecialchars($_REQUEST['name']),
                  $_REQUEST['price'], $_REQUEST['id']]
```

再將此陣列傳給 execute 方法（6-4 節），執行 SQL 指令。execute 方法會在傳入的 SQL 指令執行成功時傳回 TRUE，若失敗則傳回 FALSE。使用 if 敘述如下，判斷執行是否成功。

```
if ($sql->execute(
    [htmlspecialchars($_REQUEST['name']),
                      $_REQUEST['price'], $_REQUEST['id']]
)) {
```

若傳回值為 TRUE，則執行 if 以下的程式，顯示修改成功訊息。若傳回值為 FALSE，則執行 else 以下的程式，顯示修改失敗訊息。

刪除資料庫內的商品資料

本節來製作將資料庫中的商品資料刪除的功能。首先，在畫面上顯示商品一覽表，然後在使用者按下商品資料旁的 [確定刪除] 連結時，將資料庫中對應的商品資料刪除。

▼ 本節目標

商品編號	商品名稱	商品價格	
1	松果	700	確定刪除
2	核桃	270	確定刪除
3	葵花子	210	確定刪除
4	杏仁	220	確定刪除
5	腰果	250	確定刪除
6	巨人玉米	180	確定刪除
7	開心果	310	確定刪除
8	夏威夷豆	600	確定刪除
9	南瓜子	180	確定刪除
10	花生	150	確定刪除
11	枸杞	400	確定刪除

↓

刪除成功。

在點按［確定刪除］連結後，將對應的那筆商品資料刪除

刪除商品資料的 SQL 指令

首先試著使用 phpMyAdmin 刪除資料庫中的商品資料。與之前的範例一樣，先在 phpMyAdmin 畫面左側的資料庫清單中點選 [shop]，並在上方的頁籤選擇 [SQL]。

在 SQL 指令輸入欄中輸入檔案 **chapter6\delete.sql** 中的指令如下，再按下右下角的 [執行] 按鈕，執行 SQL 指令。

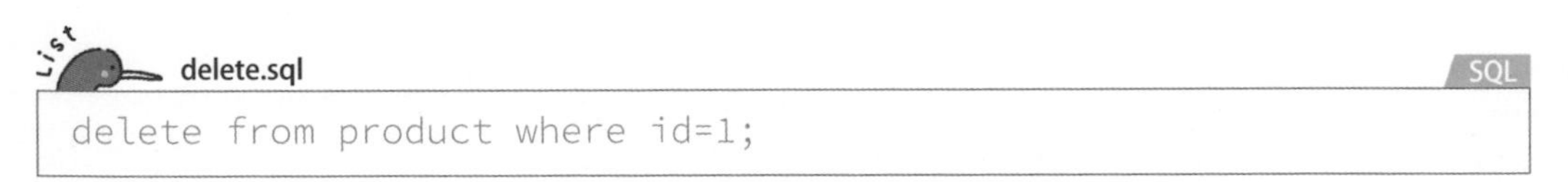

delete.sql　SQL

```
delete from product where id=1;
```

在執行這行 SQL 指令前，商品資料的第 1 筆（id 為 1）是「松果」的資料。

▼ 刪除資料前的資料表內容

商品編號	商品名稱	商品價格
1	松果	700
2	核桃	270
3	葵花子	210
4	杏仁	220
5	腰果	250
6	巨人玉米	180
7	開心果	310
8	夏威夷豆	600
9	南瓜子	180
10	花生	150
11	枸杞	400

當 SQL 指令正確執行時，第 1 筆「松果」的資料會被刪除。但其它的商品資料並沒有變動，因此商品編號 1 會成為空號，後面的號碼並不會向前遞補。

▼ 刪除資料後的資料表內容

商品編號	商品名稱	商品價格
2	核桃	270
3	葵花子	210
4	杏仁	220
5	腰果	250
6	巨人玉米	180
7	開心果	310
8	夏威夷豆	600
9	南瓜子	180
10	花生	150
11	枸杞	400

若要將資料恢後原狀，請參照 6-2 節的 Step2，執行建立資料庫的 SQL 程式。

SQL 的 delete 敘述

delete 敘述是用來刪除指定資料庫中的指定資料列。舉例來說，若要刪除 product 資料表中的所有資料，則應寫為

```
delete from product
```

語法 delete（刪除所有資料）

```
delete from 資料表名稱
```

若要指定要刪除的資料列，則需加上 where 子句。下行是以刪除 id 為「1」的資料列為例。

```
delete from product where id=1
```

語法 delete（刪除指定資料列）

```
delete from 資料表名稱 where 資料欄名=值
```

要點！

要刪除資料需利用 delete 敍述，並可指定要刪除的資料列。

Step 2 刪除商品資料（輸入畫面）

接著改以 PHP 製作刪除商品資料的功能。首先製作顯示商品一覽表的程式，並在每個商品名稱旁邊加上［確定刪除］的連結。使用者只要點按這個連結，就能刪除該筆資料。程式內容如下，並儲存為 **chapter6\delete-input.php**。

這個程式與 6-3 節的 Step5 中顯示商品一覽表的程式（chapter6\all4.php）相似，不同的地方以紅字標示。

List delete-input.php PHP

```php
<?php require '../header.php';?>
<table>
<tr><th>商品編號</th><th>商品名稱</th><th>商品價格</th></tr>
<?php
$pdo=new PDO('mysql:host=localhost;dbname=shop;charset=utf8',
            'staff', 'password');
foreach ($pdo->query('select * from product') as $row) {
    echo '<tr>';
    echo '<td>'$row['id']'</td>';
    echo '<td>'$row['name']'</td>';
    echo '<td>'$row['price']'</td>';
    echo '<td>';
    echo '<a href="delete-output.php?id=', $row['id'], '">確定刪除</a>';
    echo '</td>';
```

```
        echo '</tr>';
        echo "\n";
    }
?>
</table>
<?php require '../footer.php';?>
```

在瀏覽器開啟下列 URL 執行程式。

執行 **http://localhost/php/chapter6/delete-input.php**

程式若正確執行，則會顯示出商品一覽表，且每一行最後面都會顯示一個 [確定刪除] 連結。

▼ 加上 [確定刪除] 連結後的商品一覽

商品編號	商品名稱	商品價格	
1	松果	700	確定刪除
2	核桃	270	確定刪除
3	葵花子	210	確定刪除
4	杏仁	220	確定刪除
5	腰果	250	確定刪除
6	巨人玉米	180	確定刪除
7	開心果	310	確定刪除
8	夏威夷豆	600	確定刪除
9	南瓜子	180	確定刪除
10	花生	150	確定刪除
11	枸杞	400	確定刪除

含有 REQUEST 參數的連結

[確定刪除] 連結必須利用 HTML 的 **<a>** 標籤製作。由於本例用來刪除資料的 PHP 程式為「delete-output.php」，因此 [確定刪除] 連結的 <a> 標籤應寫為

```
<a href="delete-output.php">確定刪除</a>
```

當這個連結被點按時，就會開啟 delete-output.php。但這裡還必須利用 REQUEST 參數將商品編號傳到 delete-output.php，讓程式知道現在要刪除的是哪一筆資料。加上 REQUEST 參數後的 <a> 標籤應寫為

```
<a href="delete-output.php?id=1">確定刪除</a>
```

上面這行是利用 id 這個 REQUEST 參數，將值「1」傳給程式。像這樣在要開啟的檔案名稱後面加上「?」，就可用下列語法指令傳遞參數。

語法 傳遞 REQUEST 參數

```
要開啟的檔案名稱?REQUEST參數名=值
```

若有多個 REQUEST 參數，則以下列方式區隔。

語法 傳遞 REQUEST 參數（有多個參數時）

```
要開啟的檔案名稱? REQUEST 參數名=值 &
REQUEST 參數名=值 &…
```

因此，在商品一覽表的 PHP 程式中，以下行程式製作 [確定刪除] 連結。其中，**$row['id']** 是指從資料庫中取得的商品編號。

```
echo '<a href="delete-output.php?id=', $row['id'], '">確定刪除</a>';
```

刪除商品資料（顯示結果）

接著製作 Step2 中所指定用來刪除商品資料的 PHP 程式。程式內容如下，請將檔案儲存為 **chapter6\delete-output.php**。

這支程式與 6-5 節 Step3 中用來新增商品資料的程式（chapter6\insert-output.php）相似，不同的部份以紅字標示。

delete-output.php PHP

```php
<?php require '../header.php';?>
<?php
$pdo=new PDO('mysql:host=localhost;dbname=shop;charset=utf8',
             'staff', 'password');
$sql=$pdo->prepare('delete from product where id=?');
if ($sql->execute([$_REQUEST['id']])) {
    echo '刪除成功。';
} else {
    echo '刪除失敗。';
}
?>
<?php require '../footer.php';?>
```

在 Step2 所製作的輸入畫面中，按下 [確定刪除] 連結，試著執行上述程式。例如在按下第 1 筆資料「松果」旁的連結後，即會顯示「刪除成功」訊息。

▼ 刪除成功

刪除成功。

利用 phpMyAdmin 或 6-3 節的商品一覽功能（http://localhost/php/chapter6/all4.php），確認商品資料表的內容。此時第 1 筆資料應已被刪除。

▼ 資料刪除後的商品資料表

商品編號	商品名稱	商品價格
2	核桃	270
3	葵花子	210
4	杏仁	220
5	腰果	250
6	巨人玉米	180
7	開心果	310
8	夏威夷豆	600
9	南瓜子	180
10	花生	150
11	枸杞	400

若程式中的 delete 指令有誤，則執行後會顯示「刪除失敗」訊息。在看到失敗訊息時，請重新檢查叫用 prepare 方法的程式並修正錯誤。

解說

從 PHP 程式中執行 delete 敘述

要從 PHP 程式執行的 delete 敘述如下。其中，以「**?**」表示需要將值代入的地方。

```
delete from product where id=?
```

執行 **delete 敘述**的方法與 6-5 節的 insert 敘述、6-6 節的 update 敘述皆相同，都需先經 prepare 方法處理。因此先將 delete 敘述的字串，傳入 prepare 方法中。

```
$pdo->prepare('delete from product where id=?');
```

prepare 方法會傳回 PDOStatement 類別的實例，因此同樣需要將它代入變數。與前面的範例一樣，將代入的變數名稱指定為 $sql。

```
$sql=$pdo->prepare('delete from product where id=?');
```

在「?」部份要代入的是商品編號的 REQUEST 參數 **$_REQUEST['id']**，即商品編號的值，乃是存放在 REQUEST 參數 id 之中。為了將傳入的資料設為陣列，需在其外以中括號 [ ] 框住，寫成 [$_REQUEST['id']]。

再將此陣列傳給 execute 方法以執行 SQL 指令。execute 方法會在 SQL 指令執行成功時傳回 TRUE，失敗時則傳回 FALSE。因此可參照下行程式，利用 if 判斷執行是否成功。

```
if ($sql->execute([$_REQUEST['id']])) {
```

進階搜尋

許多購物網站在關鍵字部份符合等搜尋功能之外，還有提供可指定商品價格或商品分類等條件的進階搜尋功能。像這樣的進階搜尋，可透過在 SQL 指令的 where 子句中追加條件的方式做到。

舉例來說，下行 SQL 指令可用來找出商品價格低於 200 元的商品。若在 phpMyAdmin 中執行，會顯示出符合條件的商品有巨人玉米、南瓜子、花生。

```
select * from product where price<200;
```

若是希望找到商品名稱中包含了”生”字，且價格低於 200 元的商品，則 SQL 指令應修改如下。此時利用 and 算符就可搜尋同時符合多個條件的資料。若執行這行指令，則找到的商品就只會有花生。

```
select * from product where name like '%生%' and price<200;
```

資料庫功能的整合

前面介紹了對資料庫內的資料進行搜尋、新增、修改、刪除等處理的方法，以及如何用 PHP 程式製作這些功能。最後這節要試著製作統整這些功能的程式。

▼ 本節目標

商品編號	商品名稱	價格		
1	松果	700	確定修改	確定刪除
2	核桃	270	確定修改	確定刪除
3	葵花子	210	確定修改	確定刪除
4	杏仁	220	確定修改	確定刪除
5	腰果	250	確定修改	確定刪除
6	巨人玉米	180	確定修改	確定刪除
7	開心果	310	確定修改	確定刪除
8	夏威夷豆	600	確定修改	確定刪除
9	南瓜子	180	確定修改	確定刪除
10	花生	150	確定修改	確定刪除
11	枸杞	400	確定修改	確定刪除
12	巧克力花生	260	確定修改	確定刪除
			確定新增	

統整前幾章介紹的內容，將所有功能整合在同一個畫面上

Step 1 製作新增功能的表單

首先製作用來新增商品資料的表單。程式內容如下，檔案儲存為 chapter6\edit.php。其內容與 6-5 節的 Step2 相似。

List edit.php PHP

```
<?php require '../header.php';?>
<table>
<tr><th>商品編號</th><th>商品名稱</th><th>商品價格</th></tr>
<tr>
<form action="edit3.php" method="post">
<input type="hidden" name="command" value="insert">
<td></td>
```

```
<td><input type="text" name="name"></td>
<td><input type="text" name="price"></td>
<td><input type="submit" value="確定新增"></td>
</form>
</tr>
</table>
<?php require '../footer.php';?>
```

在瀏覽器開啟下列 URL 執行程式。

執行 **http://localhost/php/chapter6/edit.php**

程式若正確執行，則會顯示出商品名稱與價格的輸入欄位，以及 [確定新增] 按鈕。

▼ 新增資料用的表單

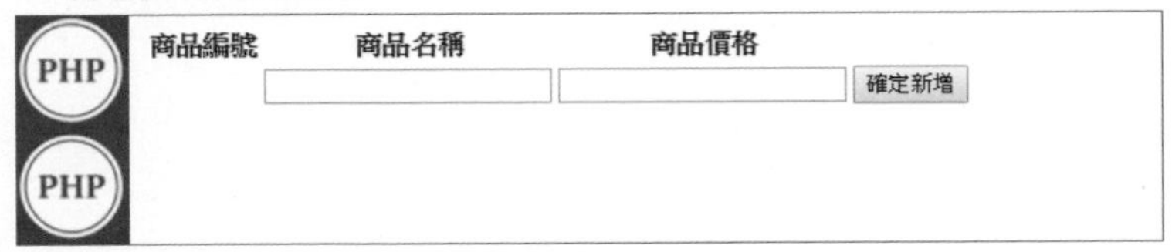

利用 REQUEST 參數區分功能

在本節中，要將新增、修改、刪除等功能整合在同一支程式裡，因此必須利用 REQUEST 參數來區分現在應執行哪一個功能。

如下所示，宣告一個名稱 command 的 REQUEST 參數，用來傳送表示欲執行功能的字串。以這裡的新增資料功能來說，指定傳送的字串為 insert。

```
<input type="hidden" name="command" value="insert">
```

這個 <input> 標籤的 type 屬性設為 hidden，因此在瀏覽器畫面上並不會顯示出來。雖然使用者看不見，但它仍會以 REQUEST 參數的形式傳送出去，收到這個參數的程式就能利用它來區分要執行的功能。

製作修改與刪除資料用的表單

接著製作修改、刪除商品資料的表單。程式內容如下，檔案請儲存為 **chapter6\edit2.php**。紅字部份是在 Step1 的程式中沒有的部份。

這支程式的內容與 6-6 節的 Step2 以及 6-7 節的 Step2 相似。

edit2.php　PHP

```
<?php require '../header.php';?>
<table>
<tr><th>商品編號</th><th>商品名稱</th><th>價格</th></tr>
<?php
$pdo=new PDO('mysql:host=localhost;dbname=shop;charset=utf8',
             'staff', 'password');
foreach ($pdo->query('select * from product') as $row) {
    echo '<tr>';
    echo '<form action="edit3.php" method="post">';
    echo '<input type="hidden" name="command" value="update">';
    echo '<input type="hidden" name="id" value="', $row['id'], '">';
    echo '<td>', $row['id'], '</td>';
    echo '<td>';
    echo '<input type="text" name="name" value="', $row['name'], '">';
    echo '</td>';
    echo '<td>';
    echo '<input type="text" name="price" value="', $row['price'], '">';
    echo '</td>';
    echo '<td><input type="submit" value="確定修改"></td>';
    echo '</form>';
    echo '<form action="edit3.php" method="post">';
    echo '<input type="hidden" name="command" value="delete">';
    echo '<input type="hidden" name="id" value="', $row['id'], '">';
    echo '<td><input type="submit" value="確定刪除"></td>';
    echo '</form>';
    echo '</tr>';
    echo "\n";
}
?>
<tr>
<form action="edit3.php" method="post">
<input type="hidden" name="command" value="insert">
<td></td>
<td><input type="text" name="name"></td>
<td><input type="text" name="price"></td>
<td><input type="submit" value="確定新增"></td>
</form>
</tr>
</table>
<?php require '../footer.php';?>
```

在瀏覽器開啟下列 URL 執行程式。

執行 **http://localhost/php/chapter6/edit2.php**

程式若正確執行，則會顯示出包含商品名稱欄、價格欄，以及［確定修改］按鈕、［確定刪除］按鈕的商品一覽表。

▼ 修改、刪除資料表的表單

商品編號	商品名稱	價格		
1	松果	700	確定修改	確定刪除
2	核桃	270	確定修改	確定刪除
3	葵花子	210	確定修改	確定刪除
4	杏仁	220	確定修改	確定刪除
5	腰果	250	確定修改	確定刪除
6	巨人玉米	180	確定修改	確定刪除
7	開心果	310	確定修改	確定刪除
8	夏威夷豆	600	確定修改	確定刪除
9	南瓜子	180	確定修改	確定刪除
10	花生	150	確定修改	確定刪除
11	枸杞	400	確定修改	確定刪除
			確定新增	

製作刪除按鈕

在 6-7 節是利用［確定刪除］**連結**製作刪除功能，但本例改用［確定刪除］**按鈕**。

製作刪除用的按鈕時，必須先利用 <form> 標籤建立表單，並將 <input> 標籤的 type 屬性設定為 submit。［確定刪除］按鈕的標籤寫法如下。

```
<input type="submit" value="確定刪除">
```

為了指定要刪除哪一筆資料，還必須用 REQUEST 參數傳送商品編號。因此在表單中必須再加入下行所示的 <input> 標籤。這裡以 REQUEST 參數名為「id」，值為「1」為例。type 屬性指定為 hidden，讓使用者無法修改它。

```
<input type="hidden" name="id" value="1">
```

這個 <input> 標籤可用下行程式產生。$row['id'] 是指從資料庫取得的商品編號。

```
echo '<input type="hidden" name="id" value="', $row['id'], '">';
```

執行新增、修改、刪除

最後，製作進行新增、修改、刪除處理的程式。程式內容如下，檔案儲存為 chapter6\edit3.php。其中，Step2 的程式中沒有的部份以紅字標示，其內容與 6-5 節的 Step4（新增）、6-6 節的 Step3（修改）、6-7 節的 Step3（刪除）等程式相似。

edit3.php PHP

```php
<?php require '../header.php';?>
<table>
<tr><th>商品編號</th><th>商品名稱</th><th>價格</th></tr>
<?php
$pdo=new PDO('mysql:host=localhost;dbname=shop;charset=utf8',
        'staff', 'password');
if (isset($_REQUEST['command'])) {
    switch ($_REQUEST['command']) {
    case 'insert':
        if (empty($_REQUEST['name']) ||
            !preg_match('/[0-9]+/', $_REQUEST['price'])) break;
        $sql=$pdo->prepare('insert into product values(null,?,?)');
        $sql->execute(
            [htmlspecialchars($_REQUEST['name']), $_REQUEST['price']]);
        break;
    case 'update':
        if (empty($_REQUEST['name']) ||
            !preg_match('/[0-9]+/', $_REQUEST['price'])) break;
        $sql=$pdo->prepare(
            'update product set name=?, price=? where id=?');
        $sql->execute(
            [htmlspecialchars($_REQUEST['name']), $_REQUEST['price'],
            $_REQUEST['id']]);
        break;
    case 'delete':
        $sql=$pdo->prepare('delete from product where id=?');
        $sql->execute([$_REQUEST['id']]);
        break;
    }
}
```

```
foreach ($pdo->query('select * from product') as $row) {
    echo '<tr>';
    echo '<form action="edit3.php" method="post">';
    echo '<input type="hidden" name="command" value="update">';
    echo '<input type="hidden" name="id" value="', $row['id'], '">';
    echo '<td>', $row['id'], '</td>';
    echo '<td>';
    echo '<input type="text" name="name" value="', $row['name'], '">';
    echo '</td>';
    echo '<td>';
    echo '<input type="text" name="price" value="', $row['price'], '">';
    echo '</td>';
    echo '<td><input type="submit" value="確定修改"></td>';
    echo '</form>';
    echo '<form action="edit3.php" method="post">';
    echo '<input type="hidden" name="command" value="delete">';
    echo '<input type="hidden" name="id" value="', $row['id'], '">';
    echo '<td><input type="submit" value="確定刪除"></td>';
    echo '</form>';
    echo '</tr>';
    echo "\n";
}
?>
<tr>
<form action="edit3.php" method="post">
<input type="hidden" name="command" value="insert">
<td></td>
<td><input type="text" name="name"></td>
<td><input type="text" name="price"></td>
<td><input type="submit" value="確定新增"></td>
</form>
</tr>
</table>
<?php require '../footer.php';?>
```

在瀏覽器開啟下列 URL 執行程式。

執行 **http://localhost/php/chapter6/edit3.php**

程式若正確執行，則與 Step2 相同，會顯示出包含商品編號欄、價格欄，以及 [確定修改] 按鈕和 [確定刪除] 按鈕的商品一覽表。

新增商品資料

要新增資料時，要先在畫面下方的新增用欄位輸入商品名稱與價格後，按下 [確定新增] 按鈕。以新增商品名稱「巧克力花生」、價格「260」為例的畫面如下。

▼ 輸入新增的資料

商品編號	商品名稱	價格		
1	松果	700	確定修改	確定刪除
2	核桃	270	確定修改	確定刪除
3	葵花子	210	確定修改	確定刪除
4	杏仁	220	確定修改	確定刪除
5	腰果	250	確定修改	確定刪除
6	巨人玉米	180	確定修改	確定刪除
7	開心果	310	確定修改	確定刪除
8	夏威夷豆	600	確定修改	確定刪除
9	南瓜子	180	確定修改	確定刪除
10	花生	150	確定修改	確定刪除
11	枸杞	400	確定修改	確定刪除
	巧克力花生	260	確定新增	

在按下 [確定新增] 按鈕後，商品資料就會被新增到資料庫，並在商品一覽的最後一筆顯示出剛新增的商品。

▼ 新增完成後

商品編號	商品名稱	價格		
1	松果	700	確定修改	確定刪除
2	核桃	270	確定修改	確定刪除
3	葵花子	210	確定修改	確定刪除
4	杏仁	220	確定修改	確定刪除
5	腰果	250	確定修改	確定刪除
6	巨人玉米	180	確定修改	確定刪除
7	開心果	310	確定修改	確定刪除
8	夏威夷豆	600	確定修改	確定刪除
9	南瓜子	180	確定修改	確定刪除
10	花生	150	確定修改	確定刪除
11	枸杞	400	確定修改	確定刪除
12	巧克力花生	260	確定修改	確定刪除
			確定新增	

修改商品資料

若要修改商品資料，只要在商品一覽表對應的資料欄位中，直接修改商品名稱和價格後，按下 [確定修改] 按鈕即可。以修改「巧克力花生」為例，將它的商品名稱修改成「黑巧克力花生」，價格改為「280」。

▼ 輸入要修改的資料

商品編號	商品名稱	價格		
1	松果	700	確定修改	確定刪除
2	核桃	270	確定修改	確定刪除
3	葵花子	210	確定修改	確定刪除
4	杏仁	220	確定修改	確定刪除
5	腰果	250	確定修改	確定刪除
6	巨人玉米	180	確定修改	確定刪除
7	開心果	310	確定修改	確定刪除
8	夏威夷豆	600	確定修改	確定刪除
9	南瓜子	180	確定修改	確定刪除
10	花生	150	確定修改	確定刪除
11	枸杞	400	確定修改	確定刪除
12	黑巧克力花生	260	確定修改	確定刪除
			確定新增	

按下 [確定修改] 按鈕後，即會更新資料庫內的商品資料，且在商品一覽表中顯示修改後的商品資料。

▼ 修改完成後

商品編號	商品名稱	價格		
1	松果	700	確定修改	確定刪除
2	核桃	270	確定修改	確定刪除
3	葵花子	210	確定修改	確定刪除
4	杏仁	220	確定修改	確定刪除
5	腰果	250	確定修改	確定刪除
6	巨人玉米	180	確定修改	確定刪除
7	開心果	310	確定修改	確定刪除
8	夏威夷豆	600	確定修改	確定刪除
9	南瓜子	180	確定修改	確定刪除
10	花生	150	確定修改	確定刪除
11	枸杞	400	確定修改	確定刪除
12	黑巧克力花生	260	確定修改	確定刪除
			確定新增	

刪除商品資料

要刪除商品資料，直接點按商品資料最右端的 [確定刪除] 按鈕即可。以刪除「黑巧克力花生」為例，應按下它的 [確定刪除] 按鈕 ❶。

▼ [確定刪除] 按鈕

商品編號	商品名稱	價格		
1	松果	700	確定修改	確定刪除
2	核桃	270	確定修改	確定刪除
3	葵花子	210	確定修改	確定刪除
4	杏仁	220	確定修改	確定刪除
5	腰果	250	確定修改	確定刪除
6	巨人玉米	180	確定修改	確定刪除
7	開心果	310	確定修改	確定刪除
8	夏威夷豆	600	確定修改	確定刪除
9	南瓜子	180	確定修改	確定刪除
10	花生	150	確定修改	確定刪除
11	枸杞	400	確定修改	確定刪除
12	黑巧克力花生	260	確定修改	確定刪除 ❶
			確定新增	

按下 [確定刪除] 按鈕後，對應商品資料即被刪除，商品一覽表中也不再顯示該筆商品資料。

▼ 刪除完成後

商品編號	商品名稱	價格		
1	松果	700	確定修改	確定刪除
2	核桃	270	確定修改	確定刪除
3	葵花子	210	確定修改	確定刪除
4	杏仁	220	確定修改	確定刪除
5	腰果	250	確定修改	確定刪除
6	巨人玉米	180	確定修改	確定刪除
7	開心果	310	確定修改	確定刪除
8	夏威夷豆	600	確定修改	確定刪除
9	南瓜子	180	確定修改	確定刪除
10	花生	150	確定修改	確定刪除
11	枸杞	400	確定修改	確定刪除
			確定新增	

指定要執行的功能

在這支 PHP 程式中，利用 REQUEST 參數「command」所傳送的字串，判斷要執行新增、修改、刪除的哪一項功能。

因此在程式開始處理之前，必須先判斷是否有 command 這個 REQUEST 參數。利用 **isset 函式**（4-1 節）檢查被指定為傳入參數的 REQUEST 參數若已被宣告則傳回 TRUE；若尚未宣告則傳回 FALSE。

```
if (isset($_REQUEST['command'])) {
```

若 command 尚未被宣告，則三項功能都不執行。在一開始執行這支程式時，還沒有設定 command 參數值，就屬於這個狀況。

若 command 已被宣告，則利用 **switch 判斷句**控制處理流程。

```
switch ($_REQUEST['command']) {
```

當 command 的值為 insert 時，執行新增處理。

```
case 'insert':
```

同樣的，當值為 update 時執行修改處理；值為 delete 時執行刪除處理。各功能的處理流程與前幾節介紹的相同，利用 **prepare 方法**預處理 SQL 指令後，再利用 **execute 方法**執行指令。

將搜尋結果重新排序

大多數的購物網站，都有提供將搜尋結果**以價格高低等方式排序**的功能。利用 SQL 指令的 **order by** 子句，就可讓搜尋結果以指定方式排序。

舉例來說，利用下行 SQL 指令，就能讓所有商品以價格由小到大排序。若在 phpMyAdmin 執行，則會顯示出來的結果即會以「花生 150」、「巨人玉米 180」、「南瓜子 180」的順序排列。

```
select * from product order by price;
```

要將順序改為由大到小，則在指令最後加上 **desc** 即可。若執行下行 SQL 指令，則顯示的結果會以「松果 700」、「夏威夷豆 600」、「枸杞 400」的順序排列。

```
select * from product order by price desc;
```

指定排序方式的指令也可與 where 子句併用。若執行下行 SQL 指令，就可找出商品名稱含有「果」字的商品，並將搜尋結果依價格由小到大排列。因此會以「腰果 250」「開心果 310」「松果 700」的順序顯示結果。

```
select * from product where name like '%果%' order by price;
```

Chapter 6 小結

資料庫的基本操作包含了新增（Create）、讀取（Read）、修改（Update）、刪除（Delete）等功能。可取各功能的首字母，將它們合稱為 CRUD。這些功能分別對應到 SQL 語法中的 insert、select、update、delete。Chapter6 即介紹了在 PHP 程式中執行這些處理的方法。透過 Chapter6，您可以學到所有資料庫的基本操作。

在下一章 Chapter7 中，將以建立一個購物網站為例，帶您活用在本章所學的資料庫操作。

Chapter 7

實用的 PHP 程式 - 以購物網站為例

本章將介紹可在開發網頁應用程式時實際運用的 PHP 程式。以購物網站為例，製作會員登入、購物車等實際網站開發時可直接套用的功能。

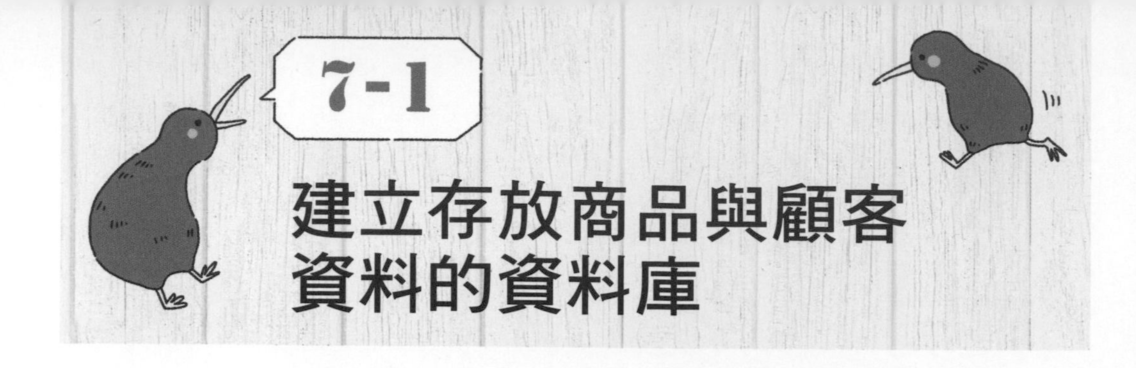

7-1 建立存放商品與顧客資料的資料庫

首先製作本章的程式要存取的**資料庫**。也就是要在網站伺服器上，用來儲存購物網站的商品、顧客等資料的店鋪資料庫。

利用 SQL 程式建立資料庫

在 phpMyAdmin 上執行 SQL 程式，建立購物網站的資料庫。本章所介紹的範例程式，都將使用此資料庫。

比照 Chapter6-2 節的說明，啟動 MySQL 後，在 phpMyAdmin 上執行 SQL 程式。

這裡要執行的 SQL 程式是書附範例中的 **chapter7\shop.sql**。shop.sql 的內容較長，您可以利用文字編輯器開啟檔案後，將檔案內容全選並複製後，貼到 phpMyAdmin 的指令輸入欄。

▼ 在 phpMyAdmin 建立資料庫

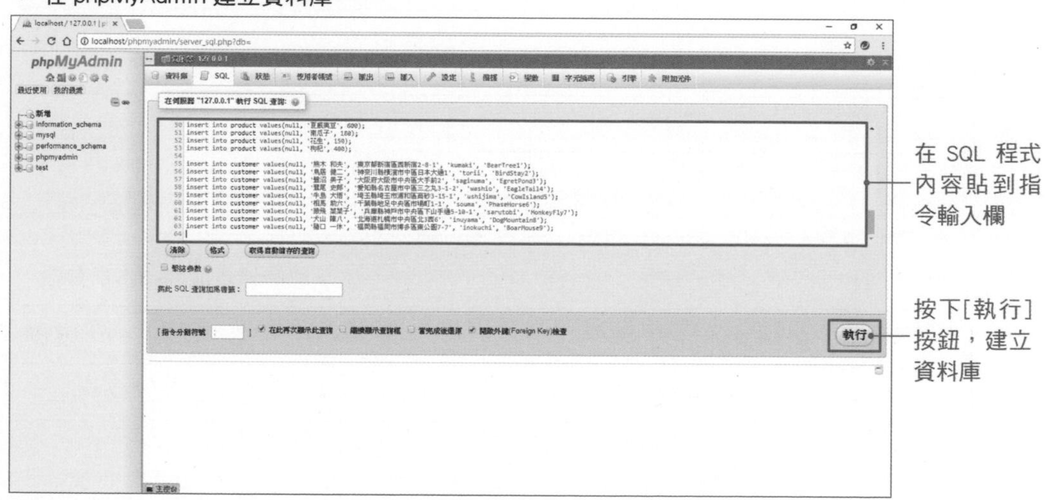

新增完成後，畫面上會出現綠色的打勾符號以及「新增了 1 列」等成功訊息。

▼ SQL 程式執行成功時

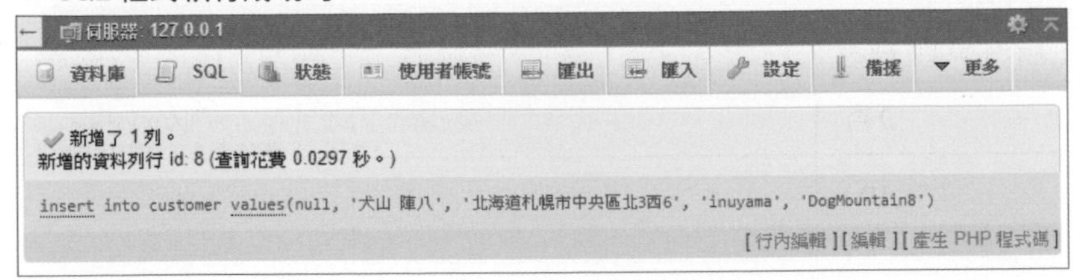

點選畫面上方的〔資料庫〕頁籤，就可查看目前 MySQL 所管理的所有資料庫。在執行完 shop.sql 之後，左側資料庫一覽表中就會出現 **shop** 這個項目。點選〔shop〕後，就會列出 customer、favorite 等資料表。

 建立資料庫與使用者

針對建立資料庫的 SQL 程式（shop.sql），要點說明如下。這支程式的完整內容請參照範例程式（chapter7\shop.sql）。

首先，進行資料庫建立與使用者新增，各行程式所代表的功能如下。關於這些功能的詳細說明，請參照 Chapter6。

drop database 指令是當 shop 資料庫已存在時，刪除已存在的資料庫。

```
drop database if exists shop;
```

create database 指令是用來建立一個新的 shop 資料庫。

```
create database shop default character set utf8 collate utf8_general_ci;
```

grant 指令用來建立一個名為 staff 的使用者，其登入密碼設定為「password」，並授與操作 shop 資料庫的權限。

```
grant all on shop.* to 'staff'@'localhost' identified by 'password';
```

use 指令用來連結到剛建立的 shop 資料庫。

```
use shop;
```

建立資料表

在 shop 資料庫中，利用 **create table 指令**建立下列這些資料表。

▼ 要建立的資料表

資料表名稱	概述	包含的資料欄
product	商品資料	商品編號、商品名稱、價格
customer	顧客資料	客戶編號、姓名、地址、登入ID、密碼
purchase	訂單主檔	訂單編號、客戶編號
purchase_detail	訂單明細	訂單編號、商品編號、數量
favorite	我的最愛	客戶編號、商品編號

資料表之間的關係如下圖所示。每個資料表的資料欄名（英文）及其說明（中文）也表列如下，不同資料表中以線相連的資料欄，表示二個欄位有關係。

▼ 資料表之間的關係

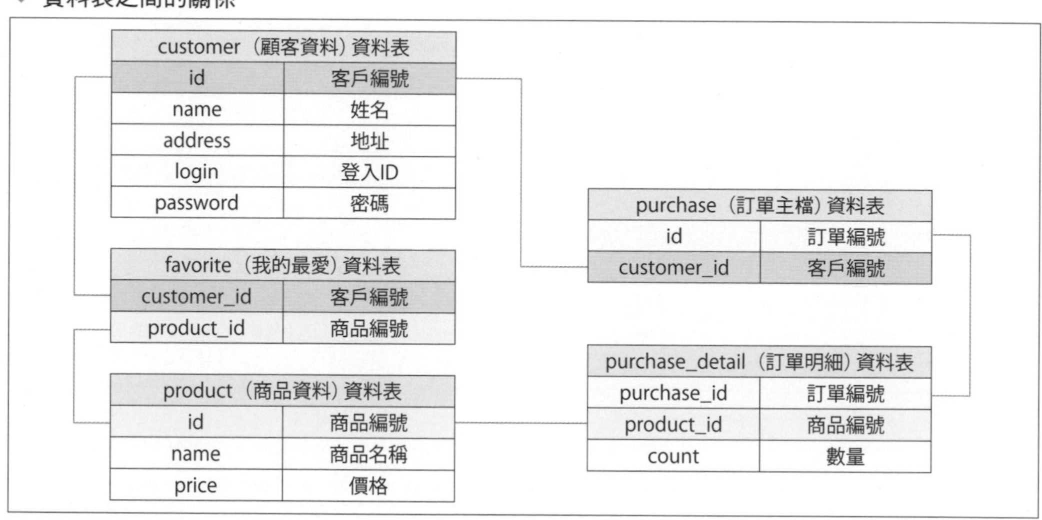

在 Chapter6 所用的資料庫中只有 1 個資料表，但購物網站一般是像本例一樣，使用多個相關的資料表。通常會利用客戶編號和商品編號等欄位，建立各資料表之間的關連。

唯一值

unique 關鍵字是用來設定「唯一值」。在資料欄上加入唯一值限制後，每一筆資料的此欄值都會是唯一值，不同筆資料不會有重複的值。

以 customer 資料表為例，設定唯一值限制的敘述如下。

```
login varchar(100) not null unique,
```

login 是用來存放登入 ID 的資料欄，此行最後的 unique 就是用來設定它為唯一值。為了避免不同顧客使用相同的登入 ID，這個欄位一定要加上唯一值限制。

外部鍵值

foreign key 稱為「外部鍵值」。設定為外部鍵值的資料欄中，只能放入指定資料表的指定資料欄中已存在的值。

以 purchase 資料表為例，設定外部鍵值的敘述如下。

```
foreign key(customer_id) references customer(id)
```

這行敘述是指「**purchase 資料表的 customer_id 資料欄，只能放入 customer 資料表的 id 資料欄中已存在的值**」，換句話說，也就是「訂單主檔中的客戶編號，必須是顧客資料表中已存在的客戶編號」。

複合主鍵

primary key 稱為「主鍵」。所謂的主鍵，在每一筆資料列必須為不可重複的值。

以多個資料欄合併組成的主鍵，稱為「複合主鍵」。

以 purchase_detail 資料表為例，利用下行敘述，可將 purchase_id 與 product_id 設定為一組複合主鍵。

```
primary key(purchase_id, product_id),
```

在本章範例中，這個資料表有可能會有多筆資料的 purchase_id 欄皆為相同值，因此無法做為主鍵。 product_id 也有同樣狀況，因而無法做為主鍵。

但若將 purchase_id 與 product_id 合併成一組，在這個資料表內就不會出現值重複的狀況。因此，將 purchase_id 與 product_id 合在一起，設定成一組複合主鍵。

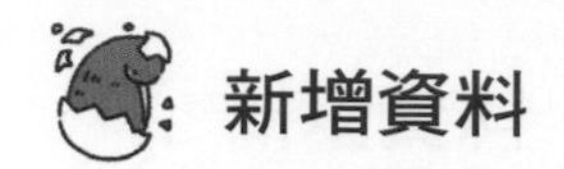

新增資料

利用 **insert into 指令**將資料寫入資料表。本例的程式只將資料新增到 product（商品）資料表與 customer（顧客）資料表。其它資料表則會在之後介紹的各項功能操作後，才會產生資料。

product 資料表

要在 product 資料表中新增商品資料，以下行敘述為例。

```
insert into product values(null, '松果', 700);
```

這行 SQL 指令將會寫入下列資料。

▼ product 資料表內新增資料

資料欄	內容值
id	null（自動產生編號）
name	松果
price	700

customer 資料表

要在 customer 資料表中新增顧客資料，以下行敘述為例。

```
insert into customer values(null, '熊木 和夫',
    '東京都新宿區西新宿2-8-1', 'kuaka', 'BearTree1');
```

▼ customer 資料表內新增資料

資料欄	內容值
id	null（自動產生編號）
name	熊木 和夫
address	東京都新宿區西新宿2-8-1
login	kuaka
password	BearTree1

網站登入與登出

login、logout、session

大多數的購物網站都有提供登入功能，使用者只要登入網站，就可以自動帶出寄送資料，或是將商品加入我的最愛，查詢過去訂單資料等。要製作登入功能，就必須利用 **Session 機制**。

▼ 本節目標

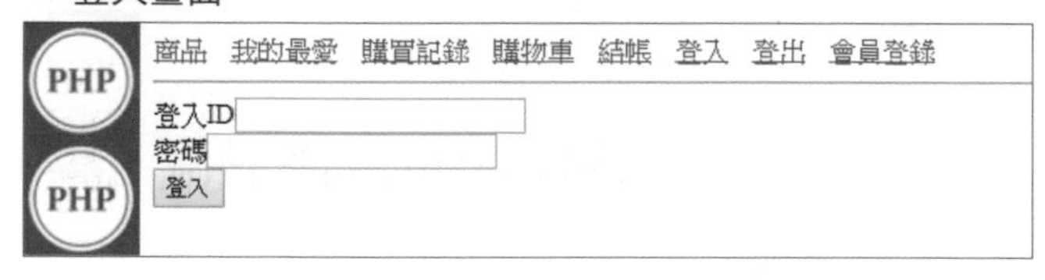

製作以ID和密碼登入的功能

製作登入畫面

首先，製作輸入登入 ID 與密碼的畫面。

▼ 登入畫面

商品 我的最愛 購買記錄 購物車 結帳 登入 登出 會員登錄
登入ID
密碼
登入

List login-input.php PHP

```
<?php require '../header.php';?>
<?php require 'menu.php';?>
<form action="login-output.php" method="post">
登入ID<input type="text" name="login"><br>
密碼<input type="password" name="password"><br>
<input type="submit" value="登入">
</form>
<?php require '../footer.php';?>
```

要執行程式前，請先利用 XAMPP 控制面板啟動 Apache 與 MySQL。登入畫面的檔案儲存為 **chapter7\login-input.php**，因此可直接在瀏覽器執行下列 URL，或從網頁的功能選單上點選〔登入〕開啟登入畫面。另外，要顯示出功能選單，必須利用之後會介紹的 **menu.php**。

執行 **http://localhost/php/chapter7/login-input.php**

利用 <input> 標籤產生登入 ID 與密碼的輸入欄位，其中登入 ID 欄的 type 屬性設定為 text；密碼欄的 type 則設定為 password，如此一來，畫面上就不會顯示出輸入的密碼。

功能選單

在 Chapter7 的範例中，每個畫面的最上方都會顯示出功能選單。利用這個功能選單將 Chapter7 的各個功能程式整合在一起，就能完成一個完整的購物網站。

在每支程式一開頭所載入的「menu.php」，就是用來產生功能選單。利用 **require 敘述**即可將外部 PHP 程式，載入目前所在程式中。因此在要執行 Chapter7 的範例程式前，請先確定同一資料夾內已先存入了 menu.php。

```
<?php require 'menu.php'; ?>
```

menu.php 中則是指定了每個功能的對應 PHP 程式。例如，「商品」功能的選項如下。

```
<a href="product.php">商品</a>
```

整支程式的內容請參照範例程式 **chapter7\menu.php**。在 menu.php 中，利用 <a> 標籤產生進入各項功能的連結。最後的 <hr> 標籤，則會在功能選單與程式本身執行產生的畫面之間插入一條區隔用的水平線。

製作登入機制

參照下列程式，撰寫以登入 ID 與密碼登入網站的程式，檔案儲存為 **chapter7\login-output.php**。

login-output.php

```
<?php require '../header.php';?>
<?php require 'menu.php';?>
<?php
session_start();
unset($_SESSION['customer']);
$pdo=new PDO('mysql:host=localhost;dbname=shop;charset=utf8',
    'staff', 'password');
$sql=$pdo->prepare('select * from customer where login=? and
password=?');
$sql->execute([$_REQUEST['login'], $_REQUEST['password']]);
foreach ($sql->fetchAll() as $row) {
    $_SESSION['customer']=[
        'id'=>$row['id'], 'name'=>$row['name'],
        'address'=>$row['address'], 'login'=>$row['login'],
        'password'=>$row['password']];
}
if (isset($_SESSION['customer'])) {
    echo '親愛的', $_SESSION['customer']['name'], '、歡迎光臨。';
} else {
    echo '登入ID或密碼有誤。';
}
?>
<?php require '../footer.php';?>
```

在 Step1 的輸入畫面上輸入登入 ID 與密碼後，按下〔登入〕按鈕，就可執行登入功能。執行時需輸入資料庫已儲存的登入 ID 及其對應密碼，才能順利登入。

舉例來說，若在登入 ID 輸入「kumaki」，密碼輸入「BearTree1」，即可登入「熊木和夫」的顧客帳戶。

▼ 登入成功

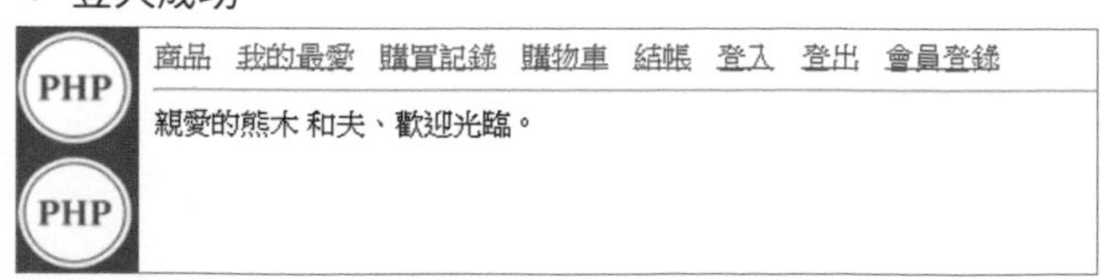

若在登入 ID 輸入資料庫內沒有的「kumaki2」，則會顯示登入失敗訊息。

▼ 登入失敗

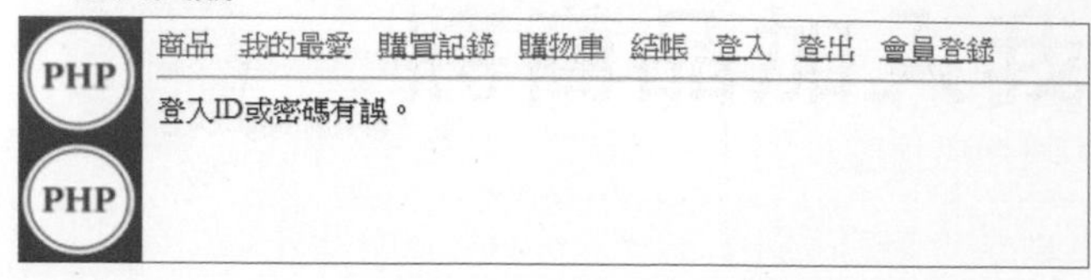

解說

Session

所謂的「**Session**」是在網頁應用程式中用來放置各使用者資料的機制。利用 Session 機制，就能管理每個使用者的個別資料。在購物網站中，要做到登入與購物車等功能，就必須利用 Session 機制。

關於 Session 機制的運作方式，首先說明 Session 啟動時的處理如下。

▼ 產生 SessionID 與 Session 資料

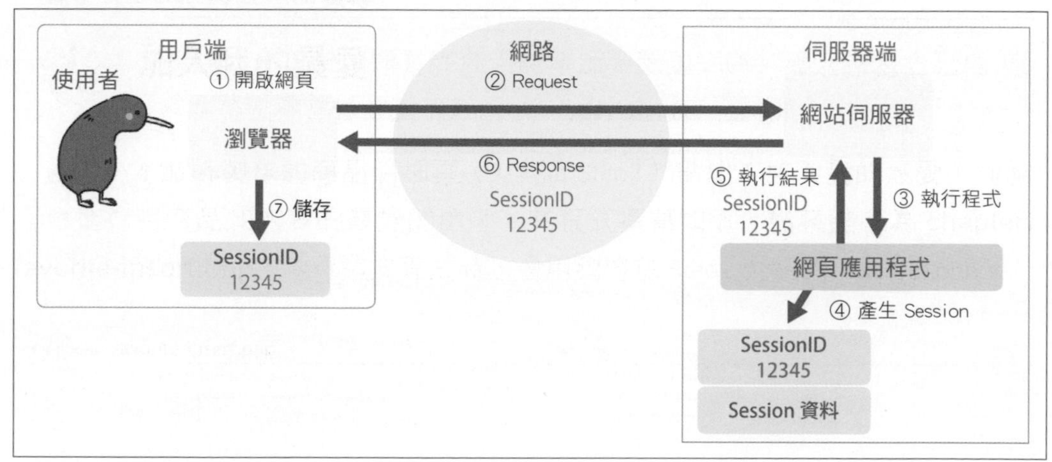

① **使用者開啟網頁**

② **瀏覽器將 Request 送給網站伺服器**

③ **網站伺服器執行網頁應用程式**

④ **網頁應用程式產生「SessionID」與「Session 資料」**

SessionID 是用來識別個別 Session 的編號，每個 Session 都會有一個不同的 SessionID。

Session 資料則是存放在每個 Session 裡的資料。在 PHP 中，可透過 $_SESSION 陣列存取 Session 資料。$_SESSION 是 PHP 中預設的陣列型態變數（3-4 節）。

⑤ **網頁應用程式將 SessionID 傳給網站伺服器。**

⑥ **網站伺服器將 SessionID 當做 Response 中的項目，回傳給瀏覽器。**

⑦ **瀏覽器收到 SessionID 後，將它保存在用戶端。傳送與保存 SessionID 時，使用的是「Cookie」機制。**

接下來，當使用者再次開啟網站上的頁面時，將會進行下列處理。使用者一開啟網頁，瀏覽器就會自動將目前保存的 SessionID 傳送給網站伺服器。網頁應用程式利用接收到的 SessionID，就能取得對應的 Session 資料。

▼ 將 SessionID 傳送到網站伺服器

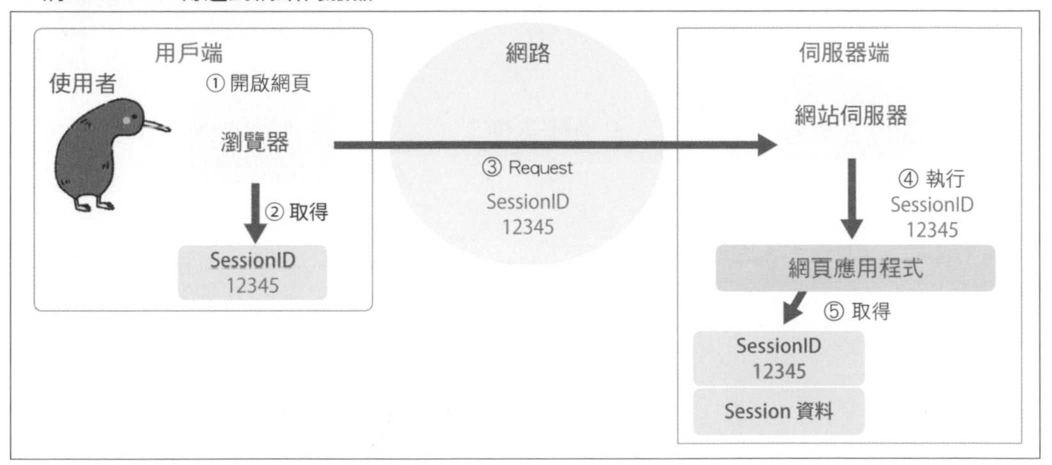

有多個使用者同時使用網頁應用程式時，每個使用者會取得不同的 SessionID，藉此讓各使用者可對應到各自的 Session 資料。

▼ 每個使用者會有自己的 Session 資料

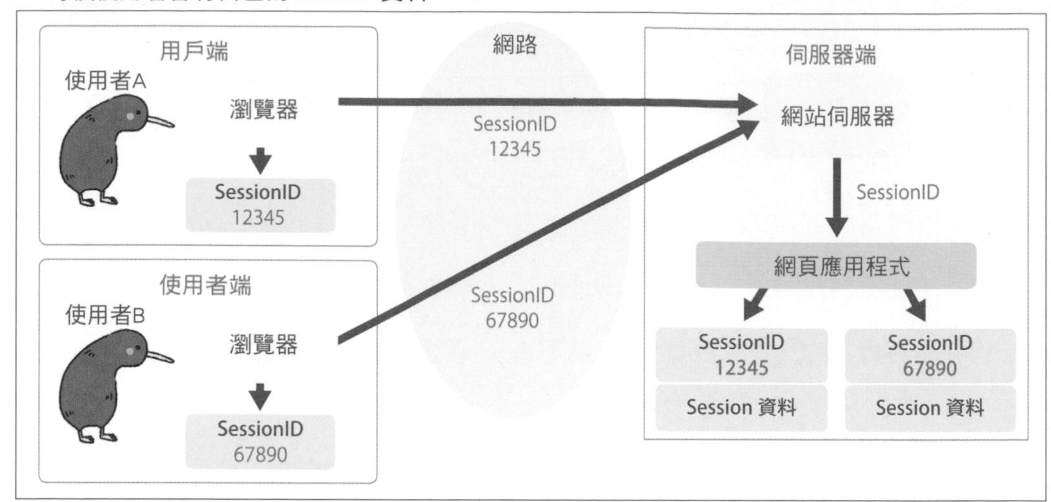

利用 Session 製作登入功能

以 Session 製作的登入功能流程如下所示。

▼ 產生 SessionID 與 Session 資料

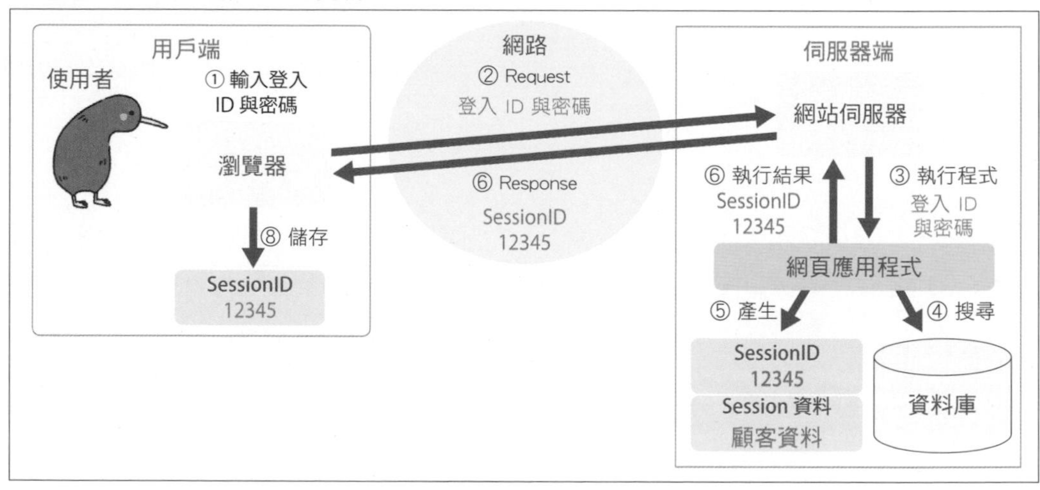

① **首先，使用者輸入登入 ID 與密碼。**

② **以 REQUEST 參數將登入 ID 與密碼傳送到網站伺服器。**

③ **網站伺服器啟動網頁應用程式，並以 REQUEST 參數將登入 ID 及密碼傳給程式。**

④ **網頁應用程式以登入 ID 及密碼搜尋資料庫中是否有二個欄位同時相符的資料。**

⑤ **若資料庫中已有資料，則產生 SessionID 與 Session 資料。本例的 Session 中會儲存顧客資料（登入 ID、密碼、客戶姓名、地址）。**

⑥ **網頁應用程式將 SessionID 傳給網站伺服器。**

⑦ **網站伺服器將包含了 SessionID的Response 回傳給瀏覽器。**

⑧ **瀏覽器儲存 SessionID。**

當使用者再度開啟網頁時，瀏覽器會將 SessionID 傳送給網站伺服器，網頁應用程式再藉由 SessionID 取得 Session 資料。

透過是否能取得 Session 資料，就能判斷使用者是否已登入網站。若能取得 Session 資料，表示已登入；若無法取得 Session 資料，表示使用者未登入。

Session 啟用

在 PHP 中要存取 Session 之前，必須先呼叫 **session_start 函式**啟用 Session。

```
session_start();
```

利用 $_SESSION 陣列存取 Session 資料。在本例中，將顧客資料以「customer」為索引存放到 $_SESSION 陣列。

```
$_SESSION['customer']
```

本例採用的流程是在登入之前，若已有同 ID 的使用者登入系統，則先將他登出的做法，因此必須將 SESSION 資料中已存在的顧客資料先刪除。要將變數刪除，必須使用 **unset 函式**。

```
unset($_SESSION['customer']);
```

使用此函式時若有指定陣列元素，則只會刪除指定的元素，並不會將整個陣列刪除。此行程式表示從 $_SESSION 陣列中刪除索引為 'customer' 的元素。

檢查登入 ID 與密碼

接下來將登入 ID 及密碼合併成一組條件，搜尋資料庫。若能找到同時符合二個欄位的資料，表示輸入的登入 ID 與密碼正確，進入可登入系統的流程。

利用 **PDO**（6-3 節）連結 shop 資料庫。PDO 是提供 PHP 與資料庫連線功能的元件。

```
$pdo=new PDO('mysql:host=localhost;dbname=shop;charset=utf8',
    'staff', 'password');
```

撰寫用來搜尋登入 ID 與密碼的 SQL 指令。要在 customer 資料庫中找出同時符合輸入的登入 ID 與密碼的資料，select 敘述應撰寫如下。

```
'select * from customer where login=輸入的登入ID and password=輸入的密碼
```

利用 **prepare 方法** (6-4 節 Step3) 預處理 SQL 的敘述。 其中，輸入的登入 ID 與密碼的位置以？代替。

```
$sql=$pdo->prepare(
    'select * from customer where login=? and password=?');
```

利用 **execute 方法** (6-4 節 Step3) 執行 SQL 指令。將要代入 SQL 指令中？位置的值，以陣列型態傳入 execute 方法。本例中要代入的值是從 REQUEST 參數取得的登入 ID **「$_REQUEST['login']」** 與密碼 **「$_REQUEST['password']」**，因此需以下行程式將這 2 項資料組成陣列。

```
[$_REQUEST['login'], $_REQUEST['password']]
```

將陣列傳入 execute 方法。

```
$sql->execute([$_REQUEST['login'], $_REQUEST['password']]);
```

產生 Session 資料

execute 方法執行 SQL 指令後的結果，可利用 **fetchAll 方法**（6-4 節 Step3）取得。再配合 **foreach 迴圈**就可處理取得的資料。

```
foreach ($sql->fetchAll() as $row) {
```

若有找到登入 ID 與密碼同時符合的資料，則執行 foreach 迴圈內的程式。因此要在迴圈內進行下列處理。

將從資料庫中取得的顧客資料逐筆放入變數 $row 中，即可用 $row['id'] 取得客戶編號（id）。以此類推，顧客的姓名（name）、地址（address）、登入 ID（login）、密碼（password）也可分別以同樣方式取得。並以各資料欄的名稱做為索引，建立陣列如下。

```
[
    'id'=>$row['id'],
    'name'=>$row['name'],
    'address'=>$row['address'],
    'login'=>$row['login'],
    'password'=>$row['password']
]
```

再將這個陣列指定為 $_SESSION['customer']。

```
$_SESSION['customer']=[
    'id'=>$row['id'], 'name'=>$row['name'],
    'address'=>$row['address'], 'login'=>$row['login'],
    'password'=>$row['password']];
```

之後的程式就可用下列寫法取得顧客資料。

▼ 取得顧客資料

資料項目	寫法
客戶編號	$_SESSION['customer']['id']
客戶姓名	$_SESSION['customer']['name']
地址	$_SESSION['customer']['address']
登入ID	$_SESSION['customer']['login']
密碼	$_SESSION['customer']['password']

顯示登入結果

在登入流程完成時，應會成功建立 $_SESSION['customer']。因此，只要利用可檢查變數是否已宣告的 **isset 函式**（4-1 節 Step2），就可確定登入是否成功。

```
if (isset($_SESSION['customer'])) {
```

當登入成功時，顯示歡迎訊息，並從 Session 資料中取得顧客姓名，顯示在畫面上。

```
echo '親愛的', $_SESSION['customer']['name'], '、歡迎光臨。';
```

製作登出功能

接著來製作與登入功能成對的**登出**功能。登出系統時，必須清除登入時所建立的 Session 資料。

執行登出功能前，應先顯示確認畫面如下。

▼ 確認登出畫面

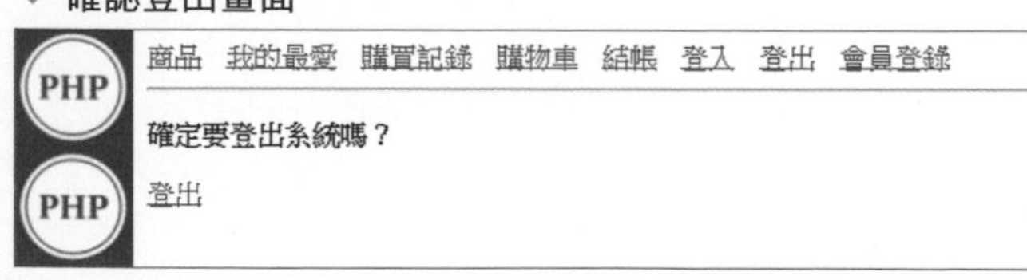

logout-input.php

```
<?php require '../header.php';?>
<?php require 'menu.php';?>
<p>確定要登出系統嗎？</p>
<a href="logout-output.php">登出</a>
<?php require '../footer.php';?>
```

確認登出畫面的程式為 **chapter7\logout-input.php**。可直接在瀏覽器上執行下列 URL，或從功能表上點選 [登出] 即可開啟網頁。

執行 **http://localhost/php/chapter7/logout-input.php**

若程式正確執行，則會顯示以 <a> 標籤產生的〔登出〕連結，點按這個連結就會執行實際進行登出處理的程式（logout-output.php）。

登出處理的程式內容如下所示，檔案儲存為 **chapter7\logout-output.php**。

logout-output.php

```
<?php require '../header.php';?>
<?php require 'menu.php';?>
<?php
session_start();
if (isset($_SESSION['customer'])) {
    unset($_SESSION['customer']);
    echo '登出成功。';
} else {
    echo '您原本就已登出。';
}
?>
<?php require '../footer.php';?>
```

在登出畫面上按下〔登出〕的連結後，執行這支程式。若使用者原本已登入系統，則顯示「登出成功」訊息。

▼ 登出成功

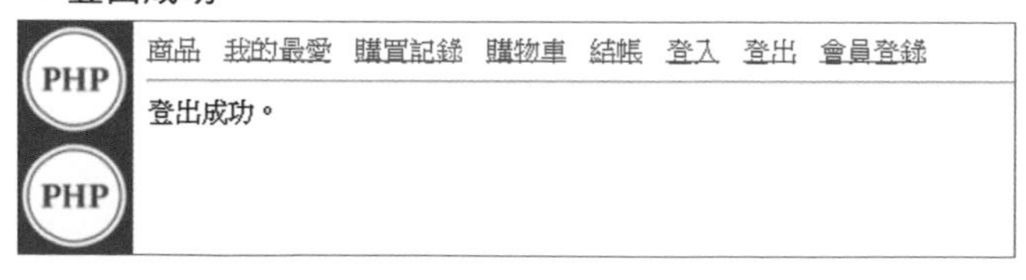

若原本並未登入系統，或是早已登出系統，則顯示「您原本就已登出。」的訊息。

▼ 原本就已登出時

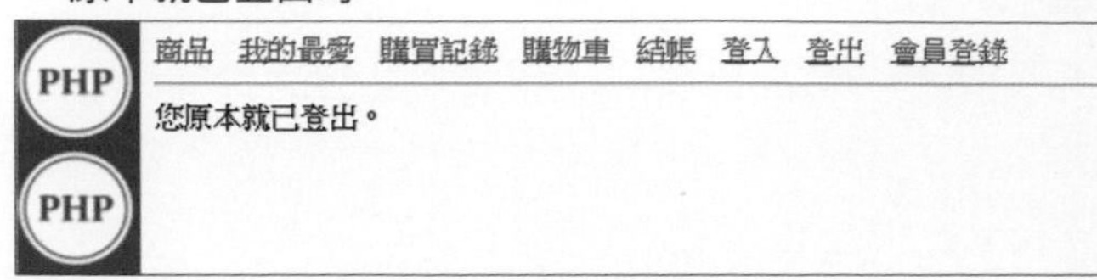

 清除 Session 資料

登出系統的程式也需存取 Session，因此一開始必須先呼叫 session_start 函式。

```
session_start();
```

接著檢查使用者是否已登入系統。利用 isset 函式，檢查 $_SESSION['customer']) 是否已被宣告。

```
if (isset($_SESSION['customer'])) {
```

若使用者已登入系統，則進行登出處理。利用 unset 函式，清除 $_SESSION['customer']) 中存放的顧客資料。

```
unset($_SESSION['customer']);
```

登錄會員資料

資料新增、修改

使用者第一次登入系統之前，必須先在系統新增登入 ID 與密碼等資料。此外，使用者在之後也有可能想要修改登入 ID 與密碼，因此必須製作登入 ID、密碼、姓名、地址等資料的新增與修改功能。

▼ 本節目標

商品 我的最愛 購買記錄 購物車 結帳 登入 登出 會員登錄	
姓名	貓田 重誠
地址	靜岡縣靜岡市葵區追手町9-6
登入ID	nekota
密碼	••••••••••
確定	

製作加入會員與修改會員資料的功能

Step 1 顯示會員資料輸入畫面

首先，製作會員資料的輸入畫面。

▼ 會員資料輸入畫面

商品 我的最愛 購買記錄 購物車 結帳 登入 登出 會員登錄	
姓名	
地址	
登入ID	
密碼	
確定	

List customer-input.php PHP

```
<?php require '../header.php';?>
<?php require 'menu.php';?>
<?php
session_start();
$name=$address=$login=$password='';
```

```
if (isset($_SESSION['customer'])) {
    $name=$_SESSION['customer']['name'];
    $address=$_SESSION['customer']['address'];
    $login=$_SESSION['customer']['login'];
    $password=$_SESSION['customer']['password'];
}
echo '<form action="customer-output.php" method="post">';
echo '<table>';
echo '<tr><td>姓名</td><td>';
echo '<input type="text" name="name" value="', $name, '">';
echo '</td></tr>';
echo '<tr><td>地址
</td><td>';
echo '<input type="test" name="address" value="', $address, '">';
echo '</td></tr>';
echo '<tr><td>登入ID</td><td>';
echo '<input type="text" name="login" value="', $login, '">';
echo '</td></tr>';
echo '<tr><td>密碼</td><td>';
echo '<input type="password" name="password" value="', $password, '">';
echo '</td></tr>';
echo '</table>';
echo '<input type="submit" value="確定">';
echo '</form>';
?>
<?php require '../footer.php';?>
```

將程式儲存為 **chapter7\customer-input.php**，並在瀏覽器執行下列 URL 開啟網頁。

執行 **http://localhost/php/chapter7/customer-input.php**

若程式正確執行，則網頁應顯示出姓名和地址、登入 ID、密碼的輸入欄位以及〔確定〕按鈕。這個網頁也可以從功能表上的〔會員登錄〕功能開啟。

顯示登錄的資料

要修改顧客資料時，應先顯示出現在已登錄的顧客資料，讓使用者可直接修改要變更的項目。本範例就利用使用者登入時存放在 Session 裡的顧客資料（7-2 節 Step1），顯示出目前已登錄的資料內容。

因要對 Session 進行存取，因此必須先呼叫 session_start 函式。

```
session_start();
```

宣告用來暫存姓名、地址、登入 ID、密碼的變數，並先代入空字串。要在多個變數代入相同值時，可如下所示將敘述統整在同一行。和分開成不同行比起來，這樣寫的優點是可讓程式精簡許多。

```
$name=$address=$login=$password='';
```

接著，檢查 Session 內是否已存放了顧客資料。這裡利用的是可檢查變數是否已定義的 isset 函式。

```
if (isset($_SESSION['customer'])) {
```

若顧客資料已存在，則從 Session 中取出顧客資料，並分別代入對應的各變數。以客戶姓名（name）為例，程式如下。

```
$name=$_SESSION['customer']['name'];
```

這些變數會用來產生 <input> 標籤。例如，要產生客戶姓名欄位的 <input> 標籤，程式如下。

```
echo '<input type="text" name="name" value="', $name, '">';
```

實際產生出來的 <input> 標籤如下所示。這將會在網頁上產生一個單行文字欄位，並在欄位中帶出客戶姓名「熊木 和夫」。

```
<input type="text" name="name" value="熊木 和夫">
```

顧客資料的新增與修改處理

參照下列程式，撰寫處理顧客資料新增與修改的程式，並儲存為 **chapter7\customer-output.php**。

customer-output.php

PHP

```
<?php require '../header.php';?>
<?php require 'menu.php';?>
<?php
session_start();
$pdo=new PDO('mysql:host=localhost;dbname=shop;charset=utf8',
    'staff', 'password');
if (isset($_SESSION['customer'])) {
    $id=$_SESSION['customer']['id'];
    $sql=$pdo->prepare('select * from customer where id!=? and
login=?');
    $sql->execute([$id, $_REQUEST['login']]);
} else {
    $sql=$pdo->prepare('select * from customer where login=?');
    $sql->execute([$_REQUEST['login']]);
}
if (empty($sql->fetchAll())) {
    if (isset($_SESSION['customer'])) {
        $sql=$pdo->prepare('update customer set name=?, address=?, '.
            'login=?, password=? where id=?');
        $sql->execute([
            $_REQUEST['name'], $_REQUEST['address'],
            $_REQUEST['login'], $_REQUEST['password'], $id]);
        $_SESSION['customer']=[
            'id'=>$id, 'name'=>$_REQUEST['name'],
            'address'=>$_REQUEST['address'], 'login'=>$_REQUEST['login'],
            'password'=>$_REQUEST['password']];
        echo '客戶資料修改完成。';
    } else {
        $sql=$pdo->prepare('insert into customer values(null,?,?,?,?)');
        $sql->execute([
            $_REQUEST['name'], $_REQUEST['address'],
            $_REQUEST['login'], $_REQUEST['password']]);
        echo '客戶資料新增完成。';
    }
} else {
    echo '登入 ID 已被使用，請重新設定。';
}
?>
<?php require '../footer.php';?>
```

使用者要登錄新的顧客資料前，必須先利用 7-2 節的登出功能從系統登出。若沒有先登出系統，則只能修改已登錄的顧客資料。

在已登出系統的狀態下，將下列顧客資料輸入 Step1 的輸入畫面。

▼ 輸入的顧客資料

資料欄	內容值
姓名	貓田 重藏
地址	靜岡縣靜岡市葵區追手町9-6
登入ID	nekota
密碼	CatField10

▼ 顧客資料輸入

按下〔確定〕按鈕後，就會顯示「客戶資料新增完成。」的訊息。若是輸入的登入 ID 與資料庫內已存在的登入 ID 重複，則會顯示「登入 ID 已被使用，請重新設定。」訊息。

▼ 顧客資料登錄

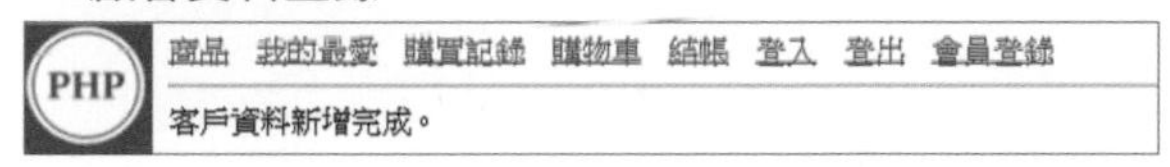

資料新增完成後，請在功能表上點選〔登入〕，以剛才新增的登入 ID 與密碼登入系統看看，應該可以成功登入。在成功登入系統後，畫面上將會顯示出客戶姓名。

在已登入系統的狀態下，點按功能表上的〔會員登錄〕連結，再次開啟 Step1 的輸入畫面。此時畫面上的各欄位中會自動帶出此顧客目前在系統中的資料，直接在這個畫面就能修改顧客資料。例如將密碼改為「CatField10」並按下〔確定〕按鈕後，就會顯示「客戶資料修改完成。」訊息。

▼ 顧客資料更新

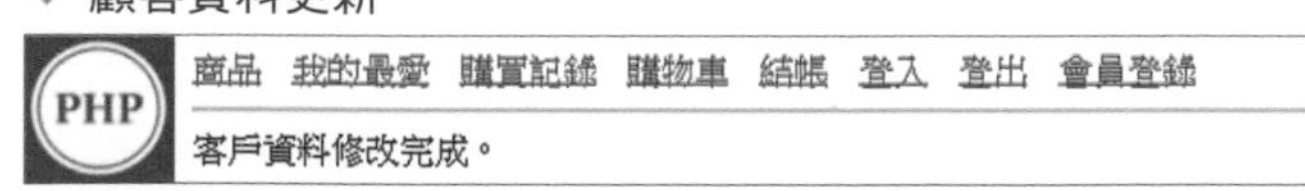

請試著用修改後的顧客資料再次登入系統。此時應該使用原本的登入 ID 與新的密碼，才能成功登入。

檢查登入 ID 是否重複

首先，必須先啟動 Session 及連線資料庫這個步驟與 7-2 節 Step2 登入功能的處理流程一樣。

接著必須檢查輸入的登入 ID，是否已被使用。這個步驟在使用者已登入系統時與未登入系統時，有不同的處理流程。

若使用者已登入系統，則利用下列 SQL 指令，檢查是否有其它使用者的登入 ID 與目前使用者相同。指令中的 id 要指定為目前使用者的客戶編號，login 則指定為輸入的登入 ID。

```
select * from customer where id!=? and login=?
```

若使用者未登入系統，則以下列 SQL 指令檢查是否有使用者的登入 ID 與目前輸入的值相同。指令中的 login 即指定為輸入的登入 ID。

```
select * from customer where login=?
```

無論是以上的哪一種狀況，若未搜尋到符合的資料，表示沒有使用者的登入 ID 與輸入值相同。要確認是否有找到符合的資料，可利用 **empty 函式**（6-5 節 Step4）檢查變數是否為空值。若被指定為傳入參數的變數或運算式為空值，則 empty 函式會傳回 TRUE 值。

```
if (empty($sql->fetchAll())) {
```

寫入顧客資料

若使用者已登入系統，則修改資料庫內的資料；若使用者未登入系統，則新增顧客資料。利用 **isset 函式**檢查 Session 資料是否存在，就可藉此判斷使用者的登入狀態。

```
if (isset($_SESSION['customer'])) {
```

若使用者已登入，則利用下行所示的 SQL update 敘述（6-6 節 Step1），修改資料庫的資料。

```
update customer set name=?, address=?, login=?, password=? where id=?
```

利用 execute 方法（6-4 節 Step3）執行 SQL 指令，並在「?」的部份分別代入輸入的姓名、地址、登入 ID、密碼、客戶編號等資料。

```
$sql->execute([
    $_REQUEST['name'], $_REQUEST['address'],
    $_REQUEST['login'], $_REQUEST['password'], $id]);
```

資料庫內的資料更新完成後，還必須更新 Session 裡的資料。將客戶姓名（name）、地址（address）、登入 ID（login）、密碼（password）等欄位名稱指定為索引值，設定陣列後將它放入 $_SESSION['customer']。在 7-2 節的 Step2 中的登入功能，也有類似的處理。

```
$_SESSION['customer']=[
    'id'=>$id, 'name'=>$_REQUEST['name'],
    'address'=>$_REQUEST['address'], 'login'=>$_REQUEST['login'],
    'password'=>$_REQUEST['password']];
```

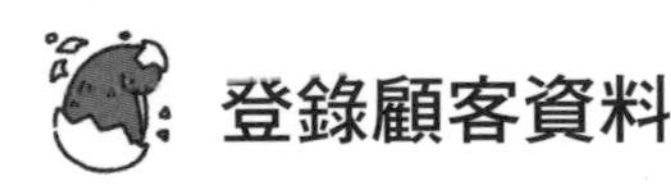

登錄顧客資料

若使用者未登入系統，則利用下行所示的 SQL insert 敘述（6-5 節），將顧客資料新增到資料庫。

```
insert into customer values(null,?,?,?,?)
```

這裡的「?」部份同樣要分別代入姓名、地址、登入 ID、密碼等資料，並利用 execute 方法執行 SQL 指令。

```
$sql->execute([
    $_REQUEST['name'], $_REQUEST['address'],
    $_REQUEST['login'], $_REQUEST['password']]);
```

7-4 購物車功能

購物車

本節要製作購物網站常用的購物車功能，主要是將商品放入購物車時的處理。商品介紹頁除了提供使用者查看商品明細資料外，並加上可將商品放入購物車的功能。

▼ 本節目標

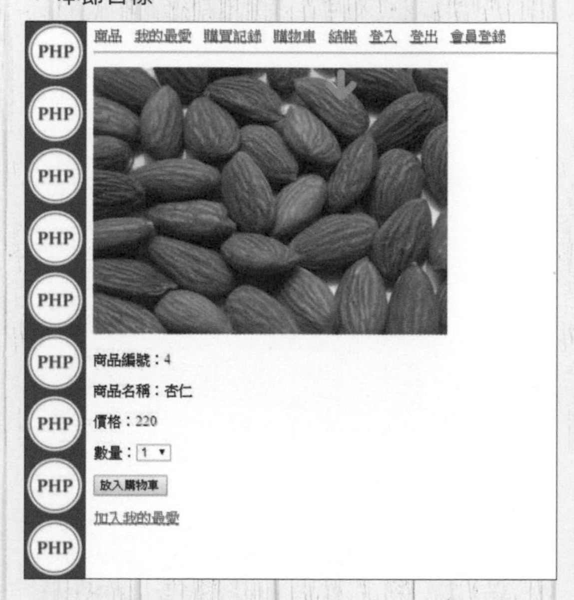

在商品明細資料頁加上可將商品放入購物車的功能

Step 1 顯示商品清單

首先顯示商品清單頁，並可從這裡進入個別商品的明細資料頁。在商品清單表上，還提供搜尋商品資料表中所存商品資料的功能。

List product.php PHP

```
<?php require '../header.php';?>
<?php require 'menu.php';?>
<form action="product.php" method="post">
```

```
商品搜尋
<input type="text" name="keyword">
<input type="submit" value="搜尋">
</form>
<hr>
<?php
echo '<table>';
echo '<th>商品編號</th><th>商品名稱</th><th>價格</th>';
$pdo=new PDO('mysql:host=localhost;dbname=shop;charset=utf8',
    'staff', 'password');
if (isset($_REQUEST['keyword'])) {
    $sql=$pdo->prepare('select * from product where name like ?');
    $sql->execute(['%'.$_REQUEST['keyword'].'%']);
} else {
    $sql=$pdo->prepare('select * from product');
    $sql->execute([]);
}
foreach ($sql->fetchAll() as $row) {
    $id=$row['id'];
    echo '<tr>';
    echo '<td>', $id, '</td>';
    echo '<td>';
    echo '<a href="detail.php?id=', $id, '">', $row['name'], '</a>';
    echo '</td>';
    echo '<td>', $row['price'], '</td>';
    echo '</tr>';
}
echo '</table>';
?>
<?php require '../footer.php';?>
```

▼ 商品一覽

程式儲存為 **chapter7\product.php**。要執行此程式時，可在瀏覽器直接開啟下列 URL，或從功能表選按〔商品〕連結就可執行。

執行 **http://localhost/php/chapter7/product.php**

程式正確執行時，會顯示出所有商品的一覽表。並在畫面最上方顯示商品搜尋欄，利用此欄位即可搜尋商品資料。關於商品一覽表的顯示（6-3 節）與商品搜尋功能（6-4 節）的詳細做法，請參照 Chapter6。

顯示搜尋結果

在進行資料顯示的處理時，若 REQUEST 參數中包含了搜尋關鍵字，則進行商品搜尋。此時可利用 **if 判斷式**檢查是否有搜尋關鍵字。

```
if (isset($_REQUEST['keyword'])) {
```

本例中，搜尋關鍵字的 REQUEST 參數名設定為 keyword（商品搜尋輸入欄的 name 屬性值設為 keyword）。這裡所進行的商品搜尋，是針對商品名稱的模糊搜尋（6-4 節 Step4），也就是找出商品名稱中包含了搜尋關鍵字的商品。

若 REQUEST 參數中不包含搜尋關鍵字，則顯示所有商品的一覽表。

顯示商品明細頁

在 Step1 所製作的商品清單中點選商品，就可進入商品明細頁。商品明細頁的程式撰寫如下，檔案儲存為 **chapter7\detail.php**。

List **detail.php** PHP

```php
<?php require '../header.php';?>
<?php require 'menu.php';?>
<?php
$pdo=new PDO('mysql:host=localhost;dbname=shop;charset=utf8',
```

```
    'staff', 'password');
$sql=$pdo->prepare('select * from product where id=?');
$sql->execute([$_REQUEST['id']]);
foreach ($sql->fetchAll() as $row) {
    echo '<p><img src="image/', $row['id'], '.jpg"></p>';
    echo '<form action="cart-insert.php" method="post">';
    echo '<p>商品編號：', $row['id'], '</p>';
    echo '<p>商品名稱：', $row['name'], '</p>';
    echo '<p>價格：', $row['price'], '</p>';
    echo '<p>數量：<select name="count">';
    for ($i=1; $i<=10; $i++) {
        echo '<option value="', $i, '">', $i, '</option>';
    }
    echo '</select></p>';
    echo '<input type="hidden" name="id" value="', $row['id'], '">';
    echo '<input type="hidden" name="name" value="', $row['name'], '">';
    echo '<input type="hidden" name="price" value="', $row['price'], '">';
    echo '<p><input type="submit" value="放入購物車"></p>';
    echo '</form>';
    echo '<p><a href="favorite-insert.php?id=', $row['id'],
        '">加入我的最愛</a></p>';
}
?>
<?php require '../footer.php';?>
```

要執行這支程式，必須從 Step1 的商品清單頁中點選商品的連結。舉例來說，若點按「腰果」的連結則會顯示商品明細如下。

▼ 商品明細頁

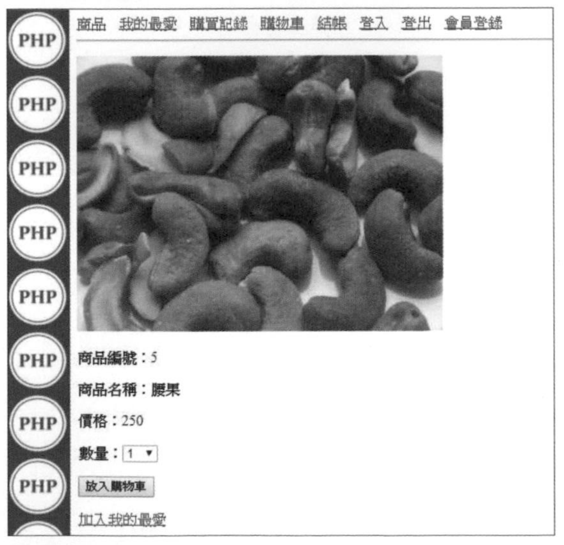

畫面上會顯示出商品的照片、編號、名稱、價格等資料，以及用來指定購買數量的下拉式選單與用來將商品放入購物車的按鈕。用來顯示的商品照片，必須事先以「商品編號 .jpg」為名，存放到程式的檔案所在資料夾內的「image」資料夾。

另外，這支程式還會帶出用來將商品加入「我的最愛」的連結，關於這個加入我的最愛的功能，將在 7-5 節說明。

取得商品資料

範例是以下列 **select 敘述**取得指定商品編號所對應的商品資料。

```
select * from product where id=?
```

利用 **execute 方法**（6-4 節 Step3）執行 SQL 指令，並在「?」的部份代入從 REQUEST 參數取得的商品編號。

```
$sql->execute([$_REQUEST['id']]);
```

以 **fetchAll 方法**（6-4 節 Step3）取得 SQL 的執行結果，並利用 foreach 迴圈顯示商品資料。不過，這裡雖然使用了 foreach 迴圈，但因為指定商品編號所能對應到的商品只有 1 個，因此顯示出來的商品資料也會只有 1 筆。

變數 $row 中存放了從商品資料表中取得的資料列。例如商品編號（id），就可用 $row['id'] 的型式取得，並利用下行程式顯示。以本例來說，實際執行結果將會顯示出「商品編號：5」。

```
echo '<p>商品名稱：', $row['name'], '</p>';
```

商品照片則是利用 <img> 標籤顯示。由於照片放在 image 資料夾時是以「圖片編號 .jpg」的檔名儲存，因此要顯示商品編號為 5 的商品照片時，應產生 <img src="image/5.jpg"> 這樣的標籤。利用下行程式，就可產生這樣的 <img> 標籤與 <p> 標籤。

```
echo '<p><img src="image/', $row['id'], '.jpg"></p>';
```

加入購物車

來解說用來將商品加入購物車的表單。當使用者按下〔加入購物車〕按鈕時，執行程式 cart-insert.php 進行將商品加到購物車裡的處理。

```
echo '<form action="cart-insert.php" method="post">';
```

表單中應有可用來選填訂購數量的下拉式選單。

```
echo '<p>數量：<select name="count">';
…
echo '</select></p>';
```

在下拉式選單中，加入代表 1 到 10 的 <option> 標籤，讓使用者可指定訂購數量為 1 到 10。這裡的 <option> 標籤，可利用 for 迴圈產生。

```
for ($i=1; $i<=10; $i++) {
    echo '<option value="', $i, '">', $i, '</option>';
}
```

設定 for 迴圈開始時的變數 $i 為 1，並指定當 $i 小於等於 10，重複執行迴圈內的處理。即可產生 <option> 標籤如下。

```
<option value="1">1</option>
<option value="2">2</option>
…
```

要將商品加入購物車時，程式必須使用到商品編號、商品名稱、價格等資料，因此利用 type 屬性指定為 hidden 的 <input> 標籤，將這些資料放入 REQUEST 參數中。type 屬性為 hidden 的標籤雖然不會顯示在畫面上，但在 <input> 標籤內的資料，仍會傳送給伺服器。

舉例來說，針對商品編號，使用像 <input type="hidden" name="id" value="5"> 這樣的 <input> 標籤，傳送商品編號的值為 5。這個 <input> 標籤可利用以下程式產生。

```
echo '<input type="hidden" name="id" value="', $row['id'], '">';
```

「加到我的最愛」連結

因為要將商品加入我的最愛清單時，必須使用到商品編號，因此在〔加到我的最愛〕的連結中，設定 REQUEST 參數名 id 對應的值為商品編號。

舉例來說，當商品編號為 5 時，應產生下列連結。

```
<a href="favorite-insert.php?id=5">加到我的最愛</a>
```

這個連結可以用下行程式產生，其中 <a> 標籤用來產生連結，<p> 標籤則用來產生段落。

```
echo '<p><a href="favorite-insert.php?id=', $row['id'],
'">加到我的最愛</a></p>';
```

在購物車中加入商品

在商品明細頁中，點按〔加入購物車〕按鈕後要執行的程式如下。檔案儲存為 **chapter7\cart-insert.php**。另外，這支程式將會使用到 Step4 所介紹的 **cart.php**。

List cart-insert.php PHP

```php
<?php require '../header.php';?>
<?php require 'menu.php';?>
<?php
session_start();
$id=$_REQUEST['id'];
if (!isset($_SESSION['product'])) {
    $_SESSION['product']=[];
```

```
}
$count=0;
if (isset($_SESSION['product'][$id])) {
    $count=$_SESSION['product'][$id]['count'];
}
$_SESSION['product'][$id]=[
    'name'=>$_REQUEST['name'],
    'price'=>$_REQUEST['price'],
    'count'=>$count+$_REQUEST['count']
];
echo '<p>商品放入購物車成功。</p>';
echo '<hr>';
require 'cart.php';
?>
<?php require '../footer.php';?>
```

要執行這支程式，必須在 Step2 的商品明細頁中，選擇數量後按下〔加入購物車〕按鈕（必須要有後述的 cart.php 才能執行）。舉例來說，若在「腰果」的商品明細頁中，選擇數量為 1，並按下〔加入購物車〕按鈕後，即會顯示出購物車目前內容。此時，購物車內被加入了 1 個腰果。

▼ 加入購物車

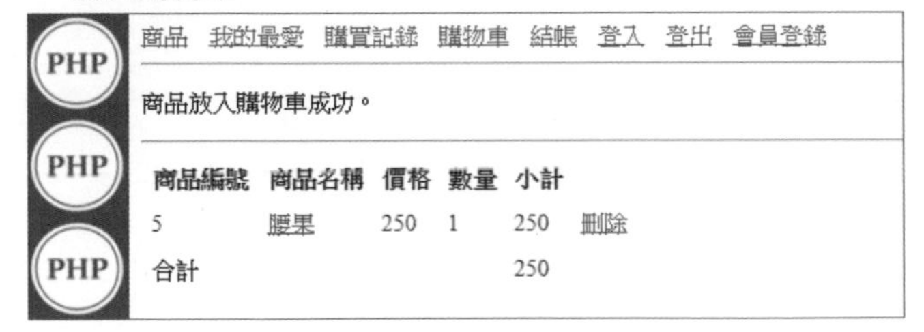

接著試試在購物車中重複加入相同商品時的處理。例如回到腰果的商品明細頁後，選擇數量為 2 後按下〔加入購物車〕的按鈕。此時購物車內的腰果數量將變成 1 個＋ 2 個＝ 3 個。

▼ 相同商品再次加入購物車

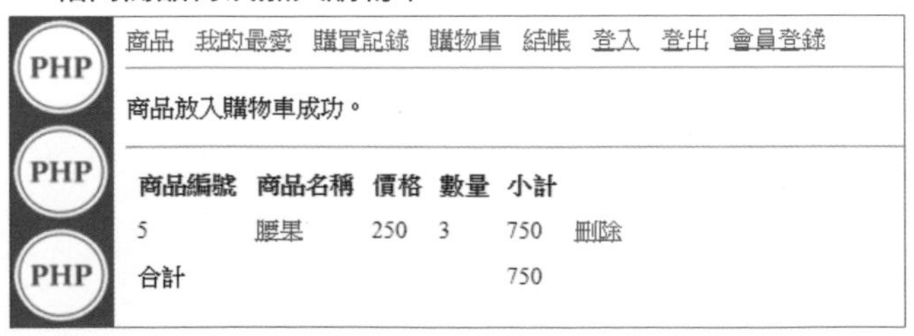

當購物車內放入不同商品時，例如在杏仁的商品明細頁中，選擇數量為 2 後按下〔加入購物車〕的按鈕，此時購物車內應有腰果 3 個與杏仁 2 個。

▼ 不同商品加入購物車

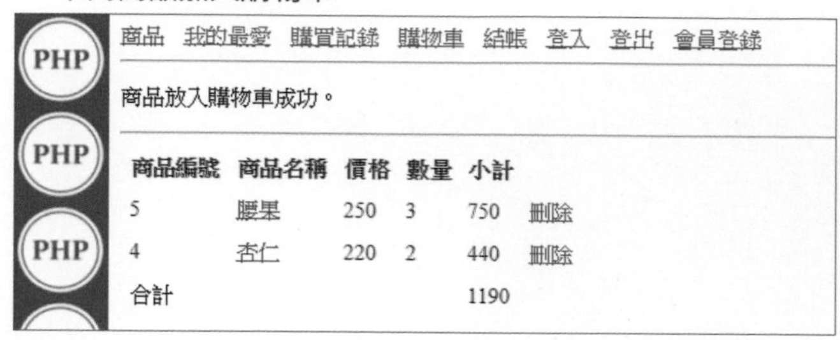

Session 內保存的資料

在變數 **$_SESSION** 所代表的 Session 中，以下列變數存放購物車內的商品資料。這裡的 $_SESSION，是 PHP 預設的陣列變數（7-2 節 Step2）。

▼ 購物車內的商品資料

變數	保存的資料種類
$_SESSION['product'][商品編號]['name']	商品名稱
$_SESSION['product'][商品編號]['price']	價格
$_SESSION['product'][商品編號]['count']	數量

若是在購物車中放入 3 個腰果時，資料如下。

▼ 購物車內的商品資料例①

變數	保存的資料值
$_SESSION['product'][5]['name']	'腰果'
$_SESSION['product'][5]['price']	250
$_SESSION['product'][5]['count']	3

若在購物車中放入 2 個杏仁時，資料如下。

▼ 購物車內的商品資料例②

變數	保存的資料值
$_SESSION['product'][4]['name']	'杏仁'
$_SESSION['product'][4]['price']	220
$_SESSION['product'][4]['count']	2

若在購物車內同時放入腰果與杏仁，則上述與腰果及杏仁相關的變數，都會放入對應值。

購物車初始化

用來表示購物車的變數為 $_SESSION['product']，為了方便說明，這裡將它稱為購物車變數。

在使用者開始購物前，購物車變數並未被定義。因此當購物車變數未定義時，將空陣列指定給購物車變數，藉此將購物車初始化為空值。

要檢查購物車變數是否已被定義，可利用 **isset 函式**。

```
if (!isset($_SESSION['product'])) {
```

當購物車變數未定義時，執行下列程式。

```
$_SESSION['product']=[];
```

意即將空陣列指定給變數 $_SESSION['product']。這裡的 [] 即表示空陣列。

取得購物車內已保存的數量

若是要放入購物車的商品，在購物車內已經存在，則進行將數量合併計算的處理。首先，將表示數量的變數 $count 指定為 0。

```
$count=0;
```

接著，利用 isset 函式檢查要放入購物車的商品，在購物車內是否已經存在。

```
if (isset($_SESSION['product'][$id])) {
```

若購物車內已存在相同商品，則取得購物車內此商品的數量，並將值代入變數 $count。

```
$count=$_SESSION['product'][$id]['count'];
```

在購物車內新增商品

依照前述的購物車結構，將商品名稱、價格、數量等資料放入購物車。

```
$_SESSION['product'][$id]=[
    'name'=>$_REQUEST['name'],
    'price'=>$_REQUEST['price'],
    'count'=>$count+$_REQUEST['count']
];
```

商品名稱與價格的部份，可直接放入從 REQUEST 參數中取得的值。數量的部份，則將變數 $count 的值加上從 REQUEST 參數中取得的數量後，再存入購物車。若購物車內已存放有相同的商品，則因為購物車內的數量已經先代入變數 $count，所以可以藉此將新的數量追加進來。

最後顯示購物車內的商品清單。

```
require 'cart.php';
```

利用 **require 敘述**導入 cart.php。require 敘述是用來載入並執行指定的 PHP 程式。cart.php 的內容將在 Step4 說明。

顯示購物車內的商品清單

除了將商品加入購物車時之外，要從購物車刪除商品時，同樣會用到顯示購物車內商品清單的功能，因此將這段處理切分到 cart.php 檔案中，其它程式可利用 require 敘述將它載入。

請參照下列程式撰寫，並將檔案儲存為 **chapter7\cart.php**。

cart.php PHP

```
<?php
if (!empty($_SESSION['product'])) {
    echo '<table>';
    echo '<th>商品編號</th><th>商品名稱</th>';
    echo '<th>價格</th><th>數量</th><th>小計</th>';
    $total=0;
    foreach ($_SESSION['product'] as $id=>$product) {
        echo '<tr>';
        echo '<td>', $id, '</td>';
        echo '<td><a href="detail.php?id=', $id, '">',
            $product['name'], '</a></td>';
        echo '<td>', $product['price'], '</td>';
        echo '<td>', $product['count'], '</td>';
        $subtotal=$product['price']*$product['count'];
        $total+=$subtotal;
        echo '<td>', $subtotal, '</td>';
        echo '<td><a href="cart-delete.php?id=', $id, '">刪除</a></td>';
        echo '</tr>';
    }
    echo '<tr><td>合計</td><td></td><td></td><td></td><td>', $total,
        '</td><td></td></tr>';
    echo '</table>';
} else {
    echo '購物車內無商品。';
}
?>
```

檢查購物車是否為空

首先要檢查購物車是為是空的。在購物車還未放入任何商品，或將購物車內所有商品刪除時，購物車都會是空的。

利用可檢查變數是否為空值的 **empty 函式**（6-5 節 Step4），以下列程式判斷。

```
if (!empty($_SESSION['product'])) {
```

$_SESSION['product'] 是購物車變數，應會指向存放目前購物車內商品資料的陣列。若購物車內沒有商品，則陣列為空值，此時 empty 函式會傳回 TRUE 值。

在購物車未放入過任何商品前，變數 $_SESSION['product'] 也還未定義。當變數未定義時，empty 函式也會傳回 TRUE 值。

若購物車是空的，則顯示「購物車內無商品。」訊息；若購物車不是空的，則顯示購物車內所有商品的清單。

顯示商品清單

購物車內的商品，是以下列名稱保存在變數 **$_SESSION['product']** 裡。

```
$_SESSION['product'][商品編號A]
$_SESSION['product'][商品編號B]
 …
```

因此，要顯示購物車內的商品清單，需使用 foreach 迴圈，依商品編號的順序取出對應資料。

```
foreach ($_SESSION['product'] as $id=>$product) {
```

從購物車變數中逐一取出元素。其變數 $id 為取出資料時的索引值，取得的資料則放到變數 $product。舉例來說，假設購物車內的資料如下。

▼ 購物車內的內容

變數	值
$_SESSION〔'product'〕〔5〕〔'name'〕	'腰果'
$_SESSION〔'product'〕〔5〕〔'price'〕	250
$_SESSION〔'product'〕〔5〕〔'count'〕	3

變數 $id 會代入索引值 5，在本例中指商品編號。變數 $product 則為如下所示的陣列。

▼ 以 $product 表示時

變數	值
$product['name']	'腰果'
$product['price']	250
$product['count']	3

要顯示商品編號時，可利用變數 $id 撰寫程式如下。其中 <td> 是 HTML 中用來產生表格內資料格的標籤。

```
echo '<td>', $id, '</td>';
```

程式執行後實際產生的內容如下。

```
<td>5</td>
```

要顯示價格時，則可如下所示利用變數 $product 撰寫程式。

```
echo '<td>', $product['price'], '</td>';
```

程式執行後實際產生的內容如下。

```
<td>250</td>
```

刪除購物車內的商品

在每項商品後面顯示下列連結，用來刪除購物車內的商品。

```
<a href="cart-delete.php?id=商品編號">刪除</a>
```

當使用者點按這個連結，就會執行程式 cart-delete.php。此時，REQUEST 參數 id 會將商品編號傳給這支程式。關於 cart-delete.php 將在之後的 Step5 中說明。

舉例來說，當商品編號為 5 時，產生的連結如下。

```
<a href="cart-delete.php?id=5">刪除</a>
```

用來產生連結的程式如下所示。由於這個連結要放在 HTML 表格的資料格中，所以會一併產生 <td> 標籤。

```
echo '<td><a href="cart-delete.php?id=', $id, '">刪除</a></td>';
```

計算小計金額與合計金額

購物車中要依商品逐項顯示小計金額，以及所有商品的合計金額。首先，將各項商品以「**小計 = 價格 * 數量**」逐項計算小計金額。「*」是乘法的算符，實際程式應撰寫如下。這裡將計算出的小計放到變數 $subtotal。

```
$subtotal=$product['price']*$product['count'];
```

合計金額則存放到變數 $total。一開始先將合計金額設定為 0。

```
$total=0;
```

合計金額是以「合計 += 小計」的算式計算。其中「+=」是指將左邊的變數值再累加上右邊的數值，也就是將合計的值再累加上小計的值。購物車內所有商品都會執行這行程式，就可藉此求出全部的合計金額。實際程式如下。

```
$total+=$subtotal;
```

刪除購物車內的商品

刪除購物車內的指定商品。並在商品資料刪除後，再次顯示購物車商品清單。

參照下列程式，撰寫進行購物車內商品刪除處理的程式，並將檔案儲存為 **chapter7\cart-delete.php**。執行這支程式時，會用到程式 cart.php（p.7-37）。

cart-delete.php

```php
<?php require '../header.php';?>
<?php require 'menu.php';?>
<?php
session_start();
unset($_SESSION['product'][$_REQUEST['id']]);
echo '所選商品已移出購物車。';
echo '<hr>';
require 'cart.php';
?>
<?php require '../footer.php';?>
```

要執行這支程式，必須從購物車的商品清單頁，點按欲刪除的商品右側的〔刪除〕連結。例如若刪除「杏仁」時，即會顯示已將商品移除的訊息，且會顯示刪除杏仁後的購物車商品清單。

▼ 刪除購物車內的商品

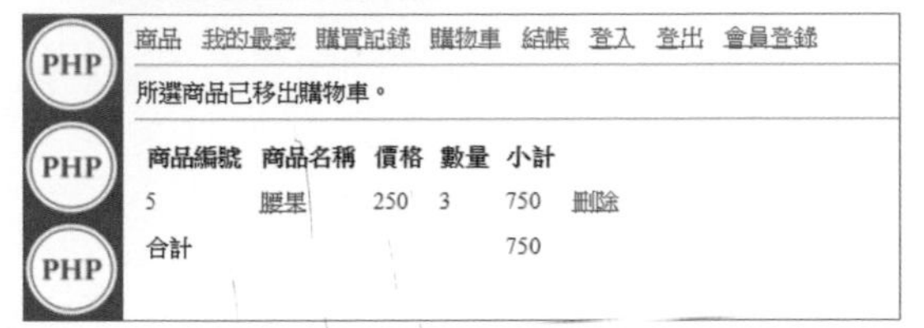

若刪除掉購物車內所有商品，則會顯示購物車內無商品的訊息。

▼ 刪除購物車內所有商品

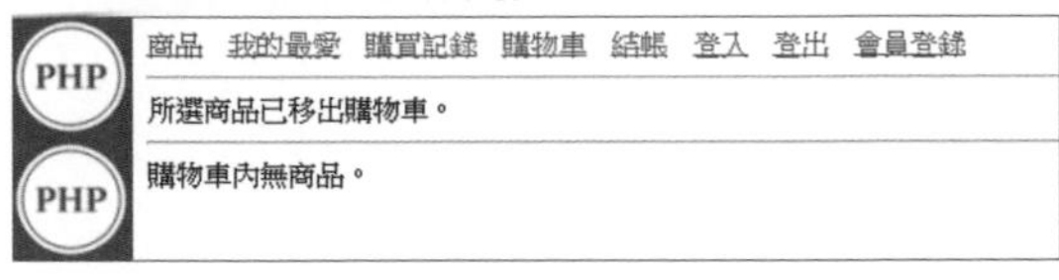

刪除商品資料

如前所述，購物車內的商品，存放在以 $_SESSION['product'][商品編號] 為名的變數中。因此要刪除商品時，只要將對應的變數刪除即可。要刪除變數，必須使用 **unset 函式**。

```php
unset($_SESSION['product'][$_REQUEST['id']]);
```

要刪除的商品編號可從 REQUEST 參數取得。其 REQUEST 參數名為 id。

將商品加入我的最愛

「我的最愛」功能讓使用者可製作想購買商品的清單，又稱為「Wish List」。本節將介紹在我的最愛中加入、顯示、刪除商品資料的做法。

▼ 本節目標

商品 我的最愛 購買記錄 購物車 結帳 登入 登出 會員登錄

商品加入我的最愛成功。

商品編號	商品名稱	價格	
2	核桃	270	刪除
8	夏威夷豆	600	刪除

提供使用者將考慮購入的商品加入「我的最愛」

Step 1 加入我的最愛

若在 7-4 節所製作的商品明細頁（7-4 節 Step2）點按〔加入我的最愛〕連結，就會進行將商品加入我的最愛的處理。其程式撰寫如下，檔案儲存為 **chapter7\favorite-insert.php**。執行這支程式時，會用到將在 Step2 介紹的 favorite.php。

List favorite-insert.php PHP

```
<?php require '../header.php';?>
<?php require 'menu.php';?>
<?php
session_start();
if (isset($_SESSION['customer'])) {
    $pdo=new PDO('mysql:host=localhost;dbname=shop;charset=utf8',
        'staff', 'password');
    $sql=$pdo->prepare('insert into favorite values(?,?)');
    $sql->execute([$_SESSION['customer']['id'], $_
REQUEST['id']]);
    echo '商品加入我的最愛成功。';
```

```
    echo '<hr>';
    require 'favorite.php';
} else {
    echo '請先登入，才能將商品加入我的最愛。';
}
?>
<?php require '../footer.php';?>
```

要執行這支程式，需在商品明細頁點按〔加入我的最愛〕連結。例如在「夏威夷豆」的商品明細表中點按〔加入我的最愛〕連結時，就可將夏威夷豆加入我的最愛清單。

▼ 將商品加入我的最愛

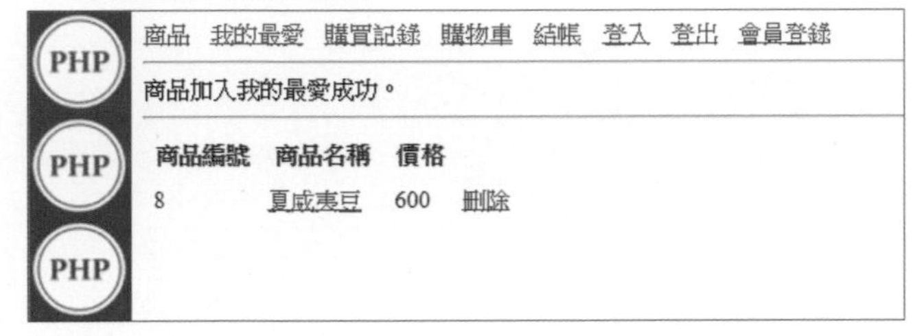

但若使用者未先登入系統，則必須顯示要求登入的訊息。請先從功能表上點按〔登入〕，並在登入成功後再重新執行加入我的最愛功能。

▼ 未登入時

商品 我的最愛 購買記錄 購物車 結帳 登入 登出 會員登錄

請先登入，才能將商品加入我的最愛。

解說

資料庫內的結構

我的最愛中的商品，會以下列結構儲存在資料庫的 favorite 資料表中。

▼ 我的最愛的儲存方式

舉例來說，若客戶編號為 1 的使用者，將商品編號為 8 的夏威夷豆加入我的最愛，則在 favorite 資料表中的內容如下。

▼ favorite 資料表的內容

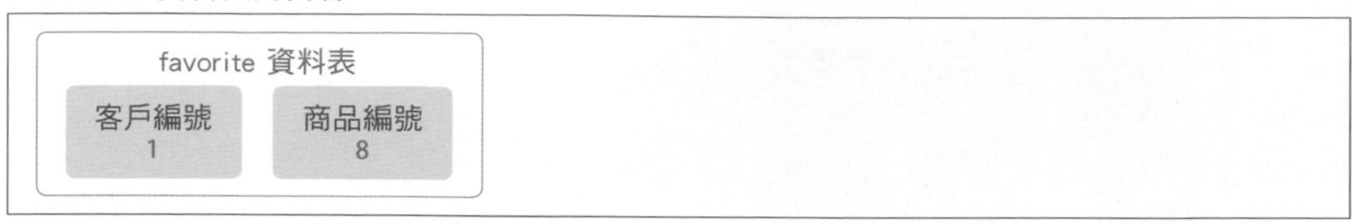

若同一個使用者，又將商品編號為 2 的核桃加入我的最愛，則 favorite 資料表的內容會變化如下。

▼ 使用者追加商品時

有多個使用者使用我的最愛功能時，favorite 資料表中會分別存放各使用者所加入的商品。

▼ 多個使用者同時登錄資料時

將商品加入我的最愛

要使用「加入我的最愛」功能前，使用者必須先登入系統。因此程式首先應檢查使用者是否已登入。此時可使用 **isset 函式**檢查 Session 物件中 customer 是否已存在。

```
if (isset($_SESSION['customer'])) {
```

若使用者已登入，則執行下列 SQL 指令，將商品登錄到我的最愛。

```
insert into favorite values(?,?)
```

其中「?」的部份應代入**客戶編號**與**商品編號**。實際的程式如下。

```
$sql=$pdo->prepare('insert into favorite values(?,?)');
$sql->execute([$_SESSION['customer']['id'], $_REQUEST['id']]);
```

將從 Session 資料中取得的客戶編號，以及從 REQUEST 參數取得的商品編號代入 SQL 指令並執行。

製作共用程式顯示我的最愛清單

參照下述程式，撰寫用來顯示我的最愛清單的共用程式，並儲存為 **chapter7\favorite.php**。

List favorite.php PHP

```
<?php
if (isset($_SESSION['customer'])) {
    echo '<table>';
    echo '<th>商品編號</th><th>商品名稱</th><th>價格</th>';
    $pdo=new PDO('mysql:host=localhost;dbname=shop;charset=utf8',
        'staff', 'password');
    $sql=$pdo->prepare(
        'select * from favorite, product '.
        'where customer_id=? and product_id=product.id');
    $sql->execute([$_SESSION['customer']['id']]);
    foreach ($sql->fetchAll() as $row) {
        $id=$row['id'];
        echo '<tr>';
        echo '<td>', $id, '</td>';
        echo '<td><a href="detail.php?id='.$id.'">', $row['name'],
            '</a></td>';
        echo '<td>', $row['price'], '</td>';
        echo '<td><a href="favorite-delete.php?id=', $id,
            '">刪除</a></td>';
        echo '</tr>';
    }
```

```
    echo '</table>';
} else {
    echo '請先登入，才能顯示我的最愛。';
}
?>
```

其它程式可利用 require 敘述載入這支程式。

取得並顯示我的最愛

首先，必須檢查使用者是否已登入系統。此時可利用 **isset 函式**，檢查變數 $_SESSION['customer'] 是否已定義。若使用者尚未登入系統，則顯示要求登入的訊息。

```
if (isset($_SESSION['customer'])) {
```

接著，從 favorite 資料表中取得目前使用者的所有我的最愛資料。舉例來說，若 favorite 資料表目前的內容如下。

▼ favorite 資料表內的狀況

favorite 資料表

客戶編號	商品編號
1	8
1	2
2	5
2	3
3	11

當使用者的客戶編號為 1 時，要取得所有客戶編號為 1 的資料列。此時可利用下列 SQL 指令取得，其中？的部份應指定為客戶編號。

```
select * from favorite where customer_id=?
```

取得的資料列如下。

▼ 取得的資料列

由於要顯示出來的並不只有商品編號，還希望顯示出商品名稱及價格，因此應結合用來存放商品資料的 product 資料表。在 SQL 指令中，以逗號「,」分隔 favorite 與 product 資料表。

```
select * from favorite, product where customer_id=?
```

因為要找出 favorite 資料表中的商品編號（product_id 資料欄），與 product 資料表中的商品編號（id 資料欄）一致的資料，因此要在 where 子句追加條件如下。

```
select * from favorite, product where customer_id=? and product_id=id
```

執行上述 SQL 指令，就可取得資料列如下。

▼ 取得的資料列

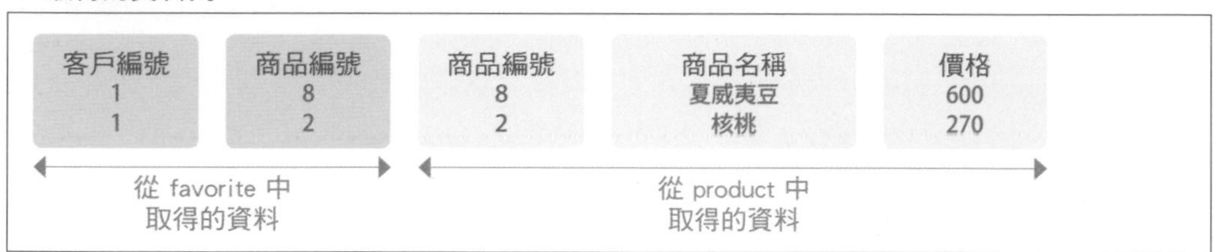

執行 SQL 指令的程式如下。因為這段 SQL 指令較長，可利用將字串連結的算符「.」，將指令切割成多行。

```
$sql=$pdo->prepare(
    'select * from favorite, product '.
    'where customer_id=? and product_id=id');
$sql->execute([$_SESSION['customer']['id']]);
```

利用 foreach 迴圈處理取得的資料列。將資料列逐筆指定給變數 $row。

```
foreach ($sql->fetchAll() as $row) {
```

舉例來說，可利用下行程式取得商品編號，並將它代入變數 $id。

```
$id=$row['id'];
```

在顯示出商品編號、商品名稱、價格之後，還需顯示可從我的最愛中刪除商品的〔刪除〕連結。例如，用來刪除夏威夷豆（商品編號為 8）的〔刪除〕連結如下。

```
<a href="favorite-delete.php?id=', $id, '">刪除</a>
```

這個〔刪除〕連結是用下列程式產生。

```
echo '<td><a href="favorite-delete.php?id=', $id, '">刪除</a></td>';
```

實際的刪除處理，需在接下來 Step3 中製作的程式 favorite-delete.php 中進行。

刪除我的最愛

參照下列程式，撰寫進行我的最愛刪除處理的程式，並儲存為 **chapter7\favorite-delete.php**。

List favorite-delete.php PHP

```
<?php require '../header.php';?>
<?php require 'menu.php';?>
<?php
session_start();
if (isset($_SESSION['customer'])) {
    $pdo=new PDO('mysql:host=localhost;dbname=shop;charset=utf8',
        'staff', 'password');
    $sql=$pdo->prepare(
        'delete from favorite where customer_id=? and product_
id=?');
    $sql->execute([$_SESSION['customer']['id'], $_
REQUEST['id']]);
    echo '所選商品已從我的最愛移除。';
    echo '<hr>';
```

```
} else {
    echo '請先登入，才能從我的最愛移除商品。';
}
require 'favorite.php';
?>
<?php require '../footer.php';?>
```

要執行這支程式，應從我的最愛的清單頁中點按〔刪除〕連結。例如若點按「夏威夷豆」的〔刪除〕連結，就會顯示已成功刪除的訊息，我的最愛清單中也不會列出夏威夷豆。

▼ 刪除我的最愛中的商品

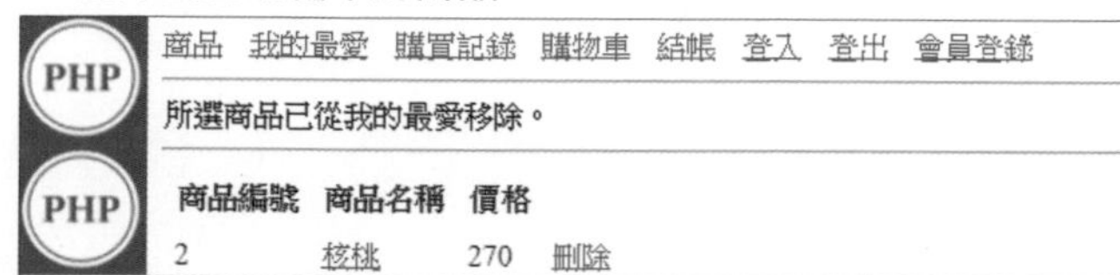

資料庫的存取方式

要從我的最愛中刪除商品，必須將 favorite 資料表中指定客戶編號與商品編號的資料列刪除。刪除所使用的 SQL 指令如下。

```
delete from favorite where customer_id=? and product_id=?
```

以下列程式執行這個 SQL 指令。

```
$sql=$pdo->prepare(
    'delete from favorite where customer_id=? and product_id=?');
$sql->execute([$_SESSION['customer']['id'], $_REQUEST['id']]);
```

? 的部份應代入從 Session 資料中取得的客戶編號，以及從 REQUEST 參數中取得的商品編號。

從功能表叫出我的最愛清單頁

從功能表的〔我的最愛〕，也可以執行顯示我的最愛清單。此時要執行的程式內容如下，檔案儲存為 **chapter7\favorite-show.php**。在執行這支程式時，必須用到 favorite.php（前面 Step2）。

List favorite-show.php PHP

```
<?php require '../header.php';?>
<?php require 'menu.php';?>
<?php
session_start();
require 'favorite.php';
?>
<?php require '../footer.php';?>
```

要執行這支程式，可直接選按功能列中的〔我的最愛〕；或在瀏覽器開啟下列 URL 執行程式。程式若正確執行，則會顯示出我的最愛的商品清單。

執行 **http://localhost/php/chapter7/favorite-show.php**

這支程式一開始是呼叫 session_start 函式啟動 Session，接著就只有使用 require 指令載入 favorite.php（用來顯示我的最愛）。功能列的顯示是利用 menu.php（7-2 節）。藉由讓 require 指令載入不同的程式，就可進入購物車、系統登入等等其它功能。

結帳與查詢訂單歷史記錄

本書前面雖沒有詳細解說，但在 Chapter7 的範例中，還提供了訂購商品所需的結帳處理，以及查詢訂單歷史記錄等功能。

● 購買商品

進入結帳畫面，確定購物車內容無誤後就購買商品。但必須先登入系統，才能開始結帳流程。

在結帳畫面上，會顯示出購物車中所有商品與客戶資料。在這個畫面上，也可以刪除購物車內的商品。

點按[確定購買]連結後，這筆訂購資料就會寫入資料庫，並將購物車清空。在資料庫的 purchase 資料表中會寫入客戶編號；purchase_detail 資料表中則會寫入本次訂購商品的編號與數量。

▼ 結帳畫面

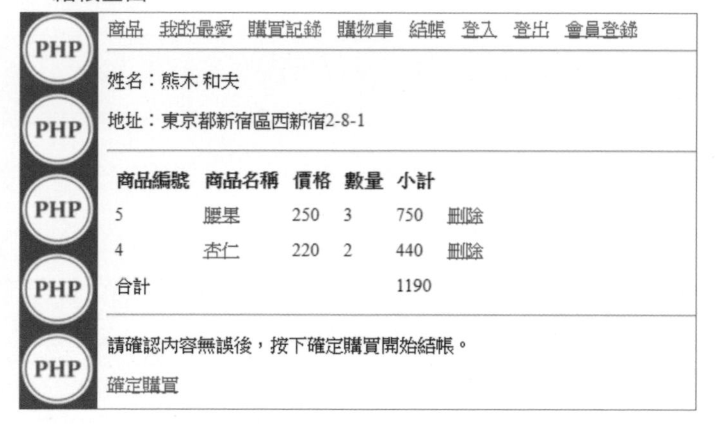

結帳畫面的程式為 **chapter7\purchase-input.php**，確定購買後的處理程式則為 **chapter7/purchase-output.php**。也可直接在功能表上點按〔結帳〕，就能進行結帳。

● 查詢購買記錄

已登入系統的使用者，還可查詢過去的購買記錄。購買記錄依訂單分筆顯示，其中所列出的商品名稱為可開啟商品資料頁的連結，方便再次購買以前曾買過的商品。

▼ 購買記錄查詢畫面

PHP

商品 我的最愛 購買記錄 購物車 結帳 登入 登出 會員登錄

商品編號	商品名稱	價格	數量	小計
2	核桃	270	5	1350
8	夏威夷豆	600	1	600
10	花生	150	4	600
合計				2550

商品編號	商品名稱	價格	數量	小計
4	杏仁	220	2	440
5	腰果	250	3	750
合計				1190

查詢購買記錄的程式為 **chapter7\history.php**。可直接在功能表上點按〔購買記錄〕，就可開啟查詢畫面。

Chapter 7 小結

本章以購物網站為題材，介紹一些實用的程式範例。本章所提供的範例程式既可以完全套用到您要開發的網站，也可以只針對登入或購物車等，選擇您所需的功能套用。希望能成為幫助各位學習與開發的材料。

Chapter 8

網站上線的實務知識

本書前面的範例都是在 Windows（或 Mac OS X）上開發，但實際上許多網頁應用程式公開時的環境都是採用 Linux，考量到這是企業現場經常碰到的環境，因此本章將使用虛擬機器軟體在 Windows 上建立 Linux 環境，再於 Linux 環境上啟動網頁應用程式，帶您熟悉整個流程。

此外，因應程式系統上線，也將說明如何調整程式所顯示的錯誤訊息。最後介紹如何活用 PHP 的一些建議。

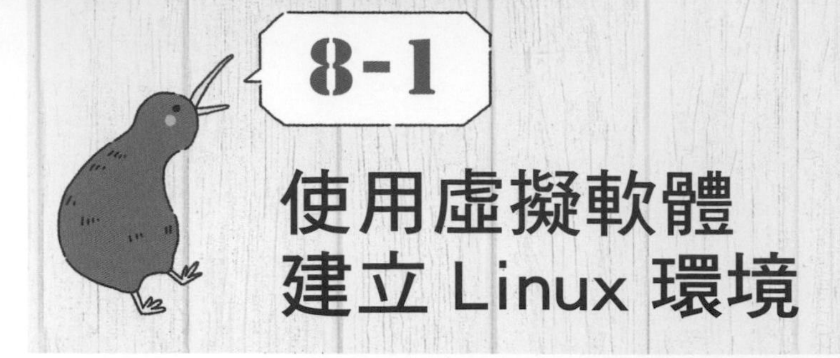

8-1 使用虛擬軟體建立 Linux 環境

到目前為止，本書介紹了利用 XAMPP 開發 PHP 程式的方法。利用 XAMPP，很輕鬆就能登入 PHP 程式開發所需的 Apache、MySQL（MariaDB）、PHP 等工具。尤其是當您平時所使用的環境是 Windows 時，利用 XAMPP 就能在慣用的 Windows 環境下學習 PHP 程式開發。

然而，實際上大多數的網頁應用程式所使用的環境都是 Linux。雖然 PHP 程式開發的手法不變，但檔案的配置方式、MySQL 的操作方式等卻與 XAMPP 不同。

雖說本章將介紹如何在 Linux 環境上啟動用 PHP 開發的網頁應用程式，但在平日所用的 Windows 或 Mac 的電腦外，要您再準備一台 Linux 電腦有點麻煩，因此，本章介紹的是 Windows 或 Mac OS X 上導入虛擬的 Linux 環境，再在上面啟動網頁應用程式。

利用 VirtualBox 建構虛擬環境

為了熟悉 Linux 環境，先建立練習用的 Linux 環境。這裡為了簡化建構環境的步驟，使用虛擬機器軟體 **VirtualBox**，以及簡化虛擬機器軟體操作的 **Vagrant**。

VirtualBox 是以軟體模擬電腦的運作，創造出宛如有「另一台電腦」存在的狀態。這個「另一台電腦」就稱為虛擬機器，英文稱為 Virtual Machine，簡稱 VM。

Host OS 與 Guest OS

用來執行虛擬機器的作業系統稱為 Host OS；在虛擬機器上運作的作業系統則稱為 Guest OS。本例以 Windows 做為 Host OS，Linux 為 Guest OS，即在 Windows 上模擬 Linux。比起要在 Windows 的電腦之外，再準備一台 Linux 的電腦，這樣的方式可以更方便地試用 Linux 環境。

Host OS 除了可用 Windows 之外，也可採用 Linux 或 Mac OS X。不過，若以 Linux 為 Host OS，即在 Linux 上模擬 Linux，乍看之下，這麼做似乎沒什麼意義，其實從區隔平時所用環境與練習用環境這點來看，還是有其優點。就算不小心弄壞了練習用的環境，平時所用環境也不會壞，可以安心地在上面練習。

Vagrant 扮演的角色

雖然光靠 VirtualBox 就可以在 Windows 上模擬 Linux，但若使用 Vagrant，可讓下列作業變得更簡單。

- **在 VirtualBox 上安裝 Guest OS**
- **登入已安裝的 Guest OS**
- **讓 Host OS 與 Guest OS 間檔案共享**
- **解除安裝 Guest OS**

如果直接使用 Linux 電腦

若不想使用虛擬機器軟體，則在準備 Linux 的機器應注意下列事項。

首先，要安裝 Linux 時，由於 Linux 都是以安裝套件的形式發佈，您可在眾多的安裝套件中選擇想用的套件安裝。安裝套件大致分為下列種類。

- **Debian 版（Ubuntu 等）**
- **Red Hat 版（Fedora 等）**
- **Slackware 版（openSUSE 等）**

接著安裝本書必須用到的 Apache、PHP、MySQL。安裝方法依套件版本不同而有差異，本書所使用的 Ubuntu，是利用 P.8-9 頁的 bootstrap.sh 安裝 Apache 與 PHP，並以 P.8-13 說明的步驟安裝 MySQL。

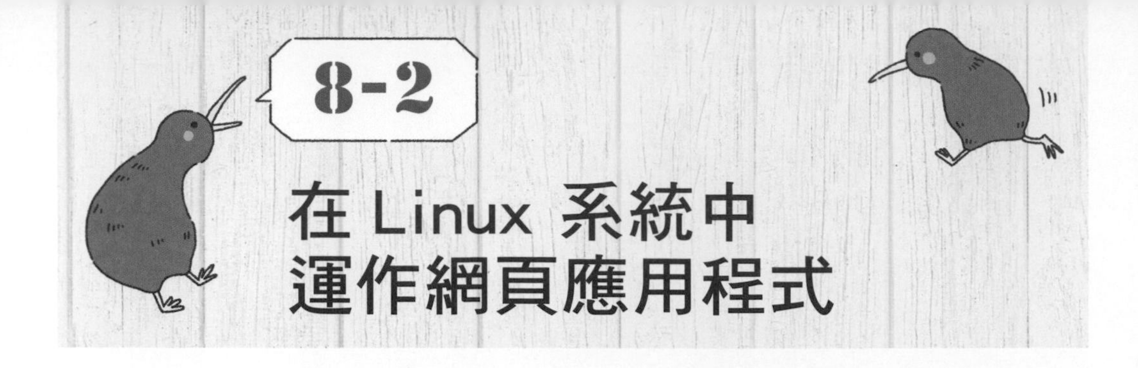

8-2 在 Linux 系統中運作網頁應用程式

利用虛擬機器軟體即可在 Windows 環境上建立 Linux 環境。本節利用到 VirtualBox、Vagrant、git 等工具，這些軟體都可免費使用。

▼ 要安裝的軟體

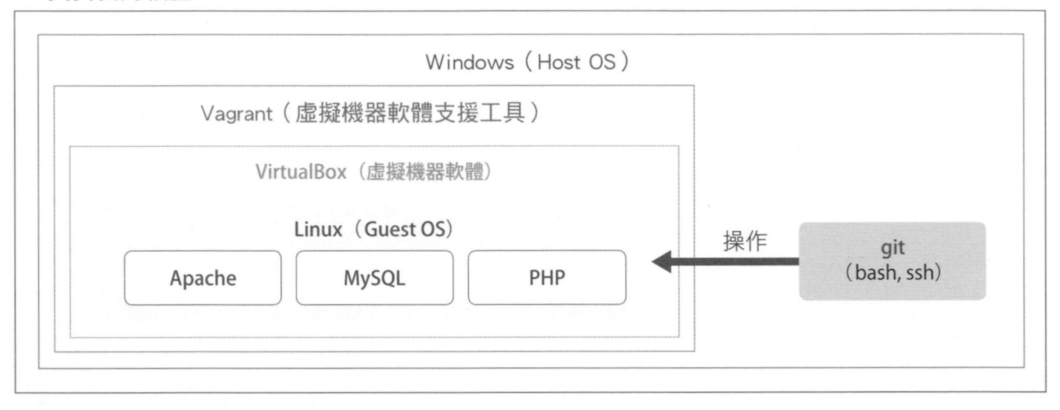

安裝 VirtualBox

VirtualBox 是 Oracle 所提供的虛擬機器軟體，請在下面的網站中下載並安裝適合您所使用環境的 VirtualBox。

▶ **下載 VirtualBox**

URL **https://www.virtualbox.org/**

本書所使用的版本是 VirtualBox Windows 版。安裝路徑與各種設定值，一律採用預設值。若想變更安裝路徑，或使用 Mac OS X 的版本，請先參照之後關於指定資料夾的說明，配合您所用環境的實際狀況替換。

▼ VirtualBox 的網站

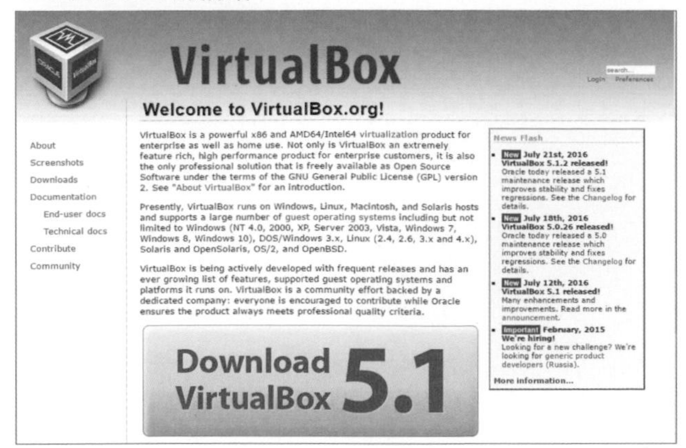

 安裝 Vagrant

Vagrant 是由 HashiCorp 所提供的虛擬機器軟體支援工具，可簡化在虛擬機器上安裝 OS 與開發環境等的手續。請在下面的網站中下載並安裝適合您所使用環境的 Vagrant。

▶ **下載 Vagrant**

URL **https://www.vagrantup.com**

▼ Vagrant 的網站

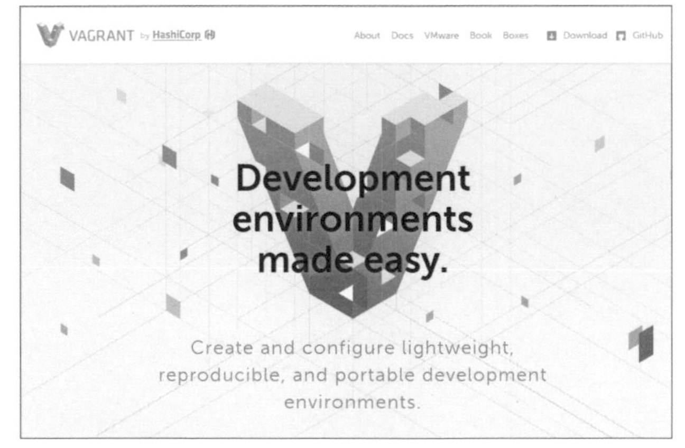

本書所使用的是在執筆時最新版的 Vagrant Windows 版。安裝路徑與各種設定值，一律採用預設值。

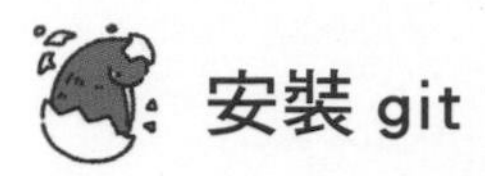

安裝 git

git 是開放原始碼的版本管理系統，其中包含了 Vagrant 會使用到的 ssh 等工具，因此一併安裝。請在下面的網站中下載並安裝適合您所使用環境的 git。

▶ **下載 git**

URL **https://git-scm.com**

▼ git 的網站

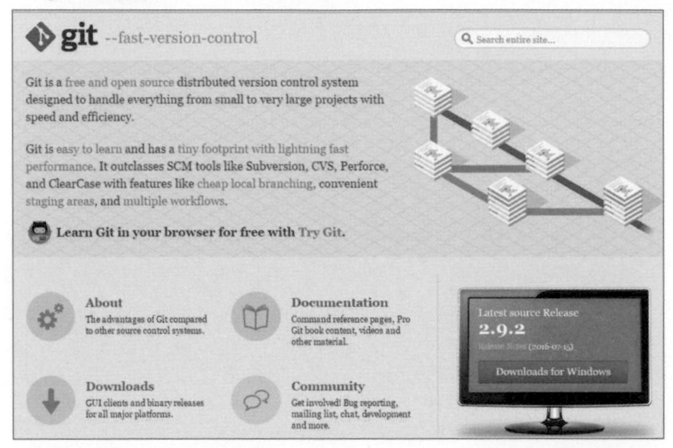

本書所使用的是在執筆時最新版的 git 2.9.2 64bit Windows 版。安裝路徑與各種設定值，一律採用預設值。

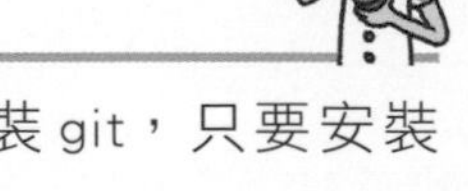

如果是使用 Mac OS X

Mac OS X 本身即有提供 ssh 等工具，因此不需要安裝 git，只要安裝 VirtualBox 與 Vagrant 即可。

box 的選擇

box 是可在 Vagrant 使用的安裝套件。利用 box 就可一次安裝 OS 與開發環境。除了官方公布的版本之外，許多使用者也有公開 box。您可在下面的網站找到與自己的目的相符的 box。

▶ **box 的搜尋網站**

URL **https://app.vagrantup.com/boxes/search**

▼ box 的搜尋網站

Atlas

Discover Vagrant Boxes

This page lets you discover and use Vagrant Boxes created by the community. You can search by operating system, architecture or provider.

Search for boxes by operating system, included software, architecture and more

Provider filter: virtualbox | vmware_desktop | aws | digitalocean | docker | google | hyperv | rackspace | parallels | veertu

Sort by: Downloads | Recently Created | Recently Updated

ubuntu/trusty64 — Official Ubuntu Server 14.04 LTS (Trusty Tahr) builds

laravel/homestead — Official Laravel local development box.

hashicorp/precise64 — A standard Ubuntu 12.04 LTS 64-bit box.

centos/7 — CentOS Linux 7 x86_64 Vagrant Box

hashicorp/precise32 — A standard Ubuntu 12.04 LTS 32-bit box.

HashiCorp

這裡選擇下載數最多的「**ubuntu/trusty64**」。它的說明中提到「Official Ubuntu Server 14.04 LTS (Trusty Tahr)」，也就是 Linux 的版本之一 Ubuntu。這裡使用這個 box 安裝 OS，PHP、Apache、MySQL 等其它必備軟體，則再另行安裝。關於 box 這裡不用真的下載，待會 8-8 頁會利用指令來下載。

當然也可以直接選用包含了 PHP、Apache、MySQL 的 box。在找尋包含 PHP 的 box 時，可直接在搜尋關鍵字欄位填入「php」。至於該選用哪個 box，雖然無法一言以蔽之，但比方說在上圖 box 搜尋網站的畫面上點選〔Sort by〕的〔Downloads〕，就可讓搜尋結果依下載數由多到少排列。然後再參考 box 一覽表中的概要說明，就可選擇包含 PHP、Apache、MySQL 的 box。

 建立資料夾

首先利用 Windows 的檔案總管建立 Vagrant 執行時所使用的資料夾。資料夾可以建立在任何地方，本書以磁碟機 C 為例，在其下建立 vagrant 資料夾。

磁碟機 C

→ **vagrant** 資料夾

在建立好的 vagrant 資料夾內，再建立一個 html 資料夾，用來配置利用 Apache 對外公開的檔案。

磁碟機 C

→ **vagrant** 資料夾

→ **html** 資料夾

將本書範例檔案的 php 資料夾複製到剛才建立的 html 資料夾中。

磁碟機 C

→ **vagrant** 資料夾

→ **html** 資料夾

→ **php** 資料夾

→ **chapter2** 資料夾

chapter3 資料夾

...

vagrant 資料夾是 Host OS 與 Guest OS 都可存取的「共用資料夾」，可用來在不同 OS 間傳遞檔案。Host OS 的 vagrant 資料夾，會對應到 Guest OS 的「/vagrant」資料夾。

在這裡為了讓 Host OS 也能存取 Guest OS 中 Apache 所公開的檔案，而使用 vagrant 資料夾。在 vagrant 資料夾內的 html 資料夾以下配置的檔案，在 Apache 中都設定為公開。

如果是使用 Mac OS X

在 Mac OS X 中，先在使用者的資料夾下建立 vagrant 資料夾，再追加 html 等資料夾進去。

Vagrantfile

Vagrantfile 是 Vagrant 的設定檔。可利用文字編輯器製作如下所示的檔案，再將它以 **Vagrantfile** 的檔名儲存到 vagrant 資料夾中。在本書範例檔案 chapter8 資料夾中已收錄這個檔案。

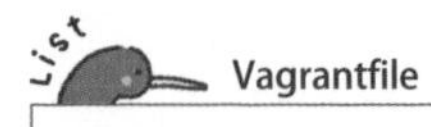

Vagrantfile　PHP

```
Vagrant.configure("2") do |config|
    config.vm.box = "ubuntu/trusty64"
    config.vm.provision :shell, path: "bootstrap.sh"
    config.vm.network :forwarded_port, guest: 80, host: 8080
end
```

Vagrantfile 是沒有副檔名的檔案。請直接使用文字編輯器撰寫後，儲存檔名為 Vagrantfile。若冒出了「.txt」等副檔名，請利用檔案總管將副檔名刪除。

檔案內容所表示的涵義如下。

▼ Vagrantfile 的內容

項目	意義
config.vm.box	指定 box。本例使用的是 ubuntu/trusty64
config.vm.provision	指定啟動時要做的初始化處理。本例指定為使用 bootstrap.sh
config.vm.network	設定網路，本例將 80 Port 對應到 8080 Port

需要做網路設定的原因在於要讓 Linux 也能使用 Windows 所使用的網路。Port 是指通訊的出入口，以編號標示。80 是 HTTP 所使用的 Port，但因為 Windows 的 HTTP 要使用 80Port，所以 Linux 的 HTTP 就改用 8080 Port。

8080 是可以很容易從 80 聯想到的數字，因此常用來代替 80。也可以改用 8080 以外的編號。之後要用瀏覽器連線 Linux 上的網站伺服器時，都必須在 URL 中指定這個編號。

 bootstrap.sh 的內容

bootstrap.sh 是用來記述 Linux 啟動時要做的初始化處理。bootstrap 這個名稱就是指 OS 啟動時要執行的處理。請撰寫檔案內容如下，並將檔案名稱指定為 bootstrap.sh 後存放到 vagrant 資料夾中。在本書範例檔案 chapter8 資料夾中已收錄這個檔案。

bootstrap.sh

PHP

```
#!/usr/bin/env bash
rm -rf /var/www
ln -sf /vagrant /var/www
add-apt-repository -y ppa:ondrej/php
apt-get update
apt-get install -y apache2
apt-get install -y php7.0 php7.0-json php7.0-mysql libapache2-mod-php7.0
```

檔案內容的說明如下。

▼ bootstrap.sh 的內容

項目	功能
#!/usr/bin/env bash	在名為 bash 的工具中執行這個檔案
rm -rf /var/www	設定 vagrant/html 資料夾為要在 Apache 中上線公開的資料夾
ln -sf /vagrant /var/www	
add-apt-repository …	追加 PHP7 的發佈者
apt-get update	
apt-get install -y apache2	安裝 Apache
apt-get install -y php	安裝 PHP

安裝並啟動 Linux

到目前為止的步驟，會建立如下所示的檔案與資料夾結構。Vagrantfile 所在的資料夾，會是 Host OS 的共用資料夾。在本例中，即 vagrant 資料夾為共用資料夾。

磁碟機 C

→ **vagrant** 資料夾

→ **Vagrantfile**

bootstrap.sh

html 資料夾

→ **php** 資料夾

→ **chapter2** 資料夾

chapter3 資料夾

…

接著就準備利用 Vagrantfile 安裝並啟動 Linux。在 Windows 的檔案總管中，點選 vagrant 資料夾按滑鼠右鍵，再選擇選單中的〔**Git Bash here**〕。

此時會啟動被稱為 Git Bash 的指令執行工具。請確認 Git Bash 的標題列是否顯示目前使用的資料夾為「**/c/vagrant**」。

畫面左端的「$」，是用來要求使用者在此輸入命令，因此稱為「命令提示符號」。請輸入 vagrant up 後按下〔Enter〕鍵。

```
$ vagrant up
```

▼ Git Bash

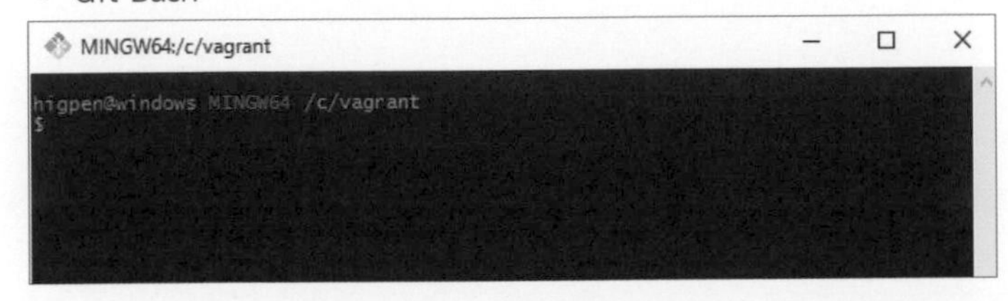

此時會開始安裝 Linux。在安裝完成後，將執行啟動 Linux 的初始化處理，安裝 bootstrap.sh 中所設定的工具等所需時間依電腦與網路的速度而有差異，但大約需要數分鐘。如果出現錯誤訊息無法安裝，請重新確認前面的工具是否都安裝好了。

當用來顯示執行結果的捲動畫面停止，畫面左端再度出現「$」時，表示處理結束（約花 10 分鐘）。在這些處理正常執行完成後，就可使用 PHP 與 Apache 了。

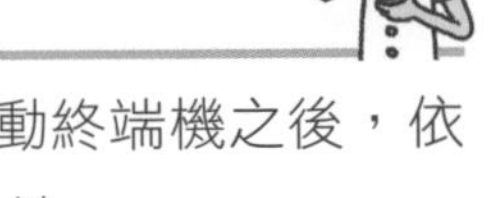

如果是使用 Mac OS X

使用 OS 本身標準配備的終端機，代替 Git Bash。在啟動終端機之後，依序執行下列指令（每一行在輸入完成後，需按下〔Enter〕鍵。

```
$ cd vagrant[Enter]
$ vagrant up[Enter]
```

以「vagrant up」下載 box 時，有時可能會中途突然停止。若出現中途停止的狀況，請再次執行「vagrant up」。

執行撰寫的程式

在 Host OS （本例為 Windows 系統）上以瀏覽器開啟下列 URL，確認程式執行的動作。這裡執行的是本書第一個範例程式。

執行 **http://localhost:8080/php/chapter2/welcome.php**

與在 Chapter2 中執行時不同，在 localhost 後面應加上「:8080」。這裡的 8080 即在 2-2 節中提過的 PortID。之後要在這個環境執行本書的範例程式時，都必須在 localhost 後面加上「:8080」。

這支範例程式若執行成功，則畫面會顯示「Welcome」訊息。

要點！

共用資料夾 \html 以下的資料夾與檔案，都會在 Apache 上線公開。

▼ welcome.php 執行結果

若程式未正常執行

若程式未正常執行，請檢查 html 資料夾之下是否已經複製了用來儲存本書範例的 php 資料夾。若尚未複製過去，則在複製完成後，重新整理瀏覽器畫面，再度確認程式執行的動作。

此外，若 Vagrantfile 或 bootstrap.sh 檔案中的內容有誤，或者是配置有誤時，也有可能造成安裝失敗。此時請先在 Git Bash 輸入下行指令進行解除安裝。執行時請在確認訊息上回答「y」。

```
$ vagrant destroy
```

修正 Vagrantfile 或 bootstrap.sh 後，再重新安裝。

```
$ vagrant up
```

安裝與啟動 MySQL

接著要在安裝好的 Linux 上安裝 MySQL。首先請在 Git Bash 執行下行指令，登入 Linux。

```
$ vagrant ssh
```

ssh 是稱為 Secure SHell protocl 的工具，可用來建立安全的連線、從外部登入並操作電腦。這裡利用它來從 Windows 登入 Linux 系統。

當登入成功時，將會顯示下列訊息與提示符號。

```
Welcome to Ubuntu 14.04.5 LTS
...
vagrant@vagrant-ubuntu-trusty-64:~$
```

接著執行下列指令，安裝 MySQL。「sudo」是指要以管理者權限執行指令。由於提示符號「**vagrant@vagrant-ubuntu-trusty-64:~$**」長度太長，後面改以「vagrant…$」略稱。

```
vagrant@vagrant-ubuntu-trusty-64:~$ sudo apt-get install -y mysql-server
```

安裝 MySQL 時，會出現一個粉紅色畫面要求設定 root 使用者的登入密碼。這裡為說明方便將密碼設定為「password」。在實際運用時，請設定為適當的密碼。

安裝完成後，執行下列指令，建立本書的範例資料庫。輸入時在「-p」後面不需空格，直接輸入密碼即可。這裡使用的 SQL 程式，是用來建立 Chapter7 商店資料庫時所用的程式（7-1 節）。

```
vagrant...$ mysql -u root -ppassword < /var/www/html/php/chapter7/shop.sql
```

這裡是密碼（password）

最後，啟動 Apache。

```
vagrant...$ sudo service apache2 restart
```

以瀏覽器開啟下列 URL，確認程式執行的動作。這裡執行的是使用 Chapter6 範例資料庫的程式。

執行 **http://localhost:8080/php/chapter6/all2.php**

當程式正確執行時，會顯示出商品一覽表。若程式無法正確執行，請重新安裝及啟動 MySQL。若是在重新安裝後仍無法正確執行，請用 p.8-10 頁介紹的方法再次安裝 Linux。

▼ all2.php 執行結果

預防亂碼的方法

當商品名稱變成亂碼無法正確顯示時，需在 Linux 環境下開啟 /etc/mysql/my.cnf 檔案，加上有關文字編碼方式的設定。可使用 vi 等文字編輯器修改檔案。

```
vagrant...$ sudo vi /etc/mysql/my.cnf
```

在 my.cnf 檔案中找出有關 [mysqld] 與 [mysql] 的部份，加入以下設定。

```
[mysqld]
character-set-server=utf8
...
[mysql]
default-character-set=utf8
...
```

儲存檔案後，執行下行指令，重新啟動 MySQL。

```
vagrant...$ sudo service mysql restart
```

若執行下行指令，則可重新建構本書所用的範例資料庫。

```
vagrant...$
    mysql -u root -ppassword < /var/www/html/php/chapter7/shop.sql
```

請在瀏覽器開啟範例程式（all2.php），確認文字是否正確顯示。

操作 MySQL

在本書的 Chapter6 和 7 中，使用了 phpMyAdmin 來操作 SQL。在這裡介紹以 mysql 指令操作 SQL 的方法。

請依 p.8-13 頁的步驟建立資料庫後，執行下列指令。

```
vagrant...$ mysql shop -u staff -ppassword
```

表示要以使用者「staff」、密碼「password」登入，並開啟 shop 資料庫。若執行成功，則會顯示 mysql 的提示符號如下。

```
mysql>
```

在 mysql 的提示符號後，可直接輸入 SQL 指令並執行。例如輸入下列 SQL 指令並執行。輸入時不要忘了在最後加上分號「;」。

```
mysql> select * from product;
```

執行結果如下，顯示出 product 資料表的所有內容。

▼ product 資料表內容

```
mysql> select * from product;
+----+--------------+-------+
| id | name         | price |
+----+--------------+-------+
|  1 | 松果         |   700 |
|  2 | 核桃         |   270 |
|  3 | 葵花子       |   210 |
|  4 | 杏仁         |   220 |
|  5 | 腰果         |   250 |
|  6 | 巨人玉米     |   180 |
|  7 | 開心果       |   310 |
|  8 | 夏威夷豆     |   600 |
|  9 | 南瓜子       |   180 |
| 10 | 花生         |   150 |
| 11 | 枸杞         |   400 |
+----+--------------+-------+
11 rows in set (0.00 sec)
```

或者執行下列指令，則會顯示出所有資料表。

```
mysql> show tables;
```

▼ 資料表一覽

```
mysql> show tables;
+-----------------+
| Tables_in_shop  |
+-----------------+
| customer        |
| favorite        |
| product         |
| purchase        |
| purchase_detail |
+-----------------+
5 rows in set (0.00 sec)
```

要結束 mysql 時，輸入 exit 即可。

```
mysql> exit
```

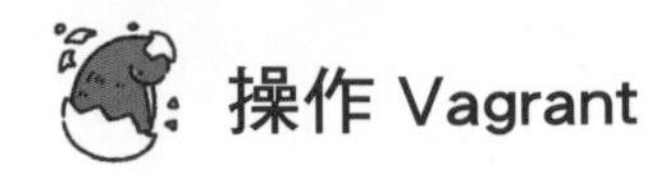

操作 Vagrant

要從 Linux 回到 Git Bash，需執行下列指令。

```
vagrant...$ exit
```

回到 Git Bash 後，會再度顯示提示符號 $。以下介紹幾個可以在此執行的指令。

▼ 可在 Git Bash 執行的指令（摘錄）

指令	內容
exit	結束 Git Bash，但 Guest OS 仍繼續運作
vagrant reload	重新啟動 Guest OS
vagrant halt	停止 Guest OS
vagrant up	啟動 Guest OS
vagrant destroy	解除安裝 Guest OS

就算弄壞了 Vagrant 上的 Linux 環境，只要執行「vagrant destroy」和「vagrant up」，就能很輕易地重新安裝。使用中的檔案也只要存放在共用資料夾內（/vagrant 之下），就算重新安裝也不會遺失。所以可以放心大膽的試著操作看看 Linux 環境。

8-3 隱藏錯誤訊息

本節將介紹在網頁應用程式上線公開時，調整 PHP 所顯示錯誤訊息的方法。

在執行 PHP 程式時，有時會顯示出錯誤訊息。例如 Chapter3 的 user-output.php（3-3 節 Step2）若是沒有經過 user-input.php 就直接執行，此時會因為 REQUEST 參數未定義，而顯示出錯誤訊息。

請用瀏覽器開啟下列 URL 執行程式。在執行前，請先用 XAMPP 控制面板啟動 Apache。

執行 **http://localhost/php/chapter3/user-output.php**

執行結果將會顯示錯誤訊息如下。

▼ 錯誤訊息

午安，
Notice: Undefined index: user in **C:\xampp\htdocs\php\chapter3\user-output.php** on line **3**
您好。

若像 user-output2.php 程式一般，先檢查 REQUEST 參數是否已定義，就可避免這樣的錯誤發生。但有時會想省略檢查的機制，或是不小心忘了加上檢查的機制，這種時候就有可能會出現錯誤訊息。

限制錯誤訊息的顯示

在程式開發過程中將錯誤訊息顯示出來，因為可以幫助發現及修正錯誤，因此較有益於開發。但在要將程式上線公開時，若仍舊將錯誤訊息顯示出來，反而容易讓人覺得系統有缺陷。這個時候就可以善用限制錯誤訊息顯示的功能。

語法 限制錯誤訊息的顯示

```
error_reporting(級別);
```

將要顯示錯誤訊息的級別設定為傳入參數。

▼ error_reporting 的級別

常數	意義
0	隱藏所有錯誤訊息
E_ERROR	出現重大的執行錯誤時，中斷程式的執行
E_WARNING	執行時出現的警告不會中斷程式的執行
E_PARSE	解譯程式時出現錯誤。會在語法有誤時發生
E_NOTICE	執行時出現注意。會在懷疑程式可能有誤時發生
E_ALL	顯示所有錯誤訊息

E_ERROR、E_WARNING、E_PARSE、E_NOTICE 等項目可同時使用，使用時以「I」分隔。例如要同時以 E_ERROR 和 E_WARNING 的級別顯示時，則設定為 E_ERRORIE_WARNING。

若以下行程式將級別設定為 0，則不會顯示任何錯誤訊息。

```
error_reporting(0);
```

以本書的範例來說，只要在幾乎所有程式都會載入的 header.php 最後加上這個敘述，就可以讓所有程式都不再顯示錯誤訊息。

List header.php PHP

```
...
<body>
<?php error_reporting(0); ?>
```

在加入 error_reporting 的敘述後，重新執行 user-output.php。

執行結果如下所示。雖然因為未輸入姓名而無法顯示出姓名，但不會再跑出錯誤訊息。

▼ 隱藏錯誤訊息

午安，您好。

在程式開發時，請務必讓錯誤訊息如實顯示，以便修正問題。但在要上線公開時，若不希望錯誤訊息顯示出來，就可利用上述方法隱藏。

8-4 進一步活用 PHP

本書介紹了如何撰寫 PHP 程式，並可再活用 Apache 和 MySQL 等，開發網頁應用程式。為了更進一步增加活用本書內容的機會，以下將介紹幾項相關的發展。

學習 PHP 的方式

本書主要只針對入門者在開發網頁應用程式時必備的項目，進行語法上的解說。但若能再學習本書沒提到的語法，就能讓開發的程式更多樣化，也能做出更複雜的程式。要學習語法，可以閱讀 PHP 的官方手冊。

▶ **PHP 官方手冊**

URL **http://php.net/manual/en/index.php**

舉例來說，本書中只介紹了使用現有函式和類別的方法，但實際上您也可以自行定義函式和類別。學會定義的方式，將有助於撰寫較長的程式。

在 WordPress 上活用 PHP

WordPress 是近來廣受歡迎的開放原始碼部落格、內容管理（CMS）平台。CMS 是 Content Management System 的略稱，是用管理構成網站的文字、圖檔等內容的系統。

WordPress 是以 PHP 和 MySQL 建構而成，因此想要了解 WordPress 系統的運作並進行調整時，PHP 的相關知識將有很大幫助。比方說只要撰寫一支做條件判斷或呼叫函式的簡單程式，就可以做到依網頁種類變化顯示內容的功能。

不透過網站伺服器執行 PHP 程式

本書中的 PHP 程式都是透過網站伺服器執行，但其實也有不利用網站伺服器執行的方法。在安裝 PHP 之後，就能使用稱為 **php** 的指令。利用這個指令就可直接執行程式。

語法 執行程式檔

```
php 程式檔
```

執行指定的程式檔，例如在依 8-2 節的步驟安裝 PHP，並以「**vagrant ssh**」登入 Linux 之後，執行下列指令，畫面就會顯示出「Welcome」訊息。

```
vagrant...$ php /var/www/html/php/chapter2/welcome.php
```

利用這個方法，就能用 PHP 開發網頁應用程式以外的軟體。例如開發對檔案進行加工或存取資料庫等對自己有幫助的工具，就能對您的工作有助益。

利用 Web API

Web API 是以 HTTP 的 Request 與 Response，呼叫網路上他人提供的服務（Service）的機制。從程式將指定的 Request 傳送給服務時，服務會將它的執行結果以 Response 的方式傳回來。程式只要像呼叫函式一般，就能使用網路上現有的一些服務。

PHP 是一種很簡單就能使用 Web API 的語言。例如 Web API 的 Request 與 Response 常會使用 JSON 的格式，而如同 Chapter5-7 所介紹，PHP 提供了非常容易使用 JSON 格式的功能。

舉例來說，Twitter 提供的 Web API「Twitter REST API」，可用來開發自動收集 Twitter 短訊或自動發出短訊。

以下列出一些可在 PHP 使用的 Web API 為例。關於各 API 的詳細介紹，請直接在網路上以 API 為關鍵字搜尋。

▼ 可在 PHP 使用的 Web API

API 名	功能
Amazon Product Advertising API	搜尋商品、取得商品資料等
Bing Search API	搜尋網頁與圖檔等
Google Custom Search API	搜尋網頁與圖檔等
Google Maps API	將地址轉換成經緯度，搜尋路線等
Twitter REST APIs	Twitter 訊息的發送、取得、搜尋

利用函式庫

在本書的 Chapter5 中，介紹了如何利用 PHP 中現有的函式做出各種功能。在 Chapter6 中則介紹了類別。若能活動這些方便的函式與類別，就能更有效率地開發出想要的功能。

函式庫是用來支援應用程式開始的軟體。以函式和類別等，提供各種有益於應用程式開發的功能。PHP 本身所提供的函式與類別，也可說是一種函式庫。

除了標準的函式庫之外，還有許多人開發出多種函式庫。導入符合自己目標的函式庫，就能製作出更高性能的應用程式，還能縮減開發時間。

以下舉出一些 PHP 中常用的函式庫為例。

▼ PHP 常用函式庫

函式庫名	用途	下載路徑
Carbon	時間處理	https://github.com/briannesbitt/Carbon
Guzzle	HTTP 傳輸	https://github.com/guzzle/guzzle
Imagine	圖檔加工	https://github.com/avalanche123/Imagine
PHPMailer	Mail 傳送	https://github.com/PHPMailer/PHPMailer
pChart	圖表繪製	http://www.pChart.net
Sentry	使用者管理	https://github.com/cartalyst/sentry
Validation	輸入值驗證	https://github.com/Respect/Validation

安裝方法依函式庫而異，有些只需將下載到的「.php」檔案複製到資料夾，有些則必須再使用被稱為 **Composer** 的工具。Composer 是用來安裝、更新函式庫，以管理函式庫間依存關係的工具。可在 https://getcomposer.org/ 下載到。

利用上表中所介紹用來處理時間的 Carbon 函式庫，撰寫簡單的程式如下，並儲存為 chapter8\use-carbon.php。

List use-carbon.php PHP

```php
<?php
require 'Carbon.php';
use Carbon\Carbon;
echo Carbon::now('Asia/Taipei');
?>
```

Carbon 函式庫通常是建議利用 Composer 安裝，但在本例中就直接下載 Carbon.php，並將它複製到 chapter8 資料夾內即可。

在瀏覽器開始下列 URL 執行這支程式。

執行 **http://localhost/php/chapter8/use-carbon.php**

執行程式時，就會以「2018-09-05 13:08:01」的形式顯示現在的時間。

Carbon.php 要利用 **require 敘述**載入。而要執行 Carbon 的功能時應以「**Carbon\Carbon:: 函式名**」的方式呼叫，但若利用 use 敘述，則把程式簡化為「**Carbon:: 函式名**」就能呼叫。如此一來就能使用 Carbon 函式庫所提供的類別。本例中是呼叫 Carbon 的 now 函式，取得並顯示台北的現在時刻。

像這樣利用現有的函式，就能更簡單且簡潔地撰寫程式，請務必使用這樣的方式.

利用框架（Framework）

框架（Framework）與函式庫一樣，都是用來支援應用程式開發的軟體。但框架提供的不是好用的函式與類別，而且用來規範應用程式的記述方式。例如「REQUEST 參數的處理在這裡必須用這個方式記述」，或是「顯示執行結果的處理在這裡應用這個方式記述」等用來規定撰寫方式。

框架並不是用來提供應用程式會用到的部份功能，而且用來提供建構應用程式的整體框架。因此和函式庫一樣，若能善用框架，就能在短期間開發出功能更好的應用程式。

此外，在多人同時開發應用程式時，利用框架就能統一應用程式的記述方式。可以讓開發團隊更容易共享資訊，提高開發效率。

以下舉出一些 PHP 中常用的框架，供您後續延伸學習時參考。

▼ PHP 中常用框架

框架名	特徵	官網
CakePHP	廣受歡迎，相關資料最多	http://cakephp.org/
Laravel	最近急速普及	https://laravel.com/
CodeIgniter	輕量且重視速度	http://www.codeigniter.com/
Symfony	適合用於大規模系統開發	http://symfony.com/
Zend Framework	記述方式的自由度較高	https://framework.zend.com/

 開發聊天機器人

聊天機器人（bot）是一種可在互動對話的服務自動留言，並解析留言進而提供對應服務的軟體。最近常可看到一些會自動發出一些有趣的留言或與人對話的聊天機器人。

另外，有些公司也嚐試使用可支援軟體開發或公開作業的聊天機器人，期望提供工作進行效率。最近在 Facebook 和 LINE 等服務上，也都開始提供用於開發聊天機器人的機制，與聊天機器人有關的話題可說是不斷增加。

PHP 也是一種可快速開發聊天機器人的程式語言。因為開發聊天機器人常會用到 Web API 與 JSON，因此能夠很快導入這些東西的 PHP 非常適合用來製作聊天機器人。活用本書中所學的知識，挑戰看看聊天機器人的開發，也會是一件很有趣的事。

Chapter 8　小結

本章說明了企業現場上線網頁應用程式時常用的 Linux 環境，帶您熟悉檔案配置與指令操作等的使用。

此外，本章還提到了學完本書後可以再如何進一步展開。不管是學習更深一層的 PHP 程式，還是嚐試挑戰開發網頁應用程式以外的軟體，都請務必再活用已經學到的知識。

就算有些項目無法一次就弄懂也沒關係，等到您需要用到那個項目時，再試著重新執行那段程式，仔細研讀書中的解說即可。

最後，感謝您將本書讀完，在此致上萬分謝意。

MEMO